스위치(Switch)

황 봉 성 저

도서출판 상 학 당

欲爲大者 當爲人役

크고자 하거든 남을 섬기라

머리말

애플(Apple)의 스티브 잡스(Steve Jobs)로부터 촉발된 스마트 기기가 우리사회의 패러다임(Paradigm)을 새롭게 바꾸어가고 있는 오늘날의 정보통신 분야는 수억대의 스마트폰이 네트워크에 가세를 하여 폭발적인 네트워크 사용량의 증가를 가져오면서 새로운 전기를 맞이하고 있습니다.

이러한 시대에 정보통신 서비스의 이용자가 아닌 그 분야에서 실제로 실무를 담당해야 하는 정보통신 전문가가 되기를 꿈꾼다면 네트워크의 기초이론과 소요장비에 대한 이해는 필수라고 생각합니다. 특히 네트워크를 구성하는 다양한 기술을 이해하는 데 가장 기초적인 지식이 바로 네트워크 스위칭 기술입니다.

필자는 과거 다년간 컴퓨터 네트워크 실무 분야에서 종사했으며 최근에는 20년 가까이 대학에서 네트워크 및 보안 분야의 교육을 담당해온 경험을 바탕으로 학생들의 눈높이에 맞는 교재가 필요하다는 생각에 이 책을 집필하기 시작했으나 저자의 천학으로 말미암아 부족한 점이 많을 것으로 사료되지만 앞으로 계속 보완, 발전해 나갈 것을 약속드립니다.

이 책의 구성은 먼저, 네트워크에서 모든 호스트의 접속 포인터 혹은 인터페이스(Interface)가 하나씩 가지게 되며 네트워크 주소와 호스트 주소의 조합으로 구성된 유일한 IP(Internet Protocol) 주소에 대한 내용을 포함한 제1장 IP 주소편을 필두로 제2장은 이더넷(Ethernet) 기술의 부산물인 충돌(Collision)에 대한 해결책을 제시할 수 있는 스위칭 기술에 대해서, 그리고 오늘날 네트워크의 대부분을 차지하고 있는 이더넷 네트워크의 설계에 대한 내용을 제3장에서, 스위치의 물리적인 접속과 명령어 모드를 중심으로 한 기본적인 스위치 설정과 패스워드 설정 및 복구, IOS 백업 등의 스위치 관리에 대한 부분을 제4장에서 다루고 있습니다. 제5장에서는 스위치의 중요한 기능 중 하나이며 실무에서 가장 많이 사용하는 기능인

VLAN(Virtual LAN)에 대한 이론과 실무를, 제6장 STP(Spanning-tree Protocol)에서는 중복경로를 가진 스위치드(Switched) 네트워크 구축 시 발생할 수 있는 루핑문제를 해결할 수 있는 STP 프로토콜에 대한 기초이론을 중심으로 실제 상황을 설정하여 실습을 해볼 수 있도록 하였습니다.

마지막으로 제7장과 제8장에서는 VTP(VLANnTrunking Protocol) 및 Inter-VLAN에 대한 내용으로 Inter-VLAN 상에서 필요한 트렁킹에 대한 내용과 실제 필드에서 사용하는 토폴로지를 가진 예제를 통하여 스위치 네트워크에 대한 종합적인 실습을 해보는 과정을 마련하였습니다. 또한 부록 편에는 정보통신 관련 용어해설 및 약어표를 첨가하여 이 책에서 다루지 않은 내용을 이해하는 데도 도움이 되고자 하였습니다.

특히 이 책은 제가 대학에서 강의를 하고 있는 시스코네트워킹 아카데미 분야의 한 학기 교재로 사용할 수 있도록 구성하였으며 기초에 충실한 내용으로 정리하였습니다. 교재의 내용 중 사용된 그림의 아이콘들은 시스코 아카데미에서 사용하는 아이콘과 동일한 것을 사용하였고 콘솔의 샘플화면들은 시스코사의 패킷트레이서(Packet Tracer)를 통해 캡처된 것임을 밝혀두는 바입니다.

최근 우리나라에서는 정보화 사회의 완성을 위해 각계에서 스마트 기기를 포함한 정보통신시스템의 재구축사업을 활발하게 추진 중이며, 개인정보보호 등 보안시스템의 강화와 기가코리아(Giga Korea) 사업을 중심으로 초고속 정보통신망을 설계하는 등 정보화 사회에서의 정보통신기술 분야는 하루가 다르게 변해가고 있습니다. 이러한 시대적 요구에 조금이나마 도움이 될 수 있도록 네트워크 기초기술 분야의 교재를 출간하게 되었으니 전문대학의 관련 학과 및 유관 분야에서 종사하는 모든 분들에게 도움이 되었으면 하는 마음입니다.

끝으로 그동안 저의 강의를 열심히 들어준 학생들과 이 책이 나오기까지 다방면으로 도움을 주신 앤앤에스피(주) 김일용 사장님과 임직원들, 그리고 이 책의 출판을 맡아주신 상학당의 남승우 사장님을 비롯한 임직원들께 감사드립니다.

2012. 11

저자 씀

차 례

Chapter 3

네트워크 설계 75

Chapter 4

스위치 구성 99

Chapter 7

VTP(VLAN Trunking Protocol) 197

Chapter 8

Inter-VLAN Routing 221

Appendix

부 록 241

Chapter 1

IP(Internet Protocol) 주소

1.1 IP 주소에 대한 이해

네트워크에서 장비의 접속 포인터 혹은 인터페이스(Interface)가 IP(Internet Protocol) 주소를 가지며 네트워크 주소와 호스트 주소의 조합으로 유일한 IP 주소(Address)를 생성한다.

TCP/IP 네트워크의 각 컴퓨터에는 유일한 IP 주소를 할당하며 IP 주소는 32비트로 구성되며 피리어드(Period, 마침표)에 의해 구분되는 4개의 십진수로 나타낸다.

(ex) 192.168.1.8 → 11000000.10101000.00000001.00001000
192.168.1.9 → 11000000.10101000.00000001.00001001

OSI 참조모델의 3계층 장비인 라우터(Router)는 IP를 사용하여 발신지(Source)로부터 목적지(Destination)까지 패킷(Packet)을 포워딩(Forwarding) 한다. 이때 패킷에는 발신지와 목적지의 네트워크 식별자가 포함되어 있으며 패킷이 목적지 네트워크에 연결된 라우터에 도착하면 라우터는 IP 주소를 이용하여 네트워크에 연결된 특정 컴퓨터로 전달된다.

IP 주소는 시스템이 연결된 네트워크 부분(네트워크 주소)과 네트워크상의 특정 시스템 부분(호스트 주소) 2개의 부분으로 구성되어 있으며 각 옥텟(Octet)의 범위는 0에서 255까지이며 계층적인 주소구조를 가진다. 또한 IP 주소는 다른 규모의 네트워크를 수용하고 이러한 네트워크를 분류하기 위하여 클래스(Class)라는 그룹으로 분리한다. 각 주소 시작부의 비트순서가 주소의 클래스를 결정하며 A, B, C, D, E 5개의 클래스로 구분한다.

1.1.1 IP 클래스

(1) Class A

0	네트워크 식별자 (0 포함 8bits)	호스트 식별자(24bits)

첫 번째 옥텟은 네트워크 주소를 나타내며 나머지 3개의 옥텟은 호스트 주소를 나타낸다. 네트워크 식별자의 첫 비트(첫 번째 옥텟의 첫 번째 비트)는 항상 0으로 시작하며 첫 번째 옥텟은 00000000(0)~0111111(127) 사이의 범위를 가지며 나머지 7비트와 더불어 총 8비트가 네트워크 식별자를 나타낸다.

클래스 A는 0과 127을 제외한 총 126개의 가용 네트워크를 가지며 네트워크당 가용 호스트는 16,777,214개이다. 네트워크 0는 라우트(Route)되지 않는 로컬(Local) 네트워크를 의미하며 127은 루프백(Loopback) 테스트용으로 예약이 되어 있기 때문이다.

(2) Class B

1	0	네트워크 식별자 (1,0 포함 16bits)	호스트 식별자(16bits)

처음 2옥텟은 네트워크 주소를 나타내며 나머지 2옥텟은 호스트 주소를 나타낸다. 네트워크 식별자의 첫 2비트(첫 번째 옥텟의 처음 2비트)는 항상 1, 0으로 시작하며 첫 번째 옥텟은 10000000(128)~10111111(191) 사이의 범위를 가지며 나머지 14비트와 더불어 총 16비트가 네트워크 식별자를 나타낸다.

클래스 B는 총 16,384개의 네트워크를 가지며 네트워크 당 가용 호스트는 65,534개이다.

(3) Class C

1	1	0	네트워크 식별자 (1, 1, 0 포함 24bits)	호스트 식별자 (8bits)

처음 3옥텟은 네트워크 주소를 나타내며 마지막 옥텟은 호스트 주소를 나타낸다. 네트워크 식별자의 첫 3비트(첫 번째 옥텟의 처음 3비트)는 항상 1, 1, 0으로 시작하며 첫 번째 옥텟은 11000000(192)~11011111(223) 사이의 범위를 가지며 나머지 21비트와 더불어 총 24비트가 네트워크 식별자를 나타낸다.

클래스 C는 총 2,097,152개의 네트워크를 가지며 네트워크 당 가용 호스트는 254개이다.

(4) Class D

1	1	1	0	멀티캐스트 주소(호스트)

첫 옥텟은 처음 4비트가 1, 1, 1, 0로 시작하며 첫 번째 옥텟은 11100000(224)~11101111(239) 사이의 범위를 가진다. 네트워크와 호스트를 분리하기 위하여 옥텟이나 비트를 할당할 필요가 없다. 정해진 IP 주소 그룹(Group)을 목적지 주소로 가진 패킷을 전달하는 유일한 네트워크 주소이며 하나의 스테이션이 동시에 다중의 수신 장치로 단일 데이터 스트림(Single Data Stream)을 전송한다.

(5) Class E

1	1	1	1	

첫 옥텟은 처음 4비트가 1, 1, 1, 1로 시작하며 첫 번째 옥텟은 11110000(240)~11111111(255) 사이의 범위를 가진다. 인터넷 엔지니어링 태스크 포스(IETF, Internet Engineering Task Force)가 연구를 위해 예약해둔 주소범위이다.

[그림 1-1]은 2진 코드(Binary Code)를 10진 값(Decimal Value)의 형태로 전환하는 방법을 보여주며 [그림 1-2]는 IP 클래스를 요약한 것을 보여주고 있다.

Binary Code	Bit Values	Decimal Value
00000000	0	0
10000000	128	128
11000000	128+64	192
11100000	128+64+32	224
11110000	128+64+32+16	240
11111000	128+64+32+16+8	248
11111100	128+64+32+16+8+4	252
11111110	128+64+32+16+8+4+2	254
11111111	128+64+32+16+8+4+2+1	255

[그림 1-1] Binary에서 Decimal Format으로 전환시키기

클래스	네트워크 식별자	호스트 식별자	주소범위	가용 네트워크 수	네트워크당 가용 호스트 수
A Class	8비트	24비트	001.xxx.xxx.xxx ~ 126.xxx.xxx.xxx	126	16,777,214
B Class	16비트	16비트	128.001.xxx.xxx ~ 191.254.xxx.xxx	16,384	65,534
C Class	24비트	8비트	192.000.001.xxx ~ 223.255.254.xxx	2,097,152	254
D Class	상위 4비트(1110) + 멀티캐스트주소(28비트)		224.000.000.000 ~ 239.255.255.255	-	-

[그림 1-2] IP Class 요약

1.1.2 IP 어드레싱의 제약성

IP 어드레싱(Addressing) 방법에는 주의해야할 몇 가지 제한사항이 있다.

우선 호스트 식별자의 모든 비트가 1이 되어서는 안 된다는 것인데 이 경우는 전체 호스트를 나타낸다. 즉 128.1.255.255는 128.1 네트워크의 모든 호스트들을 나타낸다.

다음은 호스트 식별자의 모든 비트가 0이 되어서도 안 된다는 것이다. 예를 들어 128.1.0.0은 128.1 네트워크 자체를 의미한다. 즉 네트워크 ID로 사용된다는 것이다. 또 127번 네트워크는 진단을 위한 루프백(Diagnostic Loopback) 용도로 예약이 되어 있어 사용할 수 없음을 염두에 두어야 한다.

1.2 사설 IP 주소

인터넷의 안정도는 유일한 네트워크 주소에 의존하고 있다.

[그림 1-3]의 경우 주소체계의 문제점을 보여주고 있는데 그림에서 두 네트워크의 주소는 모두 198.150.11.0으로 네트워크 IP 주소가 중복된다. 이러한 상황에서 라우터는 데이터 패킷을 정확하게 전달(Forward)할 수가 없다.

이러한 문제를 해결하기 위해 전 세계적으로 유일한 IP 주소관리가 필요한데 InterNIC에서 승계한 IANA(Internet Assigned Numbers Authority)에서 공인된 IP 주소가 중복되지 않게 IP 주소공급을 관리한다. 주소의 중복은 인터넷을 불안정하게 하고 데이터그램(Datagram)의 전송능력을 손상시킨다. 공인 IP 주소는 유일해야 하며 인터넷 서비스 제공자(ISP, Internet Service Provider)로부터 획득하거나 비용을 들여 별도로 획득해야 한다.

인터넷의 빠른 증가로 공인 IP 주소는 고갈되기 시작하여 IPv6나 VLSM(Variable Length Subnet Mask), CIDR(Classless Inter Domain Routing)과 같은 새로운 주소체계가 도입되어 사용되고 있다.

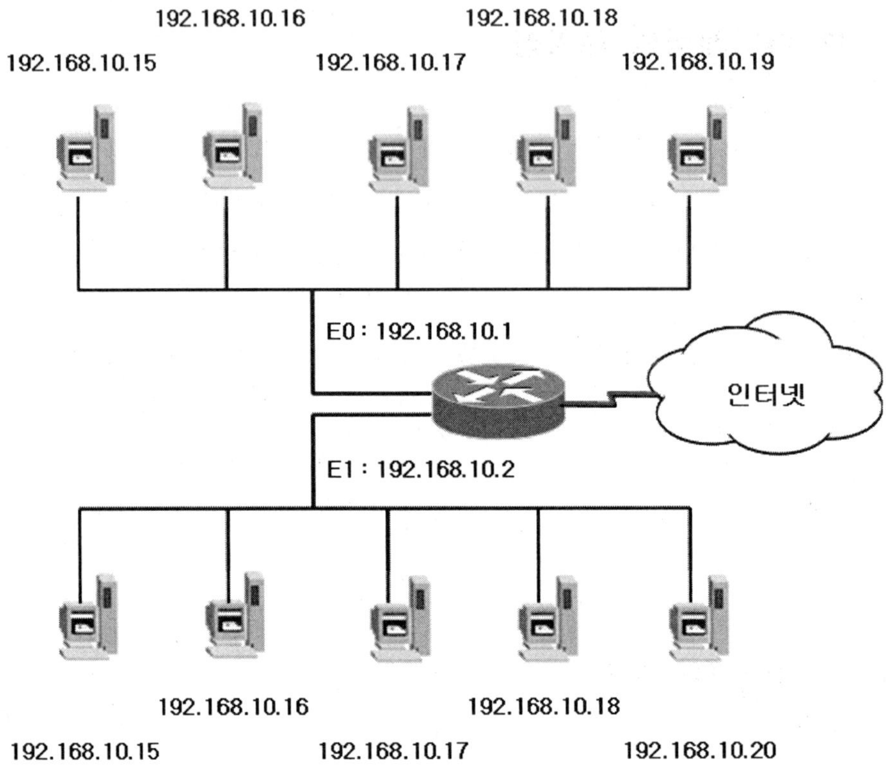

[그림 1-3] 주소체계의 문제점

주소고갈에 대한 새로운 해법으로 사설 IP 주소를 사용하기도 하는데 인터넷과 연결되지 않은 사설 네트워크는 네트워크 내에서만 유일하면 어떤 주소든 사용이 가능하다. 하지만 사설 네트워크도 결국에는 인터넷과 연결되므로 인터넷의 안정성을 위하여 강력한 규제가 필요하다.

RFC 1918(Request for Comments 1918)은 내부적인 사용을 위해 3개의 IP 주소 블록(Block)을 준비하였으며 하나의 A Class, B Class의 일정범위, C Class의 일정범위로 구성되어 있다. 라우터들은 이 범위 내의 주소들을 인터넷 백본(Internet Backbone)상으로 라우팅(Routing)하지 않고 즉시 버린다.

사설 IP 주소는 공인 IP 주소와 혼합하여 사용이 가능하며 많은 수의 주소를 절약할 수 있다. 인터넷 연결을 위해 사설 주소를 공인 주소로 전환하면 되는데 이때 NAT(Network Address Translation)와 같은 기술을 적용하면 된다. [그림 1-4]는 사설 IP 주소의 범위를 보여주고 있다.

클래스(Class)	RFC 1918 내부 주소범위 (사설 IP 주소 블록)	CIDR Prefix
A	10.0.0.0~10.255.255.255	10.0.0.0/8
B	172.16.0.0~172.31.255.255	172.16.0.0/12
C	192.168.0.0~192.168.255.255	192.168.0.0/16

[그림 1-4] 사설 IP 주소 범위

1.3 서브네팅

IP 주소의 수는 한정되어 있고 많은 수의 물리적 네트워크들을 수용하기 위해 배정된 클래스별 주소는 다시 여러 개의 작은 네트워크로 나누어 사용할 수 있는데 이것을 서브네팅(Subnetting)이라고 한다.

서브네팅은 32비트의 IP 주소에서 호스트 식별자 부분 중 몇 개의 비트를 지정하여 네트워크 식별자를 확장한 것인데 이것을 서브넷 식별자라 한다. 이때 몇 개의 비트가 네트워크를 식별하는 데 쓰이고, 몇 개의 비트가 호스트를 식별하는 데 쓰이는지를 구분하기 위해 서브넷 마스크(Mask)가 지정된다.

서브넷 마스크는 32비트의 자료구조를 가지며, 각 비트의 값이 1이면 해당 비트가 네트워크와 서브넷을 식별하는 데에 사용됨을 의미하고, 각 비트의 값이 0이면 해당 비트는 호스트를 식별하는 데에 사용됨을 의미한다.

클래스별 주소에서 호스트 식별자를 하나도 빌려오지 않은 기본적인 마스크를 디폴트(Default) 서브넷 마스크라 하는데 Class A를 위한 디폴트 서브넷 마스크는 255.0.0.0이고 Class B를 위한 디폴트 서브넷 마스크는 255.255.0.0이 되며 Class C를 위한 디폴트 서브넷 마스크는 255.255.255.0이 된다.

[그림 1-5]는 각 클래스별 디폴트 서브넷 마스크와 서브넷 식별자가 포함된 경우의 예를 보여주고 있다.

<table>
<tr><td>1</td><td>1</td><td>1</td><td>1</td><td>1</td><td>1</td><td>1</td><td>1</td><td>0</td><td>0</td><td>0</td><td>0</td><td>0</td><td>0</td><td>0</td><td>0</td><td>0</td><td>0</td><td>0</td><td>0</td><td>0</td><td>0</td><td>0</td><td>0</td><td>0</td><td>0</td><td>0</td><td>0</td><td>0</td><td>0</td><td>0</td><td>0</td></tr>
<tr><td colspan="8">255</td><td colspan="8">0</td><td colspan="8">0</td><td colspan="8">0</td></tr>
<tr><td colspan="8">네트워크 식별자</td><td colspan="24">호스트 식별자</td></tr>
</table>

<table>
<tr><td>1</td><td>1</td><td>1</td><td>1</td><td>1</td><td>1</td><td>1</td><td>1</td><td>1</td><td>1</td><td>1</td><td>1</td><td>1</td><td>1</td><td>1</td><td>1</td><td>0</td><td>0</td><td>0</td><td>0</td><td>0</td><td>0</td><td>0</td><td>0</td><td>0</td><td>0</td><td>0</td><td>0</td><td>0</td><td>0</td><td>0</td><td>0</td></tr>
<tr><td colspan="8">255</td><td colspan="8">255</td><td colspan="8">0</td><td colspan="8">0</td></tr>
<tr><td colspan="16">네트워크 식별자</td><td colspan="16">호스트 식별자</td></tr>
</table>

<table>
<tr><td>1</td><td>1</td><td>1</td><td>1</td><td>1</td><td>1</td><td>1</td><td>1</td><td>1</td><td>1</td><td>1</td><td>1</td><td>1</td><td>1</td><td>1</td><td>1</td><td>1</td><td>1</td><td>1</td><td>1</td><td>1</td><td>1</td><td>1</td><td>1</td><td>0</td><td>0</td><td>0</td><td>0</td><td>0</td><td>0</td><td>0</td><td>0</td></tr>
<tr><td colspan="8">255</td><td colspan="8">255</td><td colspan="8">255</td><td colspan="8">0</td></tr>
<tr><td colspan="24">네트워크 식별자</td><td colspan="8">호스트 식별자</td></tr>
</table>

<table>
<tr><td>1</td><td>1</td><td>1</td><td>1</td><td>1</td><td>1</td><td>1</td><td>1</td><td>1</td><td>1</td><td>1</td><td>1</td><td>1</td><td>1</td><td>1</td><td>1</td><td>1</td><td>1</td><td>1</td><td>1</td><td>0</td><td>0</td><td>0</td><td>0</td><td>0</td><td>0</td><td>0</td><td>0</td><td>0</td><td>0</td><td>0</td><td>0</td></tr>
<tr><td colspan="8">255</td><td colspan="8">255</td><td colspan="8">240</td><td colspan="8">0</td></tr>
<tr><td colspan="16">네트워크 식별자</td><td colspan="4">서브넷
식별자</td><td colspan="12">호스트 식별자</td></tr>
</table>

[그림 1-5] 클래스별 디폴트 서브넷 마스크와 서브넷 식별자가 포함된 서브넷 마스크의 예

호스트 식별자의 6비트가 서브넷 식별자로 지정되는 서브네팅 기법을 사용하는 Class B 주소의 경우, 서브넷 마스크를 점 십진 표기법으로 표시하면 255.255.252.0이 된다. 이에 대한 서브넷 마스크는 [그림 1-6]과 같다.

<table>
<tr><td>1</td><td>1</td><td>1</td><td>1</td><td>1</td><td>1</td><td>1</td><td>1</td><td>1</td><td>1</td><td>1</td><td>1</td><td>1</td><td>1</td><td>1</td><td>1</td><td>1</td><td>1</td><td>1</td><td>1</td><td>1</td><td>1</td><td>0</td><td>0</td><td>0</td><td>0</td><td>0</td><td>0</td><td>0</td><td>0</td><td>0</td><td>0</td></tr>
<tr><td colspan="8">255</td><td colspan="8">255</td><td colspan="8">252</td><td colspan="8">0</td></tr>
<tr><td colspan="16">네트워크 식별자</td><td colspan="6">서브넷 식별자</td><td colspan="10">호스트 식별자</td></tr>
</table>

[그림 1-6] B 클래스의 6비트 서브넷 마스크

이와 같이 6비트를 식별자로 사용하는 클래스 B 주소의 경우에는 62개의 네트워크와 각 네트워크 당 1,022개의 호스트를 포함할 수 있다.

1.3.1 서브넷

하나의 IP 주소로부터 파생된 IP 주소체계를 사용하는 복수 네트워크 환경에서의 네트워크를 서브넷(Subnet)이라 하는데 서브넷 어드레싱을 하기 위해 먼저 필요한 네트워크 ID(Identifier)의 수를 결정한다. 이때 네트워크 ID는 각각의 서브넷에 1개, WAN(Wide Area Network) 연결에 1개를 각각 할당한다.

다음은 서브넷 당 필요한 호스트 ID의 수를 결정한다. TCP/IP 호스트 당 1개, 각각의 라우터 인터페이스 당 1개를 할당한다.

그 다음은 전체 네트워크에 대한 하나의 서브넷 마스크를 결정한다. 서브넷 마스크에 토대를 두고 네트워크 ID의 범위를 결정하게 된다. 서브넷 마스크는 32비트의 주소체계를 가지며 호스트 ID로부터 네트워크 ID를 구별하는 IP 주소의 일부분을 마스크한다. IP 주소가 로컬 네트워크 상에 있는지, 리모트(Remote) 네트워크 상에 있는지 확인한다.

1.3.2 디폴트 서브넷 마스크

디폴트 서브넷 마스크(Default Subnet Mask, No Subnetting)는 각 클래스별 기본적인 마스크로서 노 서브넷팅(No Subnetting)이라고도 한다. 클래스 A의 디폴트 서브넷 마스크는 255.0.0.0이며 클래스 B는 255.255.0.0, 클래스 C는 255.255.255.0이

된다. 디폴트 서브넷 마스크는 네트워크 ID에 해당하는 모든 비트들은 1로 설정하며(각 옥텟에 대한 10진수 값은 255) 호스트 ID에 해당하는 모든 비트들은 0으로 설정한다. [그림 1-7]에서 각 클래스별 디폴트 서브넷 마스크를 보여주고 있다.

주소 클래스	서브넷 마스크에 사용되는 비트	Dotted Decimal Notation
클래스 A	11111111 00000000 00000000 00000000	255.0.0.0
클래스 B	11111111 11111111 00000000 00000000	255.255.0.0
클래스 C	11111111 11111111 11111111 00000000	255.255.255.0

[그림 1-7] 디폴트 서브넷 마스크

1.3.3 서브넷 마스크

호스트 ID 내의 일부 비트를 사용하여 서브넷 마스크(Subnet Mask)를 규정한다. 사용하는 호스트 ID의 비트 수는 총 서브네트워크의 수에 따라 결정되며 원래의 네트워크 ID와 새로운 서브넷 마스크에 해당하는 비트들은 모두 1로 설정된다.

서브넷 마스크의 비트 수를 결정하기 위해서는 먼저 필요한 서브넷의 수를 결정하고 이 서브넷의 수를 2진수로 변환하여 호스트 식별자로부터 빌려올 비트 수를 결정한다.

그 다음 원래의 네트워크 식별자와 서브넷 식별자를 모두 1로 설정하고 호스트 식별자는 모두 0으로 설정하여 10진수로 변환한다.

(ex) * 서브넷 수 : 6

* 2진값 : 00000110 (3bit)
* 10진수로 변환 : 11111111 11111111 11100000 00000000

255. 255. 224. 0

주소 클래스	서브넷 마스크에 사용되는 비트	Dotted Decimal Notation
클래스 A	11111111 11100000 00000000 00000000	255.224.0.0
클래스 B	11111111 11111111 11110000 00000000	255.255.240.0
클래스 C	11111111 11111111 11111111 11111000	255.255.255.248

[그림 1-8] 서브넷 마스크

서브넷 수	서브넷 당 호스트 수	필요한 비트 수	서브넷 마스크
0	Invalid	1	Invalid
2	4,194,302	2	255.192.0.0
6	2,097,150	3	255.224.0.0
14	1,048,574	4	255.240.0.0
30	524,286	5	255.248.0.0
62	262,142	6	255.252.0.0
126	131,070	7	255.254.0.0
254	65,534	8	255.255.0.0

[그림 1-9] 클래스 A 네트워크에 대한 서브넷 마스크

서브넷 수	서브넷 당 호스트 수	필요한 비트 수	서브넷 마스크
0	Invalid	1	Invalid
2	16,382	2	255.255.192.0
6	8,190	3	255.255.224.0
14	4,094	4	255.255.240.0
30	2,046	5	255.255.248.0
62	1,022	6	255.255.252.0
126	510	7	255.255.254.0
254	254	8	255.255.255.0

[그림 1-10] 클래스 B 네트워크에 대한 서브넷 마스크

서브넷 수	서브넷 당 호스트 수	필요한 비트 수	서브넷 마스크
0	Invalid	1	Invalid
2	62	2	255.255.255.192
6	30	3	255.255.255.224
14	14	4	255.255.255.240
30	6	5	255.255.255.248
62	2	6	255.255.255.252
126	Invalid	7	Invalid

[그림 1-11] 클래스 C 네트워크에 대한 서브넷 마스크

1.4 VLSM

IP 서브넷이 증가함에 따라 관리자는 주소공간을 효과적으로 사용하는 방법을 모색하게 되었다. VLSM(Variable Length Subnet Mask)을 이용하여 네트워크 관리자는 적은 호스트를 가진 네트워크에는 긴 마스크를 사용하고 많은 호스트를 가진 네트워크에는 짧은 마스크를 사용할 수 있게 되었다.

VLSM을 사용하기 위하여 관리자는 VLSM을 지원하는 라우팅 프로토콜을 사용하여야 하는데 OSPF(Open Shortest Path First), IS-IS(Intermediate System to Intermediate System), EIGRP(Enhanced Interior Gateway Routing Protocol), RIPv2(Routing Information Protocol version 2) 및 Static 라우팅 프로토콜이 그것들이다.

클래스풀(Classful) 라우팅 프로토콜은 단일 네트워크에서는 동일한 서브넷 마스크의 사용을 요구하는 데 비해 VLSM은 동일한 네트워크 주소공간에서 하나 이상의 서브넷 마스크의 사용을 허용하는 것으로 VLSM의 사용은 주소의 효율을 최대화하며 서브넷의 서브넷팅으로 언급하기도 한다.

예를 들면 192.168.1.0의 주소를 가진 네트워크는 255.255.255.0과 같은 하나의 서브넷 마스크 사용이 가능하지만 VLSM을 허용하는 라우팅 프로토콜은 네트워크

관리자에게 단일 AS 내의 네트워크에 대해 다른 서브넷 마스크를 사용할 자유를 부여할 수 있다는 것이다.

[그림 1-12]에서 보면 네트워크 접속을 위해서는 30비트 마스크를, 사용자 네트워크를 위해서는 24비트 마스크를, 1000명 이상의 사용자를 가진 네트워크를 위해서는 22비트 마스크를 사용할 수 있다는 것을 보여준다.

서브넷 마스크	Binary	서브넷 비트 수
255.255.255.252	11111111 11111111 11111111 11111100	30비트
255.255.255.224	11111111 11111111 11111111 11100000	27비트
255.255.255.0	11111111 11111111 11111111 00000000	24비트
255.255.252.0	11111111 11111111 11111100 00000000	22비트

[그림 1-12] VLSM

과거에는 첫 번째와 마지막 서브넷은 사용할 수가 없었다. “subnet-zero”로 알려진 첫 번째 서브넷의 사용은 네트워크 주소와 서브넷이 동일한 주소를 가질 경우 혼란스러워서 단념하게 되었으며 “all-ones subnet”으로 알려진 마지막 서브넷의 사용도 동일한 경우다. 그러나 네트워크 기술의 발전과 IP 주소의 고갈로 처음과 마지막 서브넷도 사용할 수 있게 되었으며 VLSM과의 결합으로 어느 정도 IP 주소의 낭비가 해소되었다.

[그림 1-13]은 기존의 주소체계를 선택하여 C 클래스 주소의 호스트 부분에서 3비트를 빌려와서 27비트 마스킹을 한 경우이다. 32개의 호스트와 30개의 가용 호스트를 포함한 8개의 가용 서브넷을 가진다. 라우터에서 “no ip subnet-zero” 명령어를 사용할 경우 7개의 서브넷을 사용할 수 있다. Cisco IOS v12.0 이후 기본적으로 “subnet-zero”를 사용한다.

[그림 1-14]에서 서울, 부산, 대전 및 광주의 원격지 사무실은 각각 30개의 호스트를 가지고 각 도시의 사무실 사이에 3개의 Point-to-point WAN Link 주소를 가져야 한다. WAN Link로 마지막 3개의 서브넷을 사용할 경우 가용주소가 모두 사용되어 확장을 위한 여유가 없다.

서브넷 번호	서브넷 주소	서브넷 마스크	Prefix
Subnet 0	192.168.10.0	255.255.255.192	/27
Subnet 1	192.168.10.32	255.255.255.192	/27
Subnet 2	192.168.10.64	255.255.255.192	/27
Subnet 3	192.168.10.96	255.255.255.192	/27
Subnet 4	192.168.10.128	255.255.255.192	/27
Subnet 5	192.168.10.160	255.255.255.192	/27
Subnet 6	192.168.10.192	255.255.255.192	/27
Subnet 7	192.168.10.224	255.255.255.192	/27

[그림 1-13] 주소공간의 낭비(1)

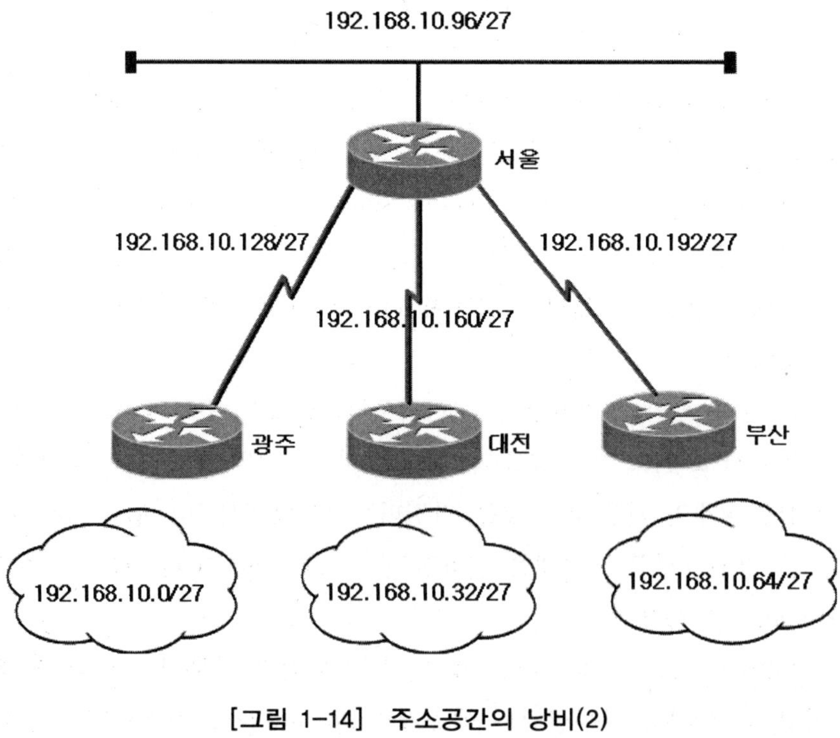

[그림 1-14] 주소공간의 낭비(2)

3개의 링크에 간편하게 주소를 부여할 경우 각 서브넷으로부터 28개의 호스트 주소를 낭비(WAN Link 구간의 주소는 2개만 필요하지만 30개의 가용 호스트 주소를 할당)하게 된다. 이러한 주소체계는 가용 주소공간의 1/3을 낭비하게 되므로 작은 LAN에서는 문제가 없지만 Point-to-point 연결에 사용할 경우 낭비가 심하다. 주소를 낭비하지 않고 확장을 허용하는 주소체계를 설계하는 것은 중요하다.

주소에 VLSM을 적용하기 위해 클래스 C 주소를 다양한 크기의 서브넷으로 분할해보자. LAN을 위해서는 큰 서브넷을 생성하고 WAN Link와 같은 특수한 경우를 위해 아주 작은 서브넷을 생성한다. 두 개의 유효 호스트 주소만 가지는 서브넷을 생성하기 위해 30비트 마스크를 사용한다면 Point-to-point 접속을 위한 가장 좋은 해법이 될 것이다.

이전에 WAN Link에 할당하기로 했던 3개의 서브넷 중 하나를 다시 30비트 마스크로 서브넷팅을 하기 위해 마지막 3개의 서브넷 중 하나(Subnet 7)를 다시 분할하여 30비트 마스크를 한다. 그림에서 VLSM 사용 후를 보여주며 Point-to-point 링크를 위해 사용할 수 있는 8개의 주소범위를 가지게 되고 이것을 링크에 할당하게 되면 VLSM을 사용하기 전에 낭비가 심했던 주소를 효과적으로 사용할 수 있을 것이다.

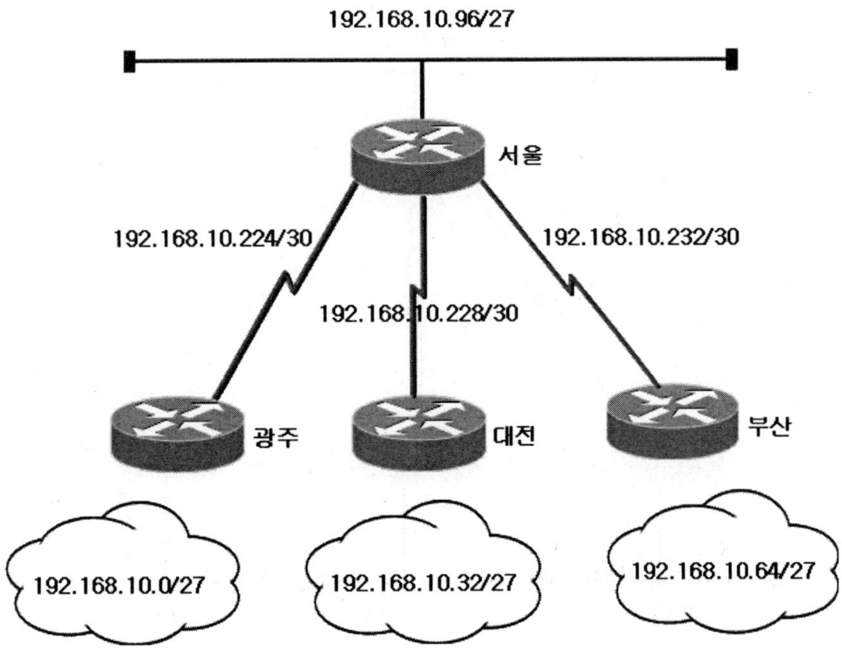

[그림 1-15] Sub-Subnets

서브넷 번호	서브넷 주소	서브넷 마스크	Prefix
Subnet 0	192.168.10.224	255.255.255.252	/30
Subnet 1	192.168.10.228	255.255.255.252	/30
Subnet 2	192.168.10.232	255.255.255.252	/30
Subnet 3	192.168.10.236	255.255.255.252	/30
Subnet 4	192.168.10.240	255.255.255.252	/30
Subnet 5	192.168.10.244	255.255.255.252	/30
Subnet 6	192.168.10.248	255.255.255.252	/30
Subnet 7	192.168.10.252	255.255.255.252	/30

[그림 1-16] Sub-Subnets(Subnet 7을 다시 분할)

예제 [그림 1-17]과 같은 네트워크 구성도에서 할당된 IP 주소의 보다 효과적인 사용을 지원하고 Top Level에서 라우팅 정보의 양을 감소시키기 위해 VLSM을 사용한다. 주어진 IP는 하나의 C클래스 주소 203.230.220.0/24이며 광주, 대전, 부산지사는 서울본사와 WAN 접속을 하고 있다. 서울본사는 60대의 호스트를 연결해야 하며 광주지사는 28대의 호스트를 대전과 부산지사는 각각 12대의 호스트를 연결해야 한다. 규모가 큰 서브넷부터 차례로 주소를 할당하여 구성도를 완성하시오.

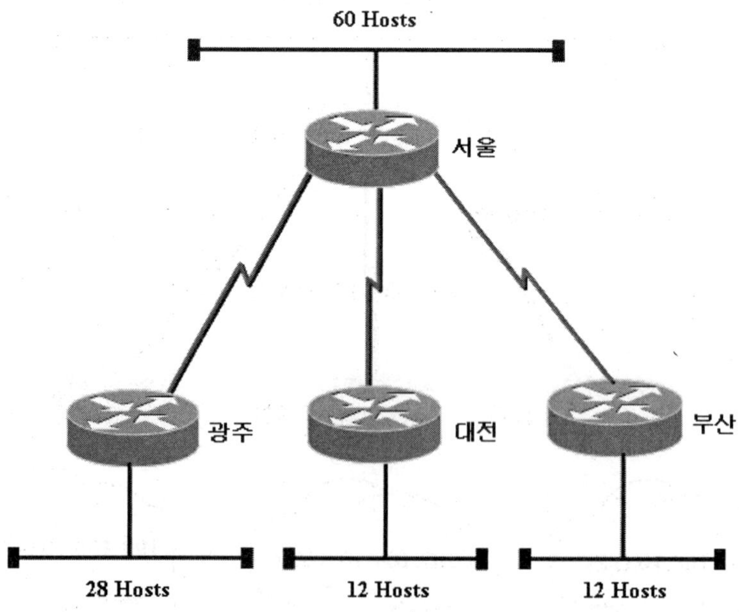

[그림 1-17] VLSM 예제 구성도

풀이 주어진 조건대로 VLSM 서브넷을 계산하기 위해 먼저 서울 본사와 각 지사의 호스트에 주소를 할당하기 위해 필요한 호스트 비트를 살펴보면 다음과 같다.

서울본사 60대의 호스트를 지원하기 위해 필요한 호스트 비트는 4번째 옥텟에서 6비트이다. $2^6-2=62$, 2비트를 네트워크 확장비트 즉 서브넷 비트로 사용하면 /26

광주지사 28대의 호스트를 지원하기 위해 필요한 호스트 비트는 4번째 옥텟에서 5비트이다. $2^5-2=30$, 3비트를 네트워크 확장비트 즉 서브넷 비트로 사용하면 /27

대전과 부산지사 각각 12대의 호스트를 지원하기 위한 호스트 비트는 4번째 옥텟에서 4비트이다. $2^4-2=14$, 4비트를 네트워크 확장비트 즉 서브넷 비트로 사용하면 /28

본사와 지사 간 WAN 접속구간은 2개의 호스트 주소가 필요하며 이를 지원하기 위해 필요한 호스트 비트는 4번째 옥텟에서 2비트이다. $2^2-2=2$, 6비트를 네트워크 확장비트 즉 서브넷 비트로 사용하면 /30이 되며 서울 – 광주, 서울 – 대전, 서울 – 부산 3개의 구간에 모두 할당하여야 한다.

규모가 큰 서브넷부터 차례로 주소를 할당하기 위하여 다이어그램을 그려보면 다음 그림과 같다.

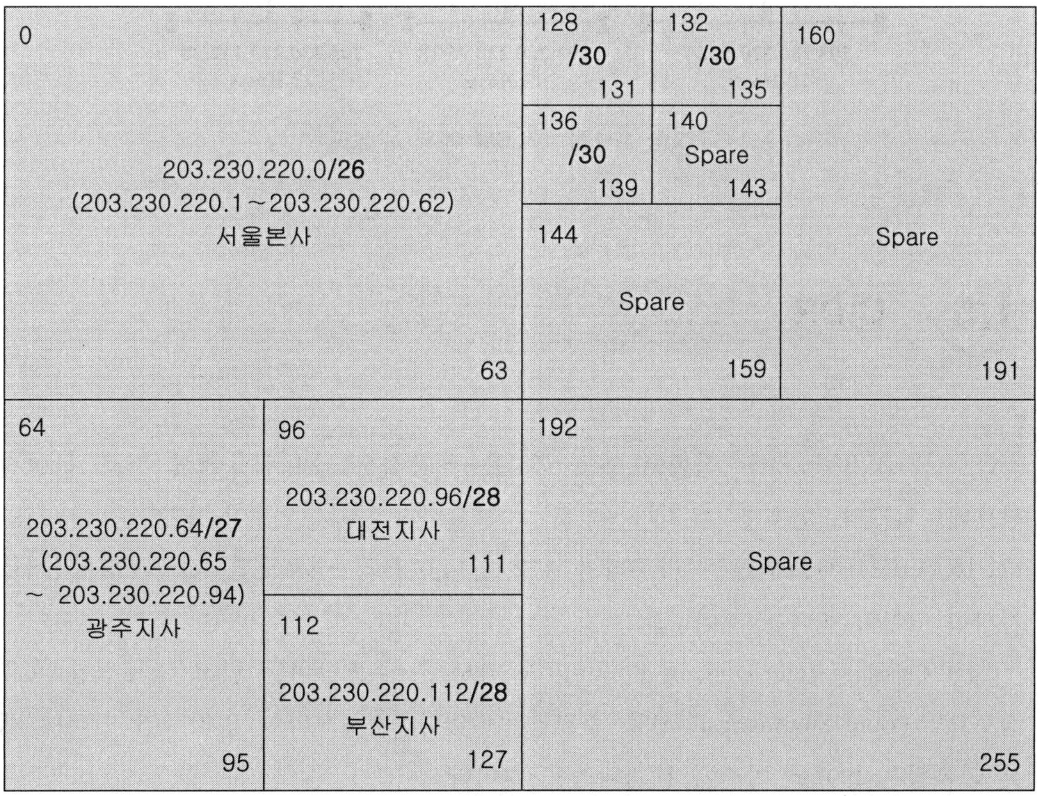

[그림 1-18] VLSM 예제 다이어그램

결과를 구성도에 옮겨 적으면 [그림 1-19]와 같이 완성된다.

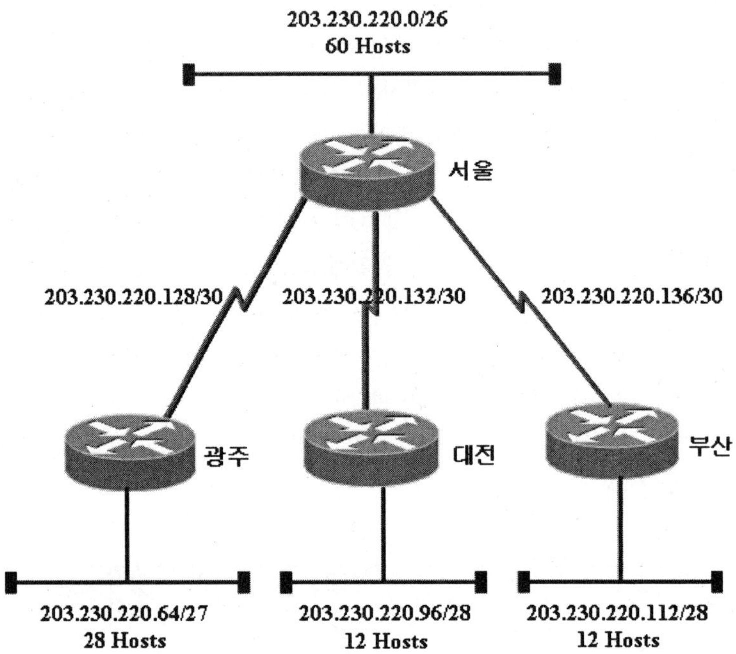

[그림 1-19] VLSM 예제 완성도

1.5 CIDR

VLSM을 사용할 경우 집합(Aggregation)을 허용하는 네트워크에서 서로 묶여진 서브네트워크의 번호를 유지하는 것은 중요하다. 예를 들어 172.16.14.0/24와 172.16.15.0/24 네트워크는 라우터가 172.16.14.0/23의 경로로만 전달하도록 서로 가까이 있어야 한다는 것이다.

CIDR(Classless Inter-Domain Routing)과 VLSM은 주소낭비를 막고 경로집합 혹은 경로요약(Route Summarization)을 촉진할 수 있다. 경로요약이 없었다면 인터넷 백본 라우팅은 1997년 이전에 붕괴되었을 것이다.

[그림 1-20]은 경로요약이 상향 라우터의 부담을 감소시키는 것을 보여준다.

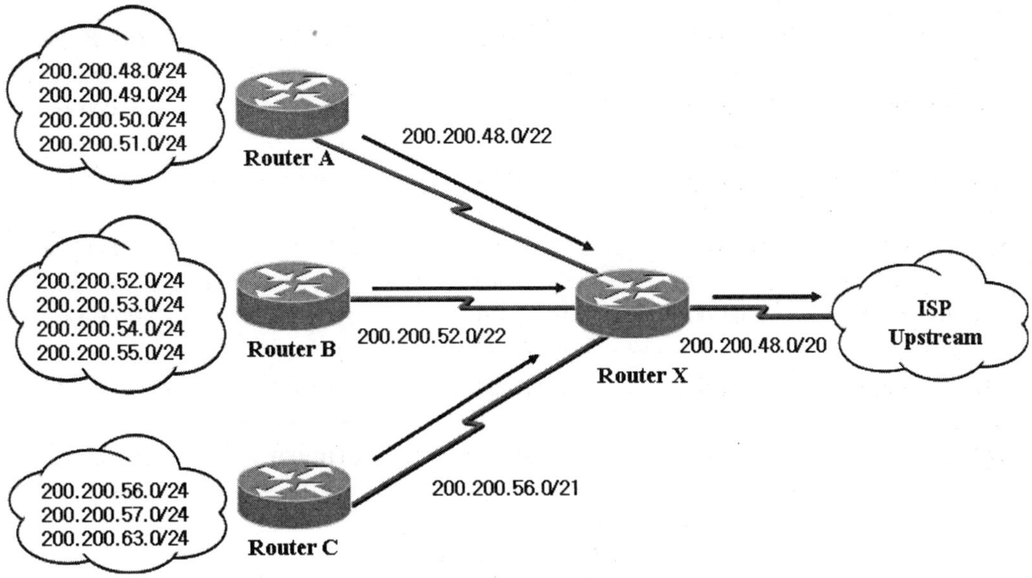

[그림 1-20] 경로요약(1)

다양한 규모를 가진 네트워크의 복잡한 계층과 서브네트워크는 다양한 지점의 프리픽스(Prefix) 주소로 요약될 수 있다. 전체 네트워크가 200.199.48.0/20의 단일 집합경로로 광고될 때까지 요약을 한다.

경로요약 혹은 슈퍼넷팅(Supernetting)은 라우터가 OSPF 혹은 EIGRP와 같은 Classless 라우팅 프로토콜을 사용할 경우에만 가능하다. Classless 라우팅 프로토콜은 Routing Update에 32비트 IP 주소와 비트 마스크(Bit Mask)로 구성된 프리픽스를 전달한다.

[그림 1-20]에서 서비스 제공자에 도달하는 요약경로는 20비트의 공통 프리픽스를 포함하고 있다(200.199.48.0/20 혹은 11001000.11000111.0011). 요약을 위해 주소는 동일한 High-order bit를 공유하도록 계층형태로 할당한다.

경로요약 시 중요한 법칙은 라우터는 접속된 서브넷 번호를 상세하게 알아야 한다는 것이다. 라우터가 일련의 다른 라우터들에게 하나의 집합경로를 전송할 경우 각 서브넷에 대해 다른 라우터에게 알려줄 필요는 없다. 집합경로를 사용하는 라우터는 라우팅 테이블에 더 작은 엔트리(Entry)를 가지게 될 것이다.

VLSM은 네트워크가 연속적이지 않더라도 왼쪽의 Higher-order 비트를 사용하기 때문에 경로요약의 융통성을 증가시켜 준다.

주소	1st 옥텟	2nd 옥텟	3rd 옥텟	4th 옥텟
192.168.98.0	11000000	10101000	01100010	00000000
192.168.99.0	11000000	10101000	01100011	00000000
192.168.100.0	11000000	10101000	01100100	00000000
192.168.101.0	11000000	10101000	01100101	00000000
192.168.102.0	11000000	10101000	01100110	00000000
192.168.105.0	11000000	10101000	01101001	00000000

요약경로는 192.168.96.0/20

192.168.96.0	11000000	10101000	01100000	00000000

[그림 1-21] 경로요약(2)

주소	1st 옥텟	2nd 옥텟	3rd 옥텟	4th 옥텟
172.16.0.0	10101100	00010000	00000000	00000000
172.16.2.0	10101100	00010000	00000010	00000000
172.16.3.128	10101100	00010000	00000011	10000000
172.16.4.0	10101100	00010000	00000100	00000000
172.16.4.128	10101100	00010000	00000100	10000000

요약경로는 172.16.0.0/21

172.16.0.0	10101100	00010000	00000000	00000000

[그림 1-22] 경로요약(3)

[그림 1-21]은 처음 20비트를 공유하는 주소를 보여주며 굵은 글씨로 표시되어 있다. 21번째 비트는 모든 경로에 대해 동일하지 않기 때문에 요약경로를 위한 프리픽스(Prefix)는 20비트의 길이를 가지며 요약경로의 네트워크 번호가 된다.

[그림 1-22]는 처음 21비트를 공유하는 주소를 보여주며 굵은 글씨로 표시되어 있다. 22번째 비트는 모든 경로에 대해 동일하지 않기 때문에 요약경로를 위한 프리픽스는 21비트의 길이를 가지며 요약경로의 네트워크 번호가 된다.

경로집합(Route Aggregation) 혹은 경로요약(Route Summarization)이 중요한 이유를 요약하면 다음과 같다.

① 서로 가까이 있는 네트워크는 라우팅테이블 공간(Routing Table Space)을 절약
② 각 네트워크는 라우팅테이블에서 별도의 엔트리(Entry)가 필요
③ 각 서브넷은 라우팅테이블에서 별도의 엔트리가 필요
④ 경로집합은 라우팅테이블의 사이즈를 감소시킬 수 있음

결국 경로요약은 다중의 네트워크를 하나의 슈퍼넷(SuperNet)으로 경로를 집합시킴으로써 라우팅테이블의 크기를 감소시킨다는 것이다.

1.6 IPv6

IPv4(IP버전4)는 클래스 A와 B의 주소가 전체 주소공간의 75%를 차지하며 전 세계 17,000개 이하의 단체에 할당되어 있다. 클래스 C의 주소는 전체 10억여 개의 IP 주소 중 12.5%를 차지하며 가용 호스트 주소가 254개뿐이어서 큰 조직에서 사용하기에는 적당하지가 않다. 만약 주소가 더 있다 하더라도 너무 많은 네트워크 주소는 라우팅 테이블의 크기를 증가시키므로 오히려 부담이 될 것이다.

1992년 초 IETF는 IPv4 네트워크 주소가 고갈되어가고 있으며 B 클래스 주소는 이미 거의 고갈된 상황이고 인터넷 라우팅 테이블 크기의 빠른 증가로 라우터의 동작에 위협을 주고 있다고 문제점을 제시한 바 있다. IPv4의 주소공간을 그대로 사용하면서 효율을 개선할 수 있도록 설계된 확장 기술로는 앞에서 기술한 서브넷

마스크, VLSM 및 CIDR 등이 있다. 그러나 이러한 기술들은 IP 주소고갈에 대한 궁극적인 대안이 되지는 못한다.

IP 주소고갈에 대한 근본적인 대안으로 발표된 IPv6 주소는 무한대의 개수에 가까운 주소를 활용할 수 있고 전 세계의 모든 사람들뿐만 아니라 사물과 사물과의 통신 등 다양한 분야에 IP 주소를 부여하여 인터넷과 접속할 수 있는 차세대 인터넷 주소이다. IPv4가 32비트로 구성되어 있는 반면 IPv6(IP버전6)는 128비트의 주소공간을 사용하며, 128비트 중 앞의 64비트는 네트워크 주소로, 뒤의 64비트는 네트워크 인터페이스 주소로 활용한다.

IPv6는 16진수(Hexadecimal)를 사용하며 거의 무제한의 주소를 제공한다. 각 필드(Field)는 16비트로 구성되며 콜론(Colon)으로 분리하고 0으로 시작되는 필드의 0는 생략이 가능하다. 전체는 8개의 16비트 필드로 이루어져 있으며 4자리의 16진수 값으로 표현한다. [그림 1-23]은 IPv4와 IPv6의 특징을 비교한 것이다.

구분	IPv4	IPv6
주소길이	32비트	128비트
표시방법	8비트씩 4부분으로 된 10진수 표시 ex) 203.230.192.7	16비트씩 8부분으로 된 16진수 표시 ex) 1007:0125:AC7D:D13A:0000:00FF:FF19:8006
주소개수	약 43억 개	2^{128}개(43억×43억×43억×43억 개)
주소할당 방식	A, B, C, D 등 클래스 단위의 비순차적인 할당	네트워크 규모, 단말기 수에 따른 순차적인 할당
브로드캐스트 주소	있음	없음(로컬 범위 내에서의 모든 노드에 대한 멀티캐스트 주소 사용)
보안	IPSec 프로토콜 별도 설치	IPSec 자체 지원
서비스 품질	제한적인 품질 보장 (Type of Service에 의한 서비스 품질 일부 지원)	확장된 품질 보장 (트래픽 클래스, 플로우 레이블에 의한 서비스 품질 지원)
Plug & Play	불가	가능

[그림 1-23] IPv4와 IPv6의 특징 비교

1.6.1 IPv6의 특성

(1) 주소공간의 확장

그동안 대부분 PC를 이용해 인터넷에 접근했지만 최근 국내 사용자만 2천만명이 넘어선 스마트폰 및 태블릿 PC를 비롯해서 각종 센서 및 장치들에게도 인터넷 주소가 할당되고 이들이 통신망으로 연결되어 통신을 수행하는 환경으로 변화함에 따라 IPv4로는 도저히 감당할 수 없는 수많은 주소의 사용이 필요하게 되었는데 IPv6는 128비트 주소체계를 사용하게 되므로 앞으로 모든 사람과 장치가 사용할 수 있는 충분한 주소를 제공할 수 있게 되었다.

그리고 IPv6는 언제 어디서나 어떤 방식으로든 글로벌 인터넷 접근 특히 무선 이동 접근을 용이하게 하며 주소의 자동생성 등을 지원한다.

(2) 멀티캐스트 및 애니캐스트 주소

IPv4는 3계층의 유니캐스트(Unicast) 주소와 더불어 인터넷상의 화상회의와 같은 그룹(Group) 통신을 필요로 하는 응용 프로그램을 위해 멀티캐스트(Multicast) 또는 클래스 D 주소들도 제공한다. 이러한 멀티캐스트 주소 기능은 IPv6에서도 제공되는데 특히 IPv6는 멀티캐스트에 범위개념을 도입해 멀티캐스트의 사용과 관리를 단순화하는 향상된 기능을 추가적으로 지원한다.

또한 IPv6는 애니캐스트(Anycast)라 불리는 새로운 그룹 유형의 주소도 제공하는데 멀티캐스트와는 달리 그룹에서 발신지에 가장 인접한 구성원만이 응답하도록 한다. 애니캐스트 주소는 매우 유용하게 사용될 수 있는데 그 이유는 애니캐스트 주소를 통해 가장 인접한 라우터나 가장 인접한 네임서버(Name Server)에 접근할 수 있기 때문이다.

(3) 헤더 구조의 단순화

IPv4의 헤더 구조는 매우 복잡한 반면 IPv6의 헤더에서는 현대의 네트워크 환경에서 불필요한 필드가 제외되거나 확장 헤더 형식으로 변경되어 그 구조가 단순화 되었다. 이는 기존의 IP 프로토콜에서 과도하게 수행하는 오류 제어와 같은 오버헤더를 줄여 전송효율을 높이기 위한 것이다.

(4) 인트라넷 및 인터넷의 통합

IPv6는 인터넷 및 인트라넷을 위한 통합된 어드레싱 방식을 제공한다. 이와 같은 목적을 위해 글로벌 주소뿐 아니라 사이트 및 링크 로컬 범위의 주소를 지원한다. 사이트 주소는 인트라넷 내의 네트워크 노드들을 위해 사용되며 링크 로컬 주소는 단일 링크(라우터가 없는 소규모 네트워크)에 접속된 노드들을 식별하는 데 사용된다.

(5) 더욱 효율적인 LAN의 활용

IPv4가 LAN상에서 동작할 때에는 IPv4 주소와 MAC 주소 간의 관계 및 역방향의 관계를 정해야 할 필요가 있다. IPv4는 브로드캐스트 방식의 MAC 계층 전송을 활용하는 ARP(Address Resolution Protocol)라는 보조적인 프로토콜을 통해 이와 같은 기능을 수행한다. 브로드캐스트 패킷은 모든 노드에 의해 수신되며, 모든 노드상에서 중단(Interruption)을 야기하므로 이는 시스템의 성능을 저하시킬 수 있다.

IPv6에서는 ARP보다 효율적인 LAN상에서의 인접탐색(Neighbor Discovery) 프로토콜을 이용하고, 브로드캐스트가 아닌 멀티캐스트 전송을 활용하여 이와 같은 비효율성을 개선한다. IPv4에서는 각 노드가 모든 브로드캐스트를 수신해야만 하는 반면, IPv6에서는 어떤 범위에서 멀티캐스트를 할 것인지를 결정할 수 있다.

(6) 보안

IPv6는 전자상거래의 가능성을 확대하는 동시에 전자상거래 트랜잭션(Transaction)에 대한 대중의 신뢰도를 강화하는 새로운 서비스 및 보안 표준을 응용에 도입한다. 보안은 IPv4에서는 부가적 기능이었으며 현재의 전자상거래에서는 수용할 수 없는 접근법이다.

IPv4에서는 일반적으로 서버가 정당한 노드로부터 수신되고 있는지 판단하기가 어렵고 발신지 주소 스푸핑(Spoofing)을 사용하여 중요한 업무 및 금융 데이터에 접근하거나 서버를 제어할 수도 있다.

IPv6는 현대 기업 업무에 필수적인 인증, 암호화, 데이터 무결성 보호기능을 제공한다. IPv6 표준 기반의 인증 확장 헤더는 패킷이 발신지 주소에서 정당하게 전송된다는 것을 보장한다. 또 다른 표준 확장 헤더는 네트워크 계층에서 종단 간 암호화를 제공하는데 이것은 패킷이 조작될 가능성을 배제한다.

IPv6 보안 헤더는 호스트 간에 직접 사용하거나 추가 보안을 위해 특수 보안 게이트웨이와 함께 사용할 수 있다. IPv4 분야에서도 현재 여러 유형의 보안을 사용할 수 있지만, 보안을 위해서는 근본적으로 양쪽 통신자 모두가 어떤 유형의 보안을 사용할 것인지에 대해 합의해야 하는데 이러한 공통성은 IPv6를 통해 쉽게 실현된다.

(7) 라우팅

라우팅은 인터넷상의 패킷전송을 위한 프로토콜 설계에 있어서 가장 중요한 이슈로 IPv4의 경우 클래스 C 주소에 의해 인터넷 라우터의 라우팅 테이블이 폭발적으로 증가할 것이라는 것을 알 수 있다.

사실 CIDR 방식이 사용되지 않을 경우 모든 단일 네트워크는 라우팅 테이블 내의 엔트리(Entry)를 통보받아야 하는데, 클래스 C 주소 블록을 사용하는 네트워크의 숫자는 2백만 개가 넘어가기 때문에 라우팅 테이블은 엄청난 메모리를 요구할 수 있다. 이에 대한 한 가지의 해결책으로서 CIDR 방식은 연속적인 주소들(ex. 199.99.9.0, 199.99.10.0, 199.99.11.0, 199.99.12.0, ……)을 하나의 엔트리로 네트워크들의 블록에 통보할 수 있게 하는데, 프리픽스(Prefix)를 이용해 전체 주소 비트 중 얼마나 많은 비트들이 의미를 지닌 것으로 간주되어야 하는지를 명시함으로써 (앞의 예에서 처음 4개의 네트워크를 CIDR 방식으로 적용할 경우 199.99.9.0/21, 즉 처음 21비트가 199.99.9.0과 같은 네트워크를 나타낸다) 계층적인 주소할당과 라우팅을 가능하게 한다.

IPv6는 CIDR 방식의 지원을 기본으로 하며 네트워크 토폴로지(Topology)와 연계된 계층적 유형의 주소 할당과 이에 따른 계층적 라우팅을 가능하게 할 수 있다.

(8) 흐름의 개념

인터넷에서 서비스 품질관리를 단순화하기 위해 흐름(Flow)이라는 개념을 도입할 필요가 있다. 흐름은 일정한 방식에 의해 서로 연관된 패킷들의 연속이며 IP 계층에 의해 일관된 방식으로 다루어져야 한다. 패킷들은 발신지 주소, 목적지 주소, 서비스 품질, 인증 및 보안 등과 같은 매개변수를 근거로 하여 동일한 흐름에 속할 수 있다.

흐름이라는 개념과 다른 개념들 사이에는 그 어떠한 관계도 존재하지 않는다. 예를 들어 흐름은 몇몇 TCP 연결들을 포함할 수 있다. 또한 흐름이라는 개념은 비연결형(Connectionless) 프로토콜 상에서 존재하는 것이다(데이터그램이라고도 불림). 따라서 흐름은 오류정정과 같은 연결형(Connection-oriented) 프로토콜들과는 다른 목적을 지닌다. 일반적으로 흐름은 단일 노드 또는 노드들의 그룹을 자신의 목적지로서 가질 수 있으므로 유니캐스트 또는 멀티캐스트 흐름이 발생하게 된다.

흐름이라는 개념이 도입된 후에는 플로우 레이블(Flow Label)이라는 개념의 도입이 가능해지는데 플로우 레이블을 통해 IPv6 헤더 내의 특정 필드를 예약함으로써 패킷이나 데이터그램에 표시를 할 수 있게 된다. 이와 같은 방법으로 IPv6는 패킷 수신 시 플로우 레이블의 검사를 통해 패킷이 어떤 흐름에 속하는지를 파악하거나 서비스 품질과 관련된 패킷의 요구를 파악할 수 있는 기능을 가지게 된다.

(9) 트래픽 클래스

응용 프로그램이 특정 서비스 품질을 요청하지 않더라도 때로는 주요 응용 프로그램에 의해 생성된 트래픽을 비실시간과 실시간 요구사항 트래픽으로 차별화하는 것이 요구된다.

IPv6를 사용하면 특정한 트래픽 플로우에 특수 처리를 위한 필드 값을 설정하여 긴급하지 않은 데이터 패킷과 화상회의와 같이 고도로 민감한 실시간 응용 데이터 패킷을 구분할 수 있다. 이와 같은 목적을 위해 IPv6 헤더 내에 8비트의 "트래픽 클래스(Traffic Class)" 필드가 정의되어 있다.

(10) 주소 자동설정

주소 자동설정은 시스템 관리와 설정에 필요한 시간과 비용을 대폭 줄여줄 수 있기 때문에 소비자와 네트워크 운용자 모두에게 제공되는 IPv6의 가장 큰 장점 중 하나이다.

IPv6 노드는 상태 비보존형 주소 자동설정을 사용하여 로컬 IPv6 주소를 자체적으로 생성한다. 이 경우 LAN상의 MAC(Medium Access Control) 주소를 네트워크 라우터가 제공하는 프리픽스(Prefix)와 결합하여 고유의 IP 주소를 생성한다. 서버가 주소를 승인하거나 배포할 필요가 없기 때문에 서버를 수동으로 설정할 필요가 없으며 이를 위한 숙련된 인력이 더 이상 필요 없기 때문에 최종 사용자의 비용이 감소된다.

주소 자동설정을 사용하면 이동 컴퓨터는 어디에서 네트워크에 연결하든 상관없이 포워딩 주소를 자동으로 설정할 수 있다. 이와는 별도로 서버를 이용해 노드에게 주소를 할당하고 이를 통해 노드를 제어하거나 추가 설정 매개변수를 적용하려는 고객을 위해 IETF(Internet Engineering Task Force)는 IPv6 DHCP(Dynamic Host Configuration Protocol)를 개발하였다.

(11) 이동성 지원

이동성(Mobility) 지원이라는 요구사항은 충족시키기가 매우 복잡한 것들 중 하나인데 그 이유는 무선 전송과 관련된 문제(신뢰성, 로밍, 핸드오프)에서 IP 프로토콜 관련 문제(식별, 어드레싱, 설정, 라우팅), 그리고 보안과 관련된 문제 등이 모두 처리되어야 하기 때문이다. 해결책은 이동 사용자들이 두 개의 주소, 즉 이들이 속한 조직의 네트워크상의 영구주소(Permanent Address)와 일정 시점에 이들이 연결되는 지점에 따라 달라지는 동적주소(Dynamic Address)를 가지는 것이다.

IPv4가 처음 소개되었을 때는 이동성을 고려하지 않아 사용자의 신원과 위치를 구분할 필요가 없었으며 이 두 가지는 IP 주소로 동일했다. IPv4를 이용한 이동 IP에서는 라우팅 경로상에 있는 모든 에이전트에게 새 위치에 대한 정보를 제공해야 하기 때문에 이동성에 추가 인프라가 필요하다. 그러나 IPv6를 통한 이동 IP에는 그러한 인프라가 필요하지 않다.

IPv6를 통한 이동 IP는 바인드 업데이트(Bind Update) 기능을 이용해 삼각 라우팅 문제를 해결하고 주소 자동설정을 통해 임시 주소를 쉽게 구현할 수 있다. 라우팅은 확장 헤더를 이용해 소프트웨어로 처리되며 이동 노드를 위해 수신 네트워크에서 특별히 별도의 인프라를 요구하지 않는다. 결과적으로 홈에서 멀리 떨어져 있는 동안 모든 사용자는 추가 임시 주소를 보유하고 사용자의 홈 주소로 전송된 메시지는 자동으로 임시 주소로 포워딩된다. 따라서 IPv6에서 인터넷에 연결할 때 위치는 더 이상 문제가 되지 않는다.

1.6.2 주소표기

IPv6의 주소는 IPv4와 달리 128비트로 구성되어 있으며 16진수로 표시한다. 128비트의 긴 주소를 읽기 쉽게 하기 위하여 16진수 콜론 표기법(Hexadecimal Colon Notation)을 사용한다. 이것은 128비트를 16비트씩 8개의 필드로 나누어 콜론으로 구분하는데 각 16비트의 필드는 16진수의 값으로 표현한다. 예를 보면 다음과 같다.

(예) ABCF:1001:0331:D509:0000:0000:FFFF:5008

1.6.3 주소생략법

IPv6는 주소생략법을 통하여 긴 주소를 간단히 표현할 수 있다. IPv6의 주소를 할당할 경우 주소에는 "0"의 값을 가지는 경우가 많은데 "0"의 값을 포함하는 주소의 작성을 쉽게 하기 위해 몇 가지 조건을 가지고 주소를 생략할 수 있는 방법이 제안되었는데 다음과 같은 조건이 있다.

① 각 필드에서 선행하는 "0"은 생략될 수 있다. 예를 들면 0331은 331로 00FF는 FF로 나타낼 수 있다. 하지만 뒤에 따라 오는 "0"은 생략할 수 없다. 9700은 97로 나타낼 수 없다.

```
ABCF:1001:0331:D509:0000:0000:FFFF:5008 → 1001:331:D509:0:0:FFFF:5008
```

② "0"으로만 나타난 연속된 필드는 "0"을 모두 삭제하고 2개의 콜론만으로 나타낼 수 있다. 이중콜론 "::" 기호를 사용하는 경우 주소당 한번만 허용된다.

```
ABCF:1001:0331:D509:0000:0000:FFFF:5008 → 1001:331:D509::FFFF:5008
```

③ IPv4와 IPv6의 주소를 하나의 주소 내에 함께 표현하는 경우가 있는데 이와 같은 경우에는 하위 32비트를 IPv4 형식으로 주소를 표기한다.

```
::203.230.222.17 혹은 ::AAFF:200.200.50.32
```

이와 같은 생략법을 적용하여 IPv6 주소를 구분하여보면 [그림 1-24]에서처럼 구분할 수 있으며 IPv4 주소체계와 IPv6의 주소체계의 대응관계는 [그림 1-25]와 같이 나타낼 수 있다.

주소유형	2진표현	IPv6주소표기	비고
미지정 주소	0000..........0(128)	::/128	IP 주소 미설정 상태의 발신 주소
루프백 주소	0000..........1(128)	::1/128	호스트의 루프백(Loopback) 인터페이스 주소
멀티캐스트 주소	11111111	FF00::/8	멀티캐스트 IPv6 주소
링크 로컬 주소	1111111010	FE80::/10	Link Local 영역에서만 적용되는 주소
사이트 로컬 주소	1111111011	FEC0::/10	사이트(Site) 내부에서만 사용되는 주소
전역 유니캐스트 주소			그 외 모든 영역 (Global Unicast Address)

[그림 1-24] IPv6 주소의 구분

구 분	IPv4 주소	IPv6 주소
멀티캐스트 주소	224.0.0.0/4(D Class)	FF00::/8
브로드캐스트 주소	255.255.255.255 or 호스트 주소의 모든 비트가 1인 경우	해당주소 없음
미지정 주소	0.0.0.0/32	::/128
루프백 주소	127.0.0.1	::1/128
공인 IP 주소	공인 IP 주소	Global Unicast Address
사설 IP 주소	10.0.0.0/8 172.16.0.0/12 192.168.0.0/16	FEC0::/48
링크 로컬 주소	169.254.0.0/16	FE80::/64

[그림 1-25] IPv4 및 IPv6 주소체계 대응관계

1.6.4 IPv4와 IPv6 헤더형식의 비교

(1) IPv4 헤더

IP(Internet Protocol)는 RFC 791 및 MIL-STD 1777에 명시되어 있으며 TCP/IP의 기본이 된다. 인터넷에 연결된 모든 호스트는 IP를 사용해야 하며 IP의 주요 임무는 호스트의 주소 지정과 패킷의 전달이지만, End-to-End 간에 전송되는 메시지의 안정성이나 흐름제어에 관해서는 책임이 없다. 단지, 패킷을 목적지로 전달하기 위해 최선을 다할 뿐, 전달되었는지에 관해서는 보장해주지 않는다.

- **버전** : IP 버전 번호(버전4, 0100)를 나타내며, 버전4의 주소고갈 문제와 보안 이슈 등으로 인하여 대응방안으로 버전6가 등장하게 되었다.
- **인터넷 헤더 길이**(IHL : Internet Header Length) : 32비트 워드로의 헤더 길이, 최소값이 5이다. 그러므로 헤더 길이는 적어도 20옥텟이며 옵션이 포함될 경우 최대 60옥텟으로 제한된다.

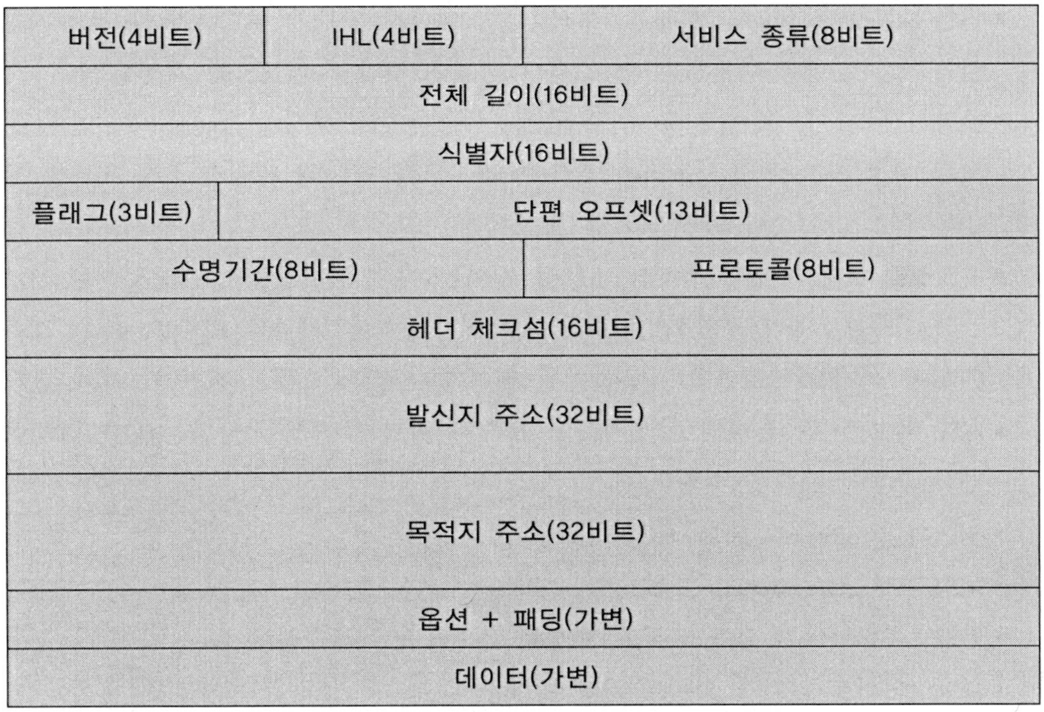

[그림 1-26] IPv4 헤더 포맷

- **서비스 종류**(TOS : Type of Service) : 신뢰성, 우선순위, 지연, 처리율 인자들을 규정하는 필드로 우선순위를 나타내는 3비트의 Precedence 및 4비트의 서비스 유형 지정 비트, 그리고 사용되지 않는 1비트로 구성된다. TOS 필드를 사용하여 라우터나 호스트 등의 장치에서 패킷 처리에 대한 우선순위를 설정할 수 있는데 현재는 DSCP(Differentiated Services Code Point) 필드로 정의되어 있다.
- **전체 길이** : 옥텟으로 표시된 헤더를 포함한 전체 데이터 단위 길이
- **식별자** : 근원지 주소, 목적지 주소, 그리고 사용자 프로토콜과 함께 데이터그램을 유일하게 정의하는 데 사용된다. 생성되는 각각의 패킷마다 부여되는 고유번호이다. 패킷은 2계층 프로토콜의 최대 전송단위(MTU : Maximum Transmission Unit) 값에 따라 여러 개의 단편(Fragment)으로 분할되어 처리되는데 단편화된 조각들을 원래의 패킷으로 조립하는 데 기준이 되는 식별자 값이다.
- **플래그** : 1비트는 More Flag로서 단편화와 재조립을 위해 사용된다. 다른 비트가 지정되면 단편화를 하지 못한다.

- **단편 오프셋**(Fragment Offset) : 데이터그램 내에서 단편이 어디에 속해 있는지를 알려준다. 분할된 단편들은 이 값을 이용하여 원래의 패킷으로 재조립된다.
- **수명기간** : 게이트웨이의 홉 수로 측정된다. 패킷의 루핑(Looping)으로 인한 문제를 해결하기 위해 사용되는 필드로 라우터를 하나씩 지나갈 때마다 1씩 감소하여 그 값이 0이 되면 패킷은 폐기한다.
- **프로토콜** : 목적지에서 데이터 필드를 받아들이는 다음 레벨의 프로토콜을 가리킨다. 즉 패킷에 캡슐화(Encapsulation)되어 있는 상위계층의 PDU(Protocol Data Unit)가 어떤 프로토콜을 사용하는지 명시하는 필드이다(ex. TCP : 6, UDP : 17)
- **헤더 체크섬** : 단지 헤더 상에서만의 프레임 체크 시퀀스로서 단순히 IP 헤더에 대한 오류 검사만을 수행한다.
- **발신지 주소**(Source Address, 32비트)
- **목적지 주소**(Destination Address, 32비트)
- **옵션** : 송신자의 요청에 의하여 요청된 옵션들을 코드화한다.
- **패딩** : 인터넷 헤더가 32비트 경계 상에서 끝나도록 조정하는 공간이다.
- **데이터** : 데이터 필드는 길이에 있어서 8비트의 배수가 되어야 한다. 데이터 필드와 헤더의 전체 길이는 최대 65,535옥텟이다.

(2) IPv6 헤더

IPv6 패킷은 헤더 필드와 페이로드 필드로 구분되며 헤더 필드는 다시 기본 헤더와 확장 헤더로 구성된다.

기본 헤더는 40바이트로 고정되어 있으며 확장 헤더는 인증, 데이터 무결성 및 데이터 기밀유지 등 새로운 응용들을 쉽게 수용할 수 있도록 다양하게 구성된다. IPv6는 보안 기능을 반드시 구현해야 할 기본기능으로 채택함으로써 보안 서비스 제공을 위한 기능을 강화하였다.

기본 헤더는 40바이트의 고정 길이를 가지며 그림에서처럼 8개의 필드로 구성되어 있다.

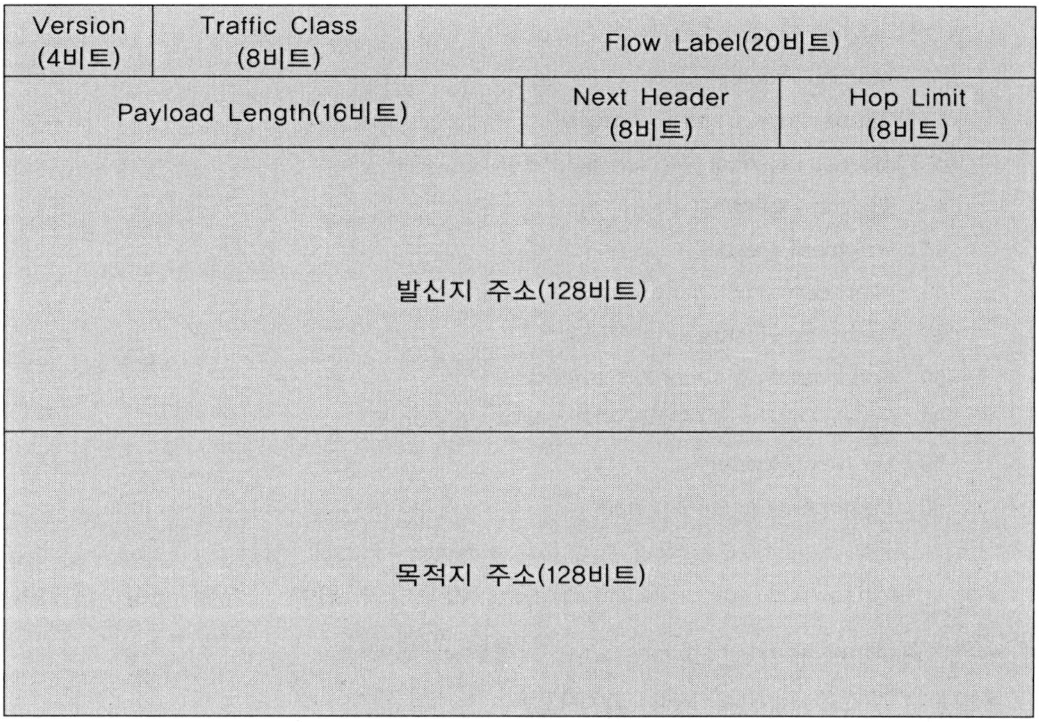

[그림 1-27] IPv6 헤더 포맷

- **버전** : IP 버전 번호(버전6, 0110)
- **트래픽 클래스**(Traffic Class) : 트래픽 등급을 명시, IPv4의 TOS(Type of Service) 필드와 같은 기능을 수행한다.
- **플로우 라벨**(Flow Label) : 해당 IPv6 패킷이 속하는 흐름에 대한 특성을 나타내는 필드로 음성이나 영상 데이터와 같은 실시간 서비스가 필요한 환경에서 사용한다.
- **페이로드 길이**(Payload Length) : 기본 헤더 다음에 이어지는 데이터의 길이를 나타낸다. 확장 헤더와 상위계층 PDU의 길이로서 16비트로 나타내므로 15,536 바이트까지 나타낼 수 있으며 더 큰 경우에는 필드를 모두 "0"으로 채우고 홉-바이-홉(Hop-by-Hop) 확장 헤더를 이용하면 된다.

- **넥스트 헤더**(Next Header) : 기본 헤더 다음에 위치하는 헤더의 종류를 지시한다. 넥스트 헤더 코드값은 다음과 같다.

  0 : Hop-by-Hop Options Header
  2 : Internet Control Message Protocol
  4 : Internet Protocol
  17 : Transmission Control Protocol
  41 : Internet Protocol Version 6 (IPv6)
  43 : Routing Header
  44 : Fragment Header
  45 : Inter-domain Routing Protocol
  46 : Resource Reservation Protocol
  50 : Encapsulating security Payload
  58 : Internet Control Message Protocol Version 6
  59 : No Next Header
  60 : Destination Options Header

- **홉 리미터**(Hop Limit) : 거쳐 갈 수 있는 라우터의 최대 개수를 명시하며, IPv4의 TTL(Time to Live) 필드와 같은 역할을 수행한다.
- **발신지 주소**(Source Address, 128비트)
- **목적지 주소**(Destination Address, 128비트)

확장 헤더는 IPv4에서 잘 사용되지 않았던 기능들을 확장 헤더 필드로 옮겨 필요한 경우에만 사용하도록 함으로써 기본 헤더를 간략하게 하고 처리 효율을 높이고자 하는 것이 목적이며 기능에 따라 다음과 같은 6가지가 있다.

- **홉-바이-홉(Hop-by-Hop) 옵션 헤더** : 전송 경로상의 모든 노드마다 처리할 옵션 정보를 포함한다.
- **라우팅(Routing) 헤더** : 발신 노드기반 라우팅을 위한 헤더로 사용된다. 현재 라우팅 헤더는 목적지 노드까지의 경로상에서 반드시 포함해야 하는 중간 라우터 주소들의 목록만 포함하는 유형 0(Type 0)만 정의되어 사용되고 있다.
- **프래그먼트(Fragment) 헤더** : 프래그먼트와 재조립을 위한 정보를 포함한다. 중간 노드에서는 수행되지 않으며 발신지와 목적지에서만 사용될 수 있다.

- **목적지(Destination) 옵션 헤더** : 기본 헤더의 목적지 주소나 라우팅 목록에 포함된 노드에서만 처리하는 옵션 정보 또는 패킷의 최종 목적 노드에서만 처리하는 옵션 정보를 포함한다.
- **인증(Authentication) 헤더** : 망 계층에서 인증 서비스를 제공하기 위해 사용된다.
- **ESP(Encapsulation Security Payload) 헤더** : 망 계층에서 기밀성 서비스를 제공하기 위해 사용된다.

Chapter 2

스위칭(Switching)

2.1 OSI 참조모델과 네트워크 디바이스(Device)
2.2 이더넷(Ethernet/IEEE802.3) LAN의 개요
2.3 LAN 세그멘테이션
2.4 이더넷 스위치의 주요 기능
2.5 2계층 및 3계층 스위칭
2.6 대칭과 비대칭 스위칭
2.7 메모리 버퍼링
2.8 스위치의 전송기술
2.9 스위치와 브리지의 주소학습
2.10 브리지와 스위치의 프레임 필터링
2.11 네트워크에서 발생하는 통신유형

2.1 OSI 참조모델과 네트워크 디바이스(Device)

초기 LAN(Local Area Network)에 사용된 기술은 Thick(10Base5) or Thin(10Base2) 이더넷(Ethernet)이었으며, 이후 허브(Hub)나 컨센트레이터(Concentrator) 같은 장비의 추가로 개선되었다.

허브는 OSI 참조모델의 1계층 장비로 이더넷 컨센트레이터 혹은 멀티포트 리피터(Multi-port Repeater)로도 불린다. 허브는 데이터 신호를 재생하여 네트워크 거리를 확장하는 장비이다. 이더넷은 LAN 세그먼트(Segment)상의 모든 사용자가 동일한 가용 대역폭을 차지하기 위해 경쟁을 하는 공유기술이다. 충돌(Collision)은 이더넷 네트워크의 부산물로 두 개 이상의 장치가 동시에 데이터를 전송하려 할 경우에 발생하며 일정 비율을 초과하는 충돌은 늦은 응답시간의 원인이 된다.

OSI 참조모델의 2계층에 속하는 장비는 1계층에 속하는 장비보다 지능적이다. 2계층 장비는 송신 데이터 프레임(Frame)의 헤더 내에 있는 MAC(Material Access Control) 주소에 기반하여 포워딩(Forwarding)을 결정하며 브리지(Bridge)는 네트워크 분할을 위해 사용되는 2계층 장비이다.

브리지는 각 세그먼트에 연결된 장치의 MAC 주소를 학습하여 브리징 테이블(Bridging Table)을 생성하고 네트워크 세그먼트 사이에 선택적으로 데이터 프레임을 전달한다. 이것은 결과적으로 충돌영역(Collision Domain)을 축소시켜 네트워크 성능을 향상시키지만 브로드캐스트 트래픽(Broadcast Traffic)은 제한할 수 없다는 한계가 있다.

스위치(Switch) 또한 2계층 장비로서 멀티포트 브리지(Multi-port Bridge)로도 불리며 통신하기를 원하는 두 장치 사이에 전용통신 선로인 가상회로(Virtual Circuit)를 설립한다. 스위치는 송·수신 장치 사이에 콜리즌 프리(Collision Free) 환경을 생성하는 마이크로 세그멘테이션(Microsegmentation)을 제공한다. 하지만 2계층 장비의 한계는 모두 브로드캐스트 프레임(Broadcast Frame)의 통제가 되지 않는다는 것이다.

라우터(Router)는 OSI 참조모델의 3계층 장비로서 네트워크 주소의 그룹 혹은 클래스(Class)에 기반하여 네트워크 사이에 패킷을 전달한다.

구 분	제한거리	대역폭	구축비용	구축난이도	특 징
Thick Ethernet (10Base5)	500 m	10 Mbps	높음	어려움	스테이션의 위치와 수의 제한
Thin Ethernet (10Base2)	185 m	10 Mbps	상대적으로 낮음	어려움	사용자 추가 시 네트워크 장애

[그림 2-1] 10Base5와 10Base2의 특성 비교

라우터는 3계층 데이터의 인바운드 패킷(Inbound Packet)을 관찰하여 연결된 네트워크 중 패킷을 위한 최적경로를 선택하여 적절한 아웃바운드 포트(Outbound Port)로 패킷을 내보낸다. 그리고 라우터는 브로드캐스트 트래픽은 전달하지 않기 때문에 충돌영역과 브로드캐스트 영역(Broadcast Domain)을 동시에 축소시키는 기능을 한다.

통상 LAN은 위에서 설명한 OSI 참조모델 1, 2, 3계층 장비의 조합으로 구성된다. [그림 2-1]은 Thick(10Base5) or Thin(10Base2) 이더넷의 특성을 비교한 것이다.

2.2 이더넷(Ethernet/IEEE802.3) LAN의 개요

2.2.1 네트워크 성능에 영향을 주는 요소

데스크탑(Desktop) 장비의 성능이 증가함에 따라 네트워크 자원의 요구도 증가하게 되었다. 강력한 성능을 가진 컴퓨터와 결합된 WWW(World Wide Web), 클라이언트/서버 어플리케이션(C/S Application)과 같은 네트워크 집약적인 어플리케이션(Network Intensive Application)의 사용이 증가함에 따라 요구되는 네트워크의 자원도 비례하여 증가하게 되는 것이다.

네트워크 대역폭(Bandwidth)을 대량으로 요구하는 네트워크 인텐시브 어플리케이션은 파일 송/수신(FTP, File Transfer Protocol), 클라이언트/서버 어플리케이션,

이미지 프로세싱, 트랜잭션 프로세싱(Transaction Processing), e메일, 데스크탑 비디오 컨퍼런싱 등이 있다. 또한 10Mbps 세그먼트에 너무 많은 사용자가 있거나 한 두 개의 서버에 대부분의 사용자가 접근하고 있는 것, CAD/CAM, R-DB와 같은 네트워크 인텐시브 프로그램을 사용하는 것 모두가 네트워크의 성능에 영향을 주는 요소가 된다.

대부분의 응용 어플리케이션이나 각종 상용 프로그램들이 사용하는 클라이언트/서버 어플리케이션은 정보의 중앙 집중화를 허용하여 정보의 보호 및 유지관리에 용이하고, 워크스테이션이 정보를 유지하거나 저장하기 위하여 하드 디스크(HDD, Hard Disk Drive)를 제공할 필요도 없게 되었다.

2.2.2 이더넷 네트워크의 특성

초기의 이더넷은 네트워크 장비가 공유 네트워크 매체를 통해 서로 통신을 하는 브로드캐스트 전송 기술을 기반으로 하는 네트워크였다. 초기 이더넷에서 사용했던 공유 매체의 성능에 부정적인 영향을 미칠 수 있는 요소로는 이더넷(Ethernet/IEEE802.3) LAN의 데이터 프레임 전달은 브로드캐스트 특성을 이용하는 것과 매체 접근 방식인 CSMA/CD는 한 번에 한 스테이션만 전송을 허용한다는 것, 그리고 높은 대역폭을 요구하는 멀티미디어 어플리케이션은 네트워크에 혼잡을 유발할 수 있다는 것, 마지막으로 네트워크 매체와 장비에서 지연이 발생한다는 것 등을 꼽을 수 있다.

최근 대다수의 네트워크에서 사용하는 패스트 이더넷(Fast Ethernet, 100Mbps), 기가비트 이더넷(Gigabit Ethernet, 1000Mbps), 10기가비트 이더넷(10-Gigabit Ethernet, 10G, 10000Mbps) 등은 매체접근 방식으로 공히 CSMA/CD를 사용하며, 빠른 전송률을 제공한다.

이더넷의 목표는 최적의 전송서비스와 공유매체상의 모든 장치가 동일한 환경에서 전송을 허용하는 것이며 충돌(Collision)은 이더넷에서 자연스러운 발생이며 문제가 될 수도 있다.

원래의 이더넷은 반이중(Half-duplex) 통신기술이며 각 호스트는 데이터를 전송하기 전에 네트워크의 사용여부를 체크하여 네트워크가 사용 중이면 전송을 지연

하며 동시에 두 개 이상의 호스트가 전송 시 충돌이 발생한다. 충돌 발생 시 먼저 감지한 호스트가 잼 시그널(Jam Signal)을 전송하고 각 호스트는 전송을 중단하게 된다. 이후 각 호스트는 랜덤(Random)한 주기만큼 기다렸다가 재전송을 반복하는 백 오프 알고리즘(Back-off Algorithm)을 사용한다.

2.2.3 네트워크 혼잡

정보기술(IT, Information Technology)의 발달은 더 빠르고 지능적인 컴퓨터를 생산하게 되고 강력한 컴퓨터와 네트워크 인텐시브 어플리케이션(Network Intensive Application)의 결합은 더 높은 네트워크 용량과 대역폭(10Mbps → 100Mbps)을 필요로 하게 되었다.

네트워크의 전송률을 증가시키는 데이터는 대용량 그래픽 파일(Large Graphic Files), 풀 모션 비디오(Full-motion Video), 멀티미디어 어플리케이션(Multimedia Application) 등이 있다. 많은 사용자가 파일을 공유하고 파일서버에 빈번한 접근, 인터넷 접속 등으로 네트워크는 혼잡(Congestion)이 발생하여 느린 응답시간을 유발한다. 네트워크의 혼잡을 덜어주기 위해 더 많은 대역폭이 필요하거나 가용 대역폭을 효과적으로 사용해야 한다.

[그림 2-2]는 네트워크 대역폭과 혼잡의 상관관계를 보여주고 있다.

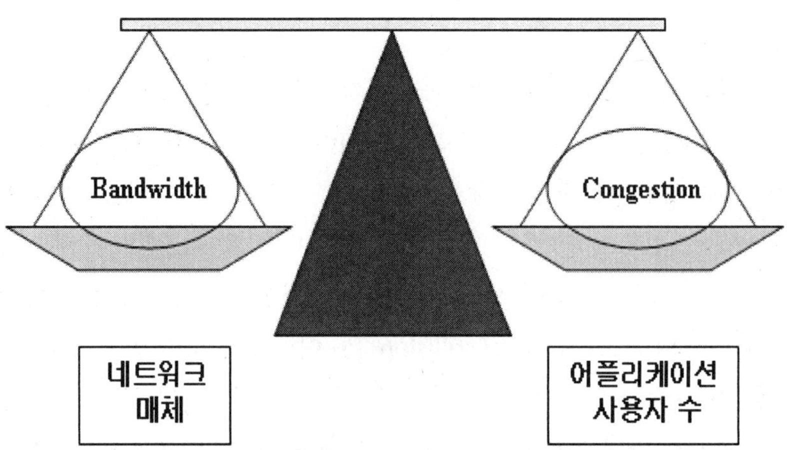

[그림 2-2] 네트워크 혼잡(Network Congestion)

네트워크 매체와 관련 기술에 연관이 있는 네트워크 대역폭과 어플리케이션 사용자의 수와 어플리케이션에서 사용하는 데이터의 양과의 균형이 항상 필요할 것이다. 즉 어플리케이션 사용자의 수가 증가하여 네트워크의 혼잡을 유발할 경우에는 네트워크의 대역폭을 늘려주어 균형을 유지해야 한다는 것이다.

2.2.4 네트워크 지연

네트워크에서 지연(Latency or Delay)이란 발신지로부터 최종 목적지까지 프레임이나 패킷이 전달되는 데 걸리는 시간을 의미하며 LAN과 WAN에서 송·수신지 간 경로의 총 지연을 계량화하는 것은 중요하다.

지연의 전형적인 3가지 원인을 살펴보면 NIC(Network Interface Card) Delay, 전파지연(Propagation Delay), 네트워크 장비에 의한 지연이 있다.

NIC Delay는 발신지 NIC이 와이어(Wire)상으로 펄스(Voltage Pulse)를 배열해서 내보내고, 수신지 NIC이 수신 펄스를 해석하는 데 걸리는 시간을 말하며 10BASE-T NIC의 경우 약 1μs(Microsecond) 정도의 시간이 필요하다.

전파지연은 케이블을 통과하는 데 걸리는 시간을 의미하며 카테고리 5 UTP(Cat 5 UTP)의 경우 100m당 0.556μs의 지연이 발생한다.

마지막으로 네트워크 장비에 의한 지연은 두 컴퓨터 사이 경로 상에 설치되어 있는 네트워크 장치(L1, L2, L3 장치)에 의한 지연을 가리킨다. 지연은 단순히 거리나 장비의 수에만 영향을 받는 것은 아니다. 적절히 구성된 3개의 스위치가 2개의 워크스테이션을 분리하는 경우가 2개의 라우터로 분리하는 경우보다 낮은 지연을 보일 수 있다. 라우터는 3계층 데이터를 분석하는 기능을 수행하기 때문에 스위치보다 더 복잡하여 더 많은 시간을 필요로 한다.

2.2.5 10Base-T 이더넷의 전송시간

모든 이더넷 네트워크는 비트타임(Bit Time)과 슬롯타임(Slot Time)을 가진다. 비트타임은 한 비트가 전송되는 데 소요되는 시간의 기본단위를 나타내며, 슬롯타임은 첫 비트가 송신된 시간부터 충돌사실이 감지되어 전송을 중지할 수 있도록 확보되어야 하는 충분한 시간을 말한다. 따라서 전송시간은 다음과 같이 나타낼 수 있다.

전송시간(Transmission Time) = 전송 비트(Bit) 수 × 비트타임(Bit Time)

전송시간은 프레임이 정상적으로 전송되었을 경우 프레임 전송의 시작과 끝 사이의 시간간격(Interval), 프레임이 전송 도중 충돌이 났을 경우 프레임 전송의 시작과 충돌 사이의 시간간격을 의미한다.

10-Mbps 이더넷의 비트타임은 100ns(1/10000000=0.1μs)이므로 위의 식에 따라 계산을 해보면 1바이트(Byte)의 전송시간은 800ns, 64바이트 프레임의 전송시간은 51,200ns(51.2μs)가 된다. 목적지 스테이션에 도착하는 프레임의 실제 전송시간은 네트워크 지연(NIC Delay+Propagation Delay+L1, L2, L3 Device Delay)을 추가하여 계산하여야 할 것이다.

[그림 2-3]은 바이트로 나타낸 프레임 크기에 따른 10Base-T 이더넷 전송시간(단위는 마이크로 초, μs)을 보여주고 있으며 [그림 2-4]에서는 속도에 따른 이더넷의 슬롯타임을 보여주고 있다. 여기서 슬롯타임은 충돌이 일어날 수 있는 반이중통신(Half-duplex) 이더넷 링크 환경에서만 적용이 되며 10/100Mbps 속도에서는 512 비트타임, 1Gbps 속도에서는 4,096 비트타임이 필요함을 알 수 있다.

Frame Size in Bytes	Transmission Time in Microseconds
64	51.2
512	410
1000	800
1518	1214

[그림 2-3] Ethernet 10Base-T 전송시간

Speed	Slot Time	Time Interval
10 Mbps	512 Bit-times	51.2 μs
100 Mbps	512 Bit-times	512 μs
1 Gbps	4096 Bit-times	4.096 μs
10 Gbps	NA	NA

(슬롯타임은 충돌이 일어날 수 있는 Half-duplex 이더넷 링크 환경에서만 적용)

[그림 2-4] Ethernet 10Base-T 슬롯타임

2.2.6 리피터(허브) 사용의 장점

LAN이 커버(Cover)할 수 있는 거리는 감쇄(Attenuation)에 의해 제한이 된다. 감쇄는 네트워크를 통과하면서 발생하는 신호의 약화 현상을 의미하는데 케이블이나 매체의 저항이 원인이 된다.

물리계층(L1) 장비인 이더넷 리피터(Repeater)는 신호의 증폭 혹은 재생기능을 하는 장치로서 LAN의 거리를 확장하여 동일한 네트워크를 더 많은 사용자가 공유할 수 있도록 해주지만 브로드캐스트 혹은 충돌문제 등의 발생으로 네트워크 성능에는 부정적인 영향을 끼칠 수 있다.

리피터는 신호를 재생하고 그것을 전달하는 1계층 장치이다. [그림 2-5]에서 보여주듯이 리피터는 네트워크의 양 끝단까지의 거리를 연장하여주며 충돌영역의 크기와 브로드캐스트 영역의 크기를 확대시킨다. 그림에서 충돌영역과 브로드캐스트 영역은 각각 1개씩이며 리피터를 연결할 때마다 충돌영역과 브로드캐스트 영역이 커짐을 알 수 있다.

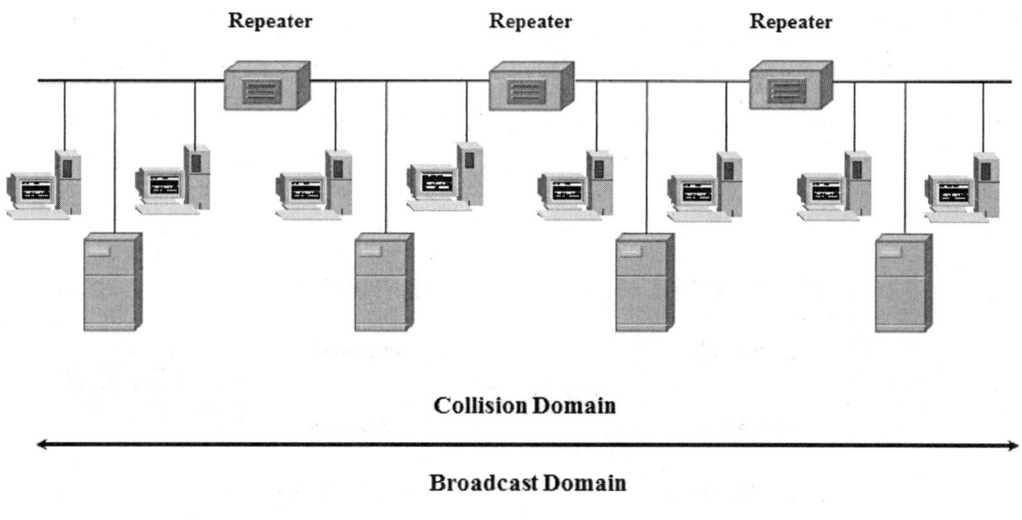

[그림 2-5] 리피터를 사용한 공유매체(Shared Media)의 확장

2.2.7 풀 듀플렉스 전송

이더넷 네트워크에서 동시에 데이터를 송·수신하기 위해서는 각 노드에 전용 스위치 포트가 필요하다. 전이중통신 방식인 풀 듀플렉스(Full-duplex) 통신은 10Base-T, 100Bsae-TX, 100Base-FX가 스위치 포트를 통하여 1대1로 포인터 투 포인터(Point-to-point) 접속을 형성할 때 사용이 가능하다. 10Base-5, 10Base-2 및 허브를 통한 10Base-T, 100Base-TX 등의 공유매체 환경에서는 하프 듀플렉스(Half-duplex) 통신만 가능할 것이다.

모든 NIC은 풀 듀플렉스의 기능을 가지며 풀 듀플렉스 이더넷 스위치는 케이블의 2-pair 와이어(Wire)를 이용하여 회로 양 끝단의 송(TX), 수신(RX) 노드(Node) 사이를 직접 연결하기 때문에 두 스테이션 사이에는 콜리즌 프리(Collision Free) 환경을 생성하게 된다.

이더넷은 충돌과 지연 때문에 10Mbps 가용 대역폭의 50~60%만 사용이 가능하지만 풀 듀플렉스 이더넷은 양방향으로 100%의 대역폭(Bandwidth)을 제공하게 되어 10Mbps의 경우 20Mbps(10Mbps TX, 10Mbps RX)의 처리량(Throughput) 효과를 낼 수가 있다.

[그림 2-6]은 두 노드(스위치와 서버) 사이에 두 개의 10, 100Mbps 송·수신 데이터 경로가 존재함으로써 두 배의 대역폭을 가지는 콜리즌 프리 환경을 보여주고 있다.

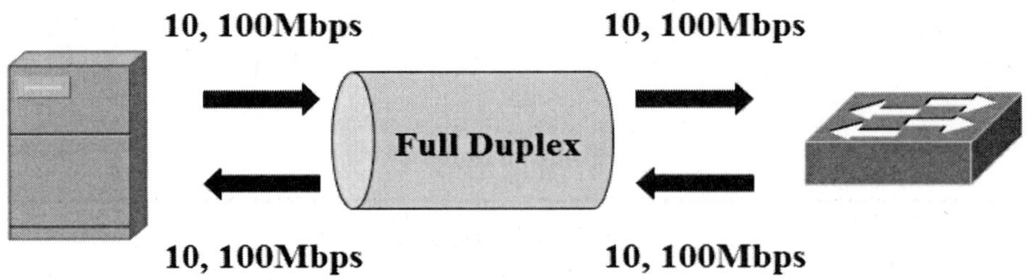

[그림 2-6] 전이중통신(Full-duplex)

2.3 LAN 세그멘테이션

네트워크는 세그먼트(Segment)라 부르는 보다 작은 단위로 분할이 가능하다. LAN을 세그멘팅(Segmenting)하는 이유는 세그먼트 사이의 트래픽을 분리하고 작은 충돌영역 생성으로 사용자당 더 많은 대역폭을 할당하기 위해서이다.

LAN 세그멘테이션(Segmentation)은 브리지, 스위치 및 라우터의 사용으로 구현이 가능하며 브리지와 스위치는 충돌영역을 분리시켜 트래픽을 감소시키는 효과를 가져오며 라우터는 각 인터페이스가 충돌영역 및 브로드캐스트 영역을 분리시킨다. 스위치는 마이크로세그멘테이션(Microsegmentation) 기능을 채택하여 필요시 가상회로(Virtual Circuit)를 통하여 포인터 투 포인터(Point-to-point) 접속을 제공할 수 있다.

LAN 스위치는 마이크로세그멘테이션 기능 때문에 충돌영역이 없는 다중포트 브리지(Multi-port Bridge)로 간주되고 하드웨어로 스위칭을 수행하여 데이터는 목적지와 고속으로 교환이 가능하며 스위치의 각 포트는 마이크로 브리지(Micro-bridge)가 된다.

이더넷 스위치(Ethernet Switch)는 전용 네트워크 세그먼트(Dedicated Network Segment) 혹은 가상 네트워크 회로(Virtual Network Circuit)를 이용하여 네트워크 세그먼트 상의 가용 대역폭을 증가시킨다. 하지만 LAN 스위치는 충돌영역의 크기는 감소시켜 주지만 브로드캐스트 영역을 분리하지는 못한다.

이더넷 네트워크의 주요 단점은 충돌(Collision)이다. 이더넷 네트워크는 충돌 발생 시 이더넷의 매체접근 규칙인 CSMA/CD(Carrier Sense Multiple Access/Collision Detection)를 따르게 되고 충돌 초과는 비생산적인 네트워크의 원인이 된다. 모든 공유매체 환경은 하나의 충돌영역(Collision Domain)을 형성하게 되고 하나의 스위치 포트에 연결된 호스트는 전용접속을 생성하여 개별 충돌영역을 형성, 결국 스위치는 충돌을 감소시켜 네트워크 세그먼트 상의 가용 대역폭은 증가하게 된다.

[그림 2-7]에서는 LAN 세그멘테이션을 이용하여 다중의 트래픽 경로를 제공하고 있는 모양을 보여주고 있다. 허브를 이용할 경우 단일 트래픽 경로를 제공하여 세

그먼트를 공유하므로 하나의 충돌영역을 생성하고 있지만 스위치의 경우 다중의 충돌영역을 만들어 내게 되는 것이다.

[그림 2-8]에서 전체 네트워크는 6개의 서버와 9개의 워크스테이션으로 구성되어 총 15개의 컴퓨터를 포함하고 있으며 각 세그먼트는 CSMA/CD 접근방식(Access Method)을 사용하며 각 세그먼트는 각자 충돌영역이 되어 모두 4개의 충돌영역을 구성하고 있다. 그 결과 각 충돌영역에 포함되는 컴퓨터의 수는 줄어들게 되며 그 만큼 가용 대역폭은 높아지는 것이다.

세그멘테이션은 각 세그먼트 내에서 네트워크 혼잡을 현저히 감소시키며 데이터가 세그먼트 내로 전송될 경우 세그먼트 내의 장비는 전체 가용 대역폭을 공유하며 세그먼트 간에 전달되는 데이터는 브리지, 라우터 혹은 스위치를 통하여 백본(Backbone, Collision Domain 4)을 거쳐 전송하게 된다.

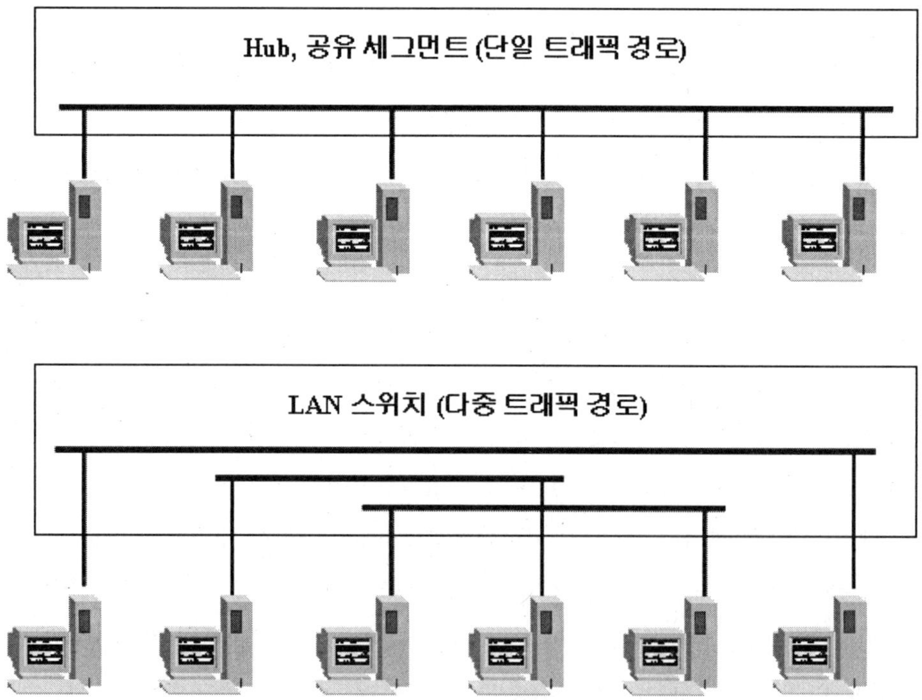

[그림 2-7] LAN 세그멘테이션

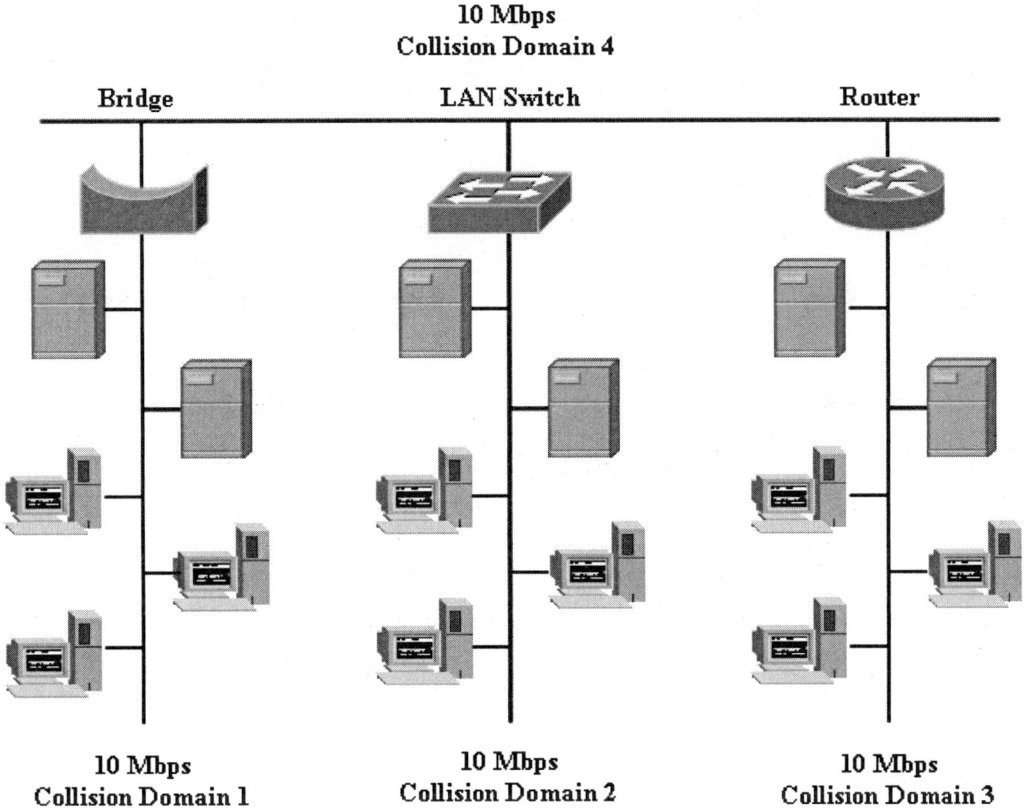

[그림 2-8] 충돌영역

2.3.1 브리지를 이용한 세그멘테이션

브리지(Bridge)는 MAC 주소에 기반하여 데이터 프레임을 포워드(Forward)하는 2계층 장치이며 각 세그먼트의 장비를 발견하기 위해 데이터 패킷의 발신지(Source) MAC 주소를 체크한다. 이러한 MAC 주소는 브리징 테이블(Bridging Table) 생성에 사용하며 로컬 세그먼트로부터 포워드 될 필요가 없는 패킷을 차단하기 위해 브리지는 테이블을 검색한다.

그러나 브리지를 사용할 경우 패킷을 포워드하기 전에 일어나는 결정과정 때문에 지연이 증가하게 되는데 브리지 사용 시 네트워크의 지연은 10~30% 정도 증가하게 된다.

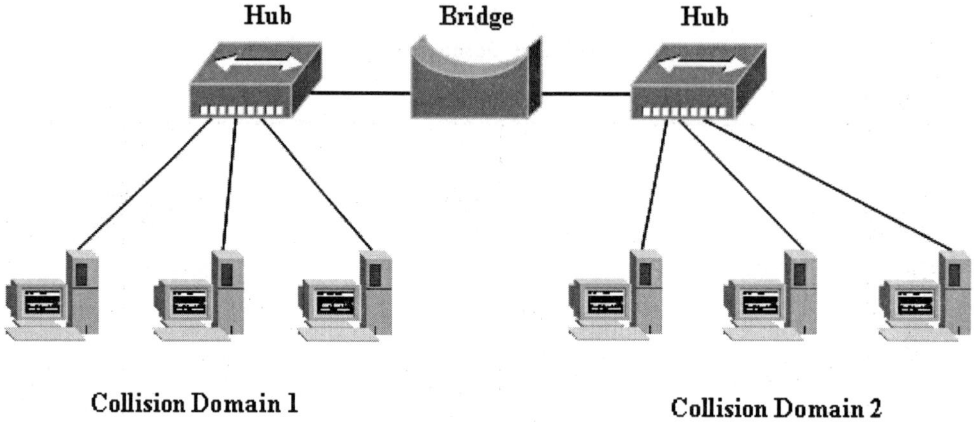

[그림 2-9] 브리지를 이용한 세그멘테이션

브리지는 프레임을 포워드하기 전에 목적지(Destination) 주소필드를 체크하고 FCS(Frame Check Sequence) 필드의 CRC(Cyclic Redundancy Check)를 계산하는 Store-and-Forward 장치이다. 또 목적지 포트가 바쁘면(Busy) 임시로 데이터 프레임을 저장한다.

[그림 2-9]는 브리지를 이용한 세그멘테이션을 보여주고 있으며 2개의 충돌영역과 단일 브로드캐스트 영역을 구성하고 있다.

2.3.2 라우터를 이용한 세그멘테이션

라우터는 스위치로 구성된 네트워크에서 지연을 20~30% 추가하는 네트워크 세그멘테이션을 제공한다. 목적지 노드까지 최적경로를 결정하기 위해 IP 주소를 사용하는 네트워크 계층에서 동작하는 라우터 기능 때문에 지연이 발생한다. 라우터는 네트워크나 서브네트워크 간의 연결성을 제공한다. 브리지와 스위치는 단일 네트워크나 서브네트워크 내에서 세그멘테이션을 제공하며 스위치와 브리지는 브로드캐스트 프레임을 포워드하는 반면 라우터는 포워드하지 않는다.

[그림 2-10]은 라우터를 이용한 세그멘테이션을 보여주고 있으며 2개의 충돌영역과 2개의 브로드캐스트 영역을 구성하고 있다.

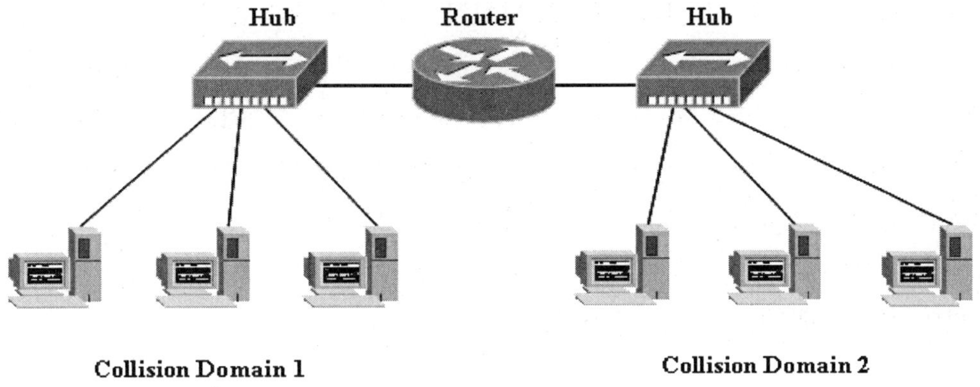

[그림 2-10] 라우터를 이용한 세그멘테이션

2.3.3 스위치를 이용한 세그멘테이션

스위치는 LAN의 충돌영역 규모를 감소시키는 마이크로세그멘테이션 기능을 이용하여 대역폭 부족과 네트워크 병목현상을 감소시키며 스위치와 연결된 모든 호스트는 동일한 브로드캐스트 영역 내에 포함되어 있다.

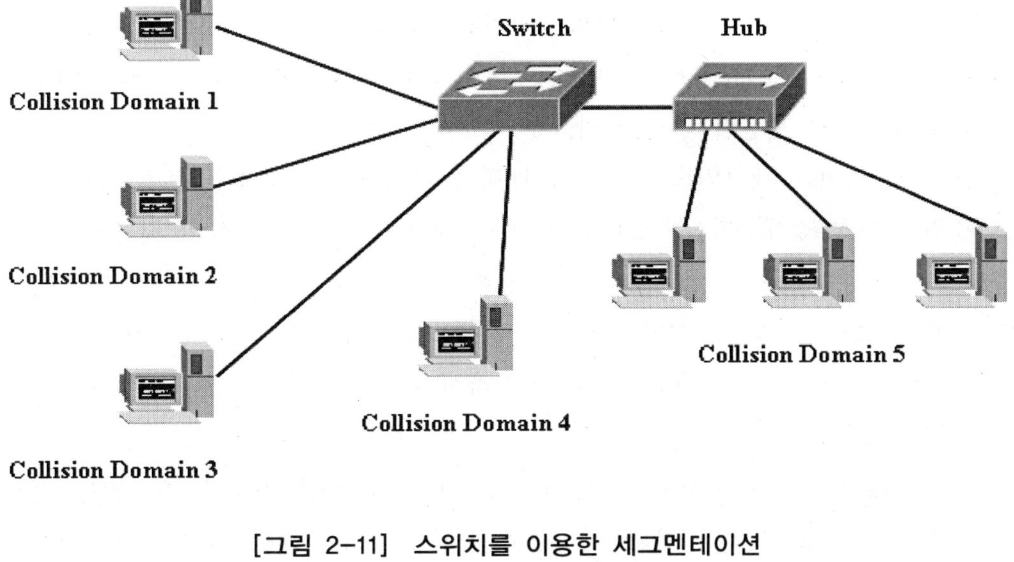

[그림 2-11] 스위치를 이용한 세그멘테이션

스위치로 구성된 이더넷 LAN에서는 발신지와 목적지 노드는 네트워크상의 유일한 노드처럼 동작한다. 두 노드가 링크 혹은 VC(가상회로, Virtual Circuit)를 설립하여 최대 가용 대역폭으로 접근하게 되어 브리지나 허브로 연결된 이더넷 LAN보다 높은 처리율을 제공하게 된다. 가상 네트워크 회로(Virtual Network Circuit)는 노드 간 통신이 필요할 때에만 스위치 내에서 설립된다.

[그림 2-11]은 스위치를 이용한 세그멘테이션을 보여주고 있으며 5개의 충돌영역과 단일 브로드캐스트 영역을 구성하고 있다.

2.4 이더넷 스위치의 주요 기능

이더넷 스위치(Ethernet Switch)의 주요 기능 중 하나는 작은 충돌영역의 생성으로 사용자당 더 많은 양의 대역폭을 할당할 수 있다는 것이다. 마이크로세그멘테이션(1host/1segment)을 이용하여 전용 네트워크 세그먼트를 생성하게 되면 각 호스트는 전체 대역폭을 모두 사용하게 되고 다른 호스트와 대역폭을 위한 경쟁을 하지 않는다.

접근이 빈번한 서버는 개별적으로 100Mbps 링크를 할당하고 패스트 이더넷 스위치(Fast Ethernet Switch)나 기가비트 이더넷 스위치(Gigabit Ethernet Switch)는 백본(Backbone)으로 사용할 수도 있다.

이더넷 스위치는 세그먼트 사이에 트래픽을 분리하기 때문에 네트워크상의 호스트를 위한 보안도 제공할 수 있다. 이더넷 스위치는 세그먼트 상의 사용자 사이에 CSMA/CD 접근방식(Access Method)을 사용하며 보다 작은 사용자와 장비가 동일 대역폭 공유하게 되며 각 세그먼트는 별도의 충돌영역이 된다. 그리고 이더넷 스위치는 지정된 포트로 데이터그램을 바로 전송하여 트래픽 필터링 기능을 수행한다.

스위칭은 이더넷 LAN에서 혼잡을 감소시키는 기술로서 스위치는 충돌영역과 네트워크 트래픽을 감소시키기 위해 마이크로세그멘테이션 기능을 사용한다. 이는 보다 효과적인 대역폭의 사용과 처리율을 증가시켜 주기 때문에 오늘날의 네트워크에서는 공유 허브를 대체하는 추세이다.

스위치가 수행하는 두 가지 기본동작은 인터페이스로 프레임을 수신하면 정확한 전달포트(Forwarding Port)를 선택하고 프레임을 전달(Forwarding)하는 과정을 통해 데이터 프레임을 스위치하는 것과 포워딩 테이블(Forwarding Table)을 생성, 유지하고 루프프리(Loop-free) 기술을 구현하고 유지하는 것이다.

[그림 2-12]는 스위치의 포워딩 테이블을 보여주고 있는데 스위치는 포워딩 테이블을 참조하여 패킷을 필터링(Filtering)한다.

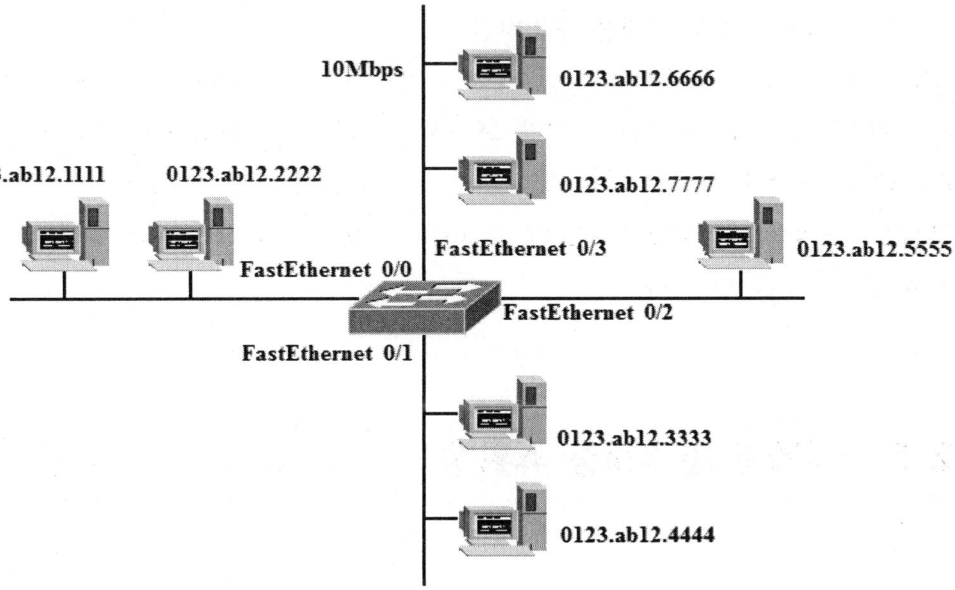

Interfaces	Stations
FastEthernet 0/0	0123.ab12.1111
	0123.ab12.2222
FastEthernet 0/1	0123.ab12.3333
	0123.ab12.4444
FastEthernet 0/2	0123.ab12.5555
FastEthernet 0/3	0123.ab12.6666
	0123.ab12.7777

[그림 2-12] 포워딩 테이블

포워딩 테이블은 브리지에서는 브리징 테이블, 스위치에서는 스위칭 테이블이라고도 부른다. 포워딩 테이블은 OSI 참조모델 2계층에서 사용하는 MAC 주소를 기반으로 패킷을 포워딩한다.

스위치는 전송되는 프레임의 발신지 주소를 관찰하여 스테이션의 위치를 학습하는데 목적지 주소가 브로드캐스트, 멀티캐스트 혹은 모르는 주소(테이블 엔트리에 없는 주소)일 경우 스위치의 모든 포트로 전송을 한다. 목적지 주소가 같은 인터페이스 상에 위치할 경우 스위치는 패킷의 전달을 차단(Blocking)하고 다른 인터페이스 상에 위치할 경우 패킷을 포워딩한다.

스위치에서 지연은 프레임이 스위치로 들어가서 나올 때까지 소요되는 시간으로서 스위치의 지연은 구성된 스위칭 프로세스(Switching Process) 및 트래픽 볼륨(Traffic Volume)과 직접 관련이 있다. 지연은 수분의 1초로 측정되지만 네트워크 장비는 초고속으로 동작하기 때문에 수 ns의 추가 지연도 네트워크 성능에 부정적인 효과를 가져올 수 있다.

2.5 2계층 및 3계층 스위칭

데이터 프레임을 스위칭하는 방법에는 2계층(Layer 2) 스위칭과 3계층(Layer 3) 스위칭 두 가지가 있다. 프레임을 포워드하기 위해 브리지를 사용하여 수행하는 L2 스위칭, 패킷을 스위치하기 위해 라우터를 사용하여 수행하는 L3 스위칭이 그것이다.

L2, L3 스위칭의 차이는 출력 포트(Output Interface)를 결정하는 데 사용하는 프레임 내의 정보유형으로 구분하는데 L2 스위칭은 물리계층 주소(MAC 주소) 정보에 기반하고 L3 스위칭은 네트워크계층 주소(IP 주소) 정보에 기반한다. L3 스위치와 라우터의 기능은 유사하며 유일한 차이는 물리적인 구현에 있다.

라우터는 패킷 스위칭이 마이크로프로세서 기반의 엔진(Microprocessor-based Engine)을 사용한 소프트웨어에서 발생하며 L3 스위치는 ASIC(Application Specific Integrated Circuit) 기반의 하드웨어를 사용하여 패킷 포워딩을 수행한다.

구분	L2 스위칭	L3 스위칭
특징	• Hardware-based Switching • Wire-speed Performance • High-speed Scalability • Low Latency • Use MAC Address • Low Cost	• Hardware-based Packet Forwarding • High-performance Packet Switching • High-speed Scalability • Low Latency • Use IP(Layer 3) Address • Lower Per-port Cost • Flow Accounting • Security • QoS

[그림 2-13] L2, L3 스위칭 특징 비교

L2 스위칭은 프레임 헤더의 목적지 MAC 주소를 찾아 스위칭 테이블의 MAC 주소를 기초로 적절한 포트로 프레임을 포워드 한다. 스위칭 테이블은 CAM(Content Addressable Memory)에 보관하며 스위칭 테이블에 목적지 MAC 주소 엔트리가 없어서 L2 스위치가 프레임을 보내야 할 곳을 모를 경우에는 모든 포트로 프레임을 브로드캐스트 한다. 응답이 되돌아올 경우 스위치는 새로운 주소를 CAM에 기록하게 된다.

3계층 스위칭은 네트워크계층의 기능을 수행하며 L3 헤더 정보는 체크되고 패킷은 IP 주소를 기초로 포워딩 된다. 스위칭 혹은 플래트 네트워크(Switched or Flat Network)의 트래픽은 라우티드(Routed) 혹은 계층적인 네트워크의 트래픽과는 달라서 계층적인 네트워크는 플래트 네트워크보다 융통성 있는 트래픽의 흐름을 제공한다. [그림 2-13]은 L2 스위칭과 L3 스위칭의 특징을 비교한 것을 보여주고 있다.

2.6 대칭과 비대칭 스위칭

LAN 스위칭은 스위치 포트에 대역폭을 할당하는 방법에 따라 대칭(Symmetric), 비대칭(Asymmetric)으로 분류할 수 있다. 대칭 스위치는 동일한 대역폭을 가진 포트사이에 Switched Connection을 제공하고 비대칭 스위치는 다른 대역폭 예를 들면 10Mbps와 100Mbps의 조합 혹은 10Mbps, 100Mbps 및 1Gbps의 조합을 가진 포트 사이에 Switched Connection을 제공한다.

비대칭 스위칭은 서버의 스위치 포트에 병목현상을 막기 위해 더 많은 대역폭을 할당할 수 있어 다수의 클라이언트가 동시에 서버와 통신을 할 경우 트래픽의 흐름을 원활하게 처리할 수 있다. 이 경우 다른 속도를 가진 포트 사이에 프레임의 연속성을 보장하기 위해 메모리 버퍼링(Memory Buffering)이 필요하다.

[그림 2-14]와 [그림 2-15]에서는 대칭 및 비대칭 스위칭의 예를 보여주고 있다. [그림 2-14]에서는 스위치 포트의 대역폭이 모두 10Mbps로 동일한 대역폭을 가지고 클라이언트를 서비스하고 있는 대칭 스위칭을 보여주고 있으며 [그림 2-15]에서 스위치는 10Mbps와 100Mbps의 조합으로 구성된 스위치 포트를 가지며 서버로의 접근 포트는 100Mbps, 클라이언트 포트는 10Mbps의 대역폭으로 서비스를 함으로써 클라이언트들이 동시에 서버에 접속할 경우 서버가 접속된 포트의 병목현상을 피할 수 있도록 구성된 비대칭 스위칭을 보여주고 있다.

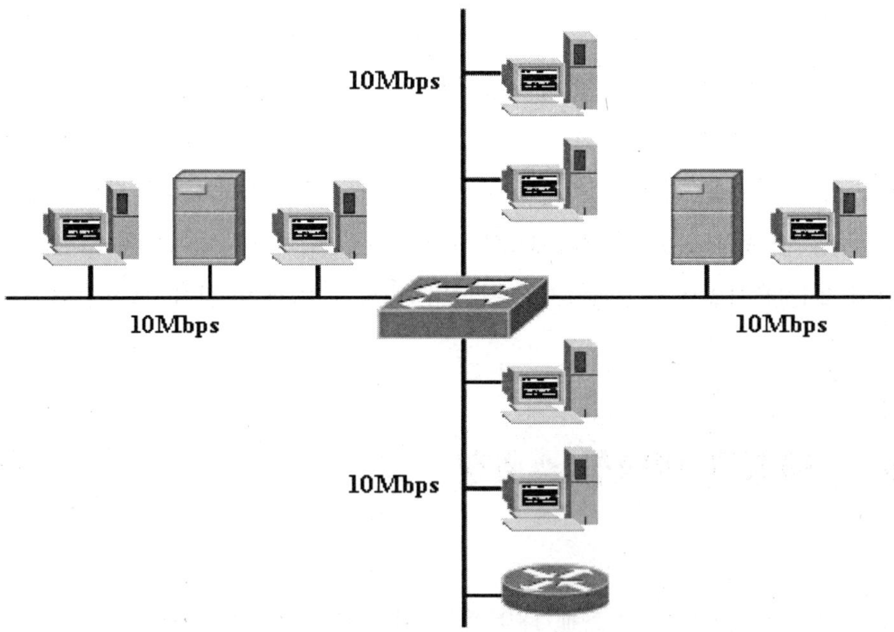

[그림 2-14] 대칭 스위칭

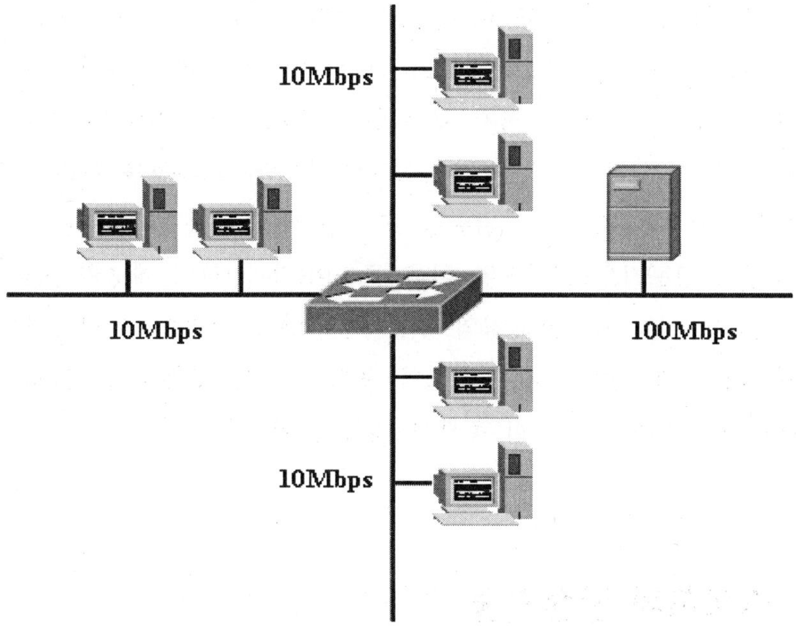

[그림 2-15] 비대칭 스위칭

2.7 메모리 버퍼링

이더넷 스위치는 프레임을 저장하고 전달하기 위해 버퍼링(Buffering) 기술을 사용하며 버퍼링은 목적지 포트가 바쁠(Busy) 때도 사용한다. 스위치가 데이터를 저장하는 메모리 영역을 메모리 버퍼(Memory Buffer)라 부르며 메모리 버퍼는 프레임을 전달하기 위해 두 가지 방법을 사용하는데 포트 기반 메모리 버퍼링(Port-based Memory Buffering)과 공유 메모리 버퍼링(Shared Memory Buffering) 방법이 그것이다.

포트 기반의 메모리 버퍼링은 프레임을 특정 입력포트와 연결되어 있는 큐(Queue)에 저장하고 모든 프레임이 큐에 성공적으로 전송완료 시에만 출력포트로 전송한다. 바쁜(Busy) 목적지 포트 때문에 하나의 프레임이 메모리 내의 모든 프레임의 전송을 지연시킬 수 있는 단점이 있다.

공유 메모리 버퍼링은 모든 프레임을 스위치의 모든 포트가 공유하는 공통의 메모리 버퍼에 보관한다. 각 포트가 필요로 하는 메모리 버퍼의 용량은 동적으로 할당되며 버퍼 내의 프레임은 목적지 포트와 동적으로 연결된다. 수신된 프레임은 다른 큐로의 이동을 하지 않고 하나의 포트로 수신된 프레임을 다른 포트로 전송할 수 있으며 스위치는 프레임이 전송될 포트와 맵(Map)을 유지한다.

맵은 프레임이 성공적으로 전송된 이후 클리어(Clear)되며 메모리 버퍼는 공유하기 때문에 버퍼에 저장되는 프레임의 수는 단일 포트 버퍼가 아니라 전체 메모리 버퍼 크기에 의해 제한된다. 다른 속도의 포트 사이에 프레임이 교환되는 비대칭 스위칭(Asymmetric Switching)에서 중요한 기능이 된다.

2.8 스위치의 전송기술

2.8.1 Store-and-Forward 방식

프레임을 전달하기 전에 전체 프레임을 수신한 뒤 발신지(Source)와 목적지(Destination)의 주소를 읽고 필터(Filter)를 적용한다. 스위치에서 데이터 프레임을 목적지 포트로 전송하기 전 버퍼 안의 모든 전송프레임을 점검할 수 있기 때문에 미리 에러의 전송을 차단할 수 있다. 그러나 전송프레임을 버퍼에 저장하여 에러를 검색하기 때문에 프레임이 수신되는 동안 발생하는 지연시간이 가장 큰 단점이다. 프레임이 클수록 지연이 커지며 스위치는 전체 프레임의 오류를 체크하므로 더 많은 오류를 발견할 수 있다.

2.8.2 Cut-Through 방식

목적지 MAC 주소가 버퍼에 저장되면 즉시 전송을 시작하며, 데이터 프레임이 완전하게 수신된 다음 전송하는 방식이 아니기 때문에 버퍼에 저장함으로써 발생하는 지연시간을 줄일 수 있다는 장점을 가진 반면, 에러도 같이 전송될 수 있다는 단점이 있다.

전체 프레임을 수신하기 전에 스위치를 통하여 프레임은 전송을 시작하며 프레임이 전송되기 전 최소한의 프레임에서 목적지 주소를 읽고 전송을 하기 때문에 이 방식은 전송지연은 감소되지만 오류발견 또한 감소할 수 있다. Fast-Forward 및 Fragment-Free 두 가지 유형으로 나누어진다.

(1) Fast-Forward 방식

이 방식은 스위치의 전송기술 중 가장 낮은 수준의 지연을 제공하는 방식이다. 목적지의 주소를 읽은 후 즉시 패킷을 전송하는 방식으로 전체 패킷을 수신하기 전에 전송을 시작하기 때문에 오류와 함께 전달될 가능성이 있다.

(2) Fragment-Free 방식

대부분의 이더넷(Ethernet) 에러(Error)가 발생하는 처음 64바이트는 Store-and-Forward 방식과 같이 버퍼에 저장한 후 에러를 체크하며 이상이 없을 경우 이후 전송을 Cut-Through 방식으로 하는 방식이며 에러를 같이 전송할 수 있는 Cut-Through 방식을 보완할 수 있으며 지연시간이 단점인 Store-and-Forward 방식의 단점도 커버할 수 있다.

이 방식은 Fragment-Free라고도 부르는데 전송 전 패킷 에러의 대부분을 차지하는 충돌조각(Collision Fragment)을 제거하자는 의도에서 개발된 방식이기 때문이다. 충돌조각은 64바이트 이하이므로 64바이트까지만 에러체크를 한다. 수신된 패킷이 충돌조각이 아니라는 판단이 될 때까지 스위치는 프레임을 전송대기 시킨다.

2.8.3 Adaptive Cut-Through 방식

에러가 발생하면 전송방식을 Cut-Through 방식으로부터 Store-and-Forward 방식으로 전환하며, 에러가 허용한계 이내로 떨어지면 다시 Cut-Through 방식으로 자동 전환되는 방식이다. 즉 Cut-through 방식과 Store-and-Forward 방식의 조합인 하이브리드 모드(Hybrid Mode)로서 Adaptive Cut-Through라고도 한다. 주어진 수의 오류가 검출될 때까지 Cut-Through 모드를 사용하고 오류가 한계치에 도달하면 Store-and-Forward 모드로 전환된다.

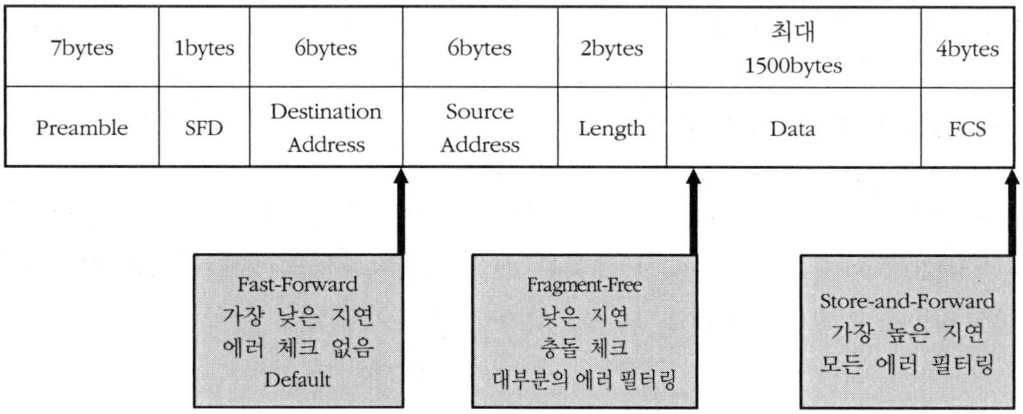

[그림 2-16] 프레임 전송 모드

2.9 스위치와 브리지의 주소학습

브리지와 스위치는 세그먼트 사이에 전달할 필요가 있는 프레임만 전달하기 때문에 LAN 세그먼트와 연결된 장치에 대한 학습이 필요하다. 브리지는 MAC 주소를 기초로 하여 전송결정을 하는 지능적인 장치이다.

브리지가 켜지면 로컬(Local) 세그먼트 상의 모든 스테이션에게 응답을 요청하는 브로드캐스트 메시지를 발송하고 각 스테이션은 브로드캐스트에 대한 응답 메시지를 보내게 되는데 이때 브리지는 응답 메시지를 기초로 로컬 주소 테이블을 생성하게 된다. 브리지와 스위치는 수신된 프레임의 발신지 MAC 주소를 읽고 MAC 주소가 수신된 포트와의 매핑을 기록하게 된다. 이것이 스위치와 브리지의 주소 학습과정이며 학습된 주소와 관련 포트는 주소테이블에 저장하고 이후부터 브리지는 수신된 모든 프레임의 목적지 주소를 조사하고 목적지의 주소를 찾기 위해 주소 테이블을 뒤진다.

스위칭 테이블은 CAM(Contents Addressable Memory)을 사용하여 저장하며 CAM은 수신 데이터 패킷으로부터 주소정보를 획득하여 목적지 주소와 CAM에 저장되어 있는 주소테이블을 비교하여 호스트 MAC 주소와 관련 포트번호를 저장한다. CAM은 수신된 목적지 MAC 주소와 CAM 테이블 콘텐츠를 대조하고, 비교하여 부합이 되면 포트가 제공되고 정확한 포트와 주소로 패킷이 전달되도록 제어한다.

스위치는 전송되는 프레임의 발신지 주소를 보고 각 장치의 주소를 학습하여 포워딩 데이터베이스(Forwarding Database)에 주소정보를 추가한다. 새로운 주소가 읽혀지고 학습되어 CAM에 저장하며 주소가 저장될 때마다 시간을 표시하는데 주소가 저장되는 주기를 설정할 수 있다. CAM에서 주소를 발견하거나 참고할 때마다 새로운 시간을 표시하며 주어진 주기 동안 주소를 참고하지 않을 경우 리스트에서 삭제하여 CAM은 정확하고 기능적인 포워딩 데이터베이스를 유지할 수 있다.

이후, CAM이 진행하는 과정을 보면 주소가 발견되지 않을 경우 브리지는 수신 포트를 제외한 모든 포트로 프레임을 전송하게 되는데 이것을 플러딩(Flooding)이라 부른다. 주소테이블에서 주소가 발견되고 수신포트와 관련이 있는 경우 프레임을 버린다. 이미 목적지에 전달이 되었기 때문이다. 주소테이블에서 주소가 발견되고 수신포트와 관련이 없는 경우 프레임을 관련 포트로 전달한다.

2.10 브리지와 스위치의 프레임 필터링

대부분의 스위치는 2계층 프레임 필드를 기초로 프레임을 필터링(Filtering)한다. 필터링이란 스위치가 프레임을 무시하는 것이며 포워딩(Forwarding)이란 스위치가 프레임을 복사(Copy)함을 의미한다.

특정 스테이션이 로컬 LAN 세그먼트 밖으로 프레임을 전송하는 것을 막고 외부 네트워크의 특정 스테이션으로 전달되는 모든 프레임의 전송을 중단하도록 하는 특정 발신지와 목적지의 주소를 필터링하도록 프로그래밍도 가능하다. 이러한 두 가지 유형의 필터링은 네트워크 간 트래픽의 제어 및 보안을 제공할 수 있다.

브로드캐스트 및 멀티캐스트(Multicast) 프레임 필터링도 가능한데 이러한 기능은 VLAN(Virtual LAN) 구현으로 가능하다. 브로드캐스트 스톰(Storm)으로 인한 네트워크 성능저하를 방지할 수 있다.

오늘날의 스위치는 브라우터나 3계층 스위치를 이용하여 네트워크 계층의 프로토콜에 의한 필터링도 가능하다.

2.11 네트워크에서 발생하는 통신유형

네트워크에서 발생하는 통신의 유형은 유니캐스트 전송(Unicast Transmission), 멀티캐스트 전송(Multicast Transmission), 브로드캐스트 전송(Broadcast Transmission) 등 3가지로 분류할 수 있다.

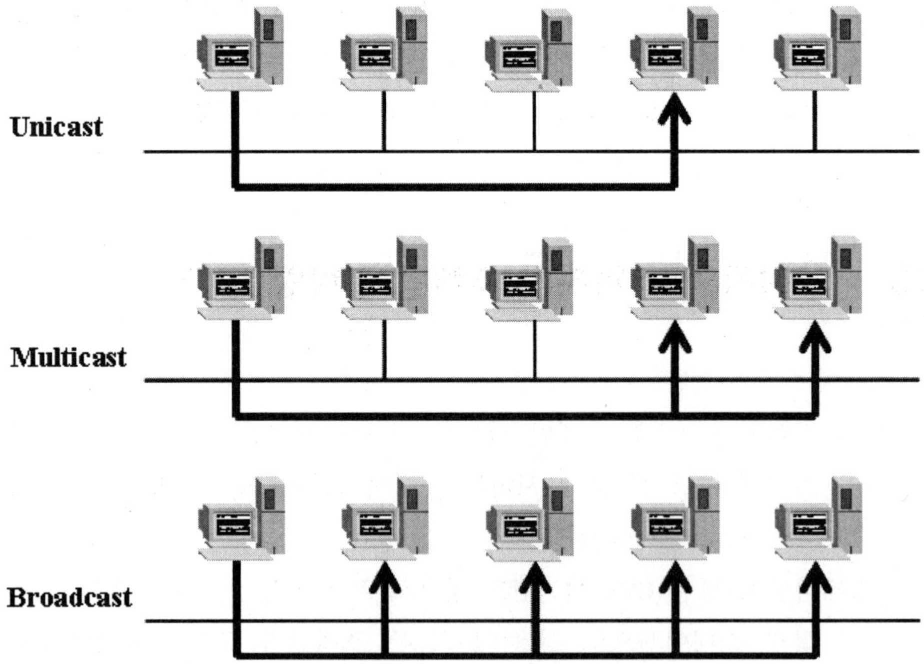

[그림 2-17] 네트워크 통신유형

유니캐스트 전송은 가장 일반적이며 하나의 송신기와 하나의 수신기가 통신하는 경우이다. 다음은 멀티캐스트 전송으로 하나의 송신기와 전체 세그먼트의 일부 혹은 그룹과 통신하는 경우이며 마지막으로 브로드캐스트 전송은 하나의 송신기가 네트워크의 모든 노드와 통신하는 것이다.

2계층 브로드캐스트의 경우 목적지 MAC 주소는 FF:FF:FF:FF:FF:FF(48bit all"1")가 되며 2계층에서의 브로드캐스트 영역은 MAC 브로드캐스트 영역이 된다. 스위치가 브로드캐스트를 수신한 경우 수신포트를 제외한 모든 포트로 전송하지만 라우터는 브로드캐스트를 전파하지 않는 3계층 장치이다.

Chapter 3

네트워크 설계

3.1 네트워크 설계 시 요구사항

LAN(Local Area Network) 설계의 첫 번째 단계는 설계목표를 설정하고 문서화하는 것이며 이러한 목표는 조직이나 상황에 따라서 달라질 수 있다. 그러나 대부분의 네트워크 설계에 있어서 유사한 요구사항은 다음과 같다.

① 기능성(Functionality)

네트워크는 설계목표를 충족하도록 동작을 해야 하며 사용자의 업무 요구사항을 충족해야 한다. 그리고 네트워크는 사용자와 사용자, 사용자와 어플리케이션 사이에 적절한 속도와 신뢰도를 제공하여야 한다.

② 확장성(Scalability)

네트워크는 조직이나 상황의 필요에 따라 확장할 수 있어야 한다. 초기 설계는 전면적인 설계에도 큰 변경 없이 확장될 수 있어야 한다.

③ 적응성(Adaptability)

네트워크는 미래의 기술을 지향하는 쪽으로 설계되어야 한다. 즉 네트워크는 미래의 새로운 기술의 수용을 제한하는 요소를 포함하지 않아야 한다는 것이다.

④ 관리의 용이성(Manageability)

네트워크는 지속적인 동작의 안정성을 보장하기 위하여 감시와 관리가 용이하도록 설계되어야 한다.

3.2 LAN 설계 시 고려사항

많은 조직은 현재의 LAN을 업그레이드했으며 새로운 LAN 구축을 계획하고 있을 것이다. LAN 설계에서 이러한 확장은 ATM(Asynchronous Transfer Mode)과 같은 고속기술의 개발과 LAN 스위칭 및 VLAN(Virtual LAN, 가상 LAN)을 사용하는 복잡한 LAN의 구조에서 기인한다.

가용 LAN 대역폭과 성능을 최대화하기 위해 LAN 설계 시 고려해야 할 사항은 서버의 기능과 위치, 세그멘테이션(Segmentation), 충돌영역(Collision Domain) 및 브로드캐스트 영역 등이다.

서버는 네트워크 사용자들에게 통신 및 파일, 프린터, 응용프로그램 서비스 등을 공유하도록 하며 서버는 일반적으로 워크스테이션의 기능은 하지 않는 전용서버를 지칭한다. 서버는 또 UNIX, Linux, Novell NetWare 및 Windows NT 등과 같은 특별한 OS가 동작하며 각 서버는 종종 e-mail이나 파일공유 같은 하나의 전용기능을 한다.

서버는 엔터프라이즈(Enterprise) 서버나 워크그룹(Workgroup) 서버로 분류될 수 있다. 엔터프라이즈 서버는 네트워크상의 모든 사용자에게 e-Mail 혹은 DNS 같은 서비스를 제공하며 e-Mail 혹은 DNS는 조직의 모든 사람들이 필요로 하는 서비스이다. 워크그룹 서버는 특정 사용자 그룹을 지원하며 워드프로세싱(Word Processing) 및 파일공유와 같은 서비스를 제공한다.

엔터프라이즈 서버로 향하는 트래픽(Traffic)은 가능한 한 다른 네트워크를 통해 전달되지 않고 MDF(Main Distribution Facility)로만 전달되도록 엔터프라이즈 서버는 MDF에 위치한다. 일반적으로 워크그룹 서버는 트래픽이 다른 사용자에게 영향을 주지 않고 네트워크 인프라(Infra)를 통해 IDF(Intermediate Distribution Facility)로 전달되도록 IDF에 위치시킨다.

MDF와 IDF에 위치한 2계층 LAN 스위치는 서버들에게 100Mbps 이상 할당하도록 한다. 이더넷(Ethernet) 노드는 CSMA/CD 방식을 사용하기 때문에 각 노드는 공유매체 혹은 충돌영역에 접근하기 위해 모든 다른 노드와 경쟁을 하게 된다. 두 개의 노드가 동시에 전송할 경우 충돌이 발생하고 전송된 프레임은 소실되고 세그먼트상의 모든 노드에게 잼 시그널(Jam Signal)을 전송한다. 이때 노드들은 랜덤(Random) 주기 동안 기다렸다가 데이터를 재전송하며 초과 충돌은 네트워크 세그먼트의 가용 대역폭을 35%에서 40%까지 감소시킨다.

세그멘테이션은 단일 충돌영역을 보다 작은 충돌영역으로 분할하는 것을 말하며 보다 작은 충돌영역은 LAN 세그먼트상에서 충돌횟수를 감소시키며 더 큰 대역폭 사용률을 허용하게 된다. 브리지와 스위치 같은 2계층 장치는 LAN을 세그멘테이션하는 데 사용할 수 있다. 라우터는 3계층에서 이와 같은 기능을 하게 된다.

브로드캐스트는 목적지 MAC 주소를 FF-FF-FF-FF-FF-FF로 설정할 경우 발생하게 되며 브로드캐스트 영역은 그룹 내의 어떠한 장비로부터 발송된 브로드캐스트 데이터 프레임도 수신하는 장비의 집합을 말한다. 브로드캐스트 데이터 프레임을 수신하는 모든 호스트는 그것을 처리하여야 하며 이러한 처리과정은 호스트의 자원 및 가용 대역폭을 소비하게 된다.

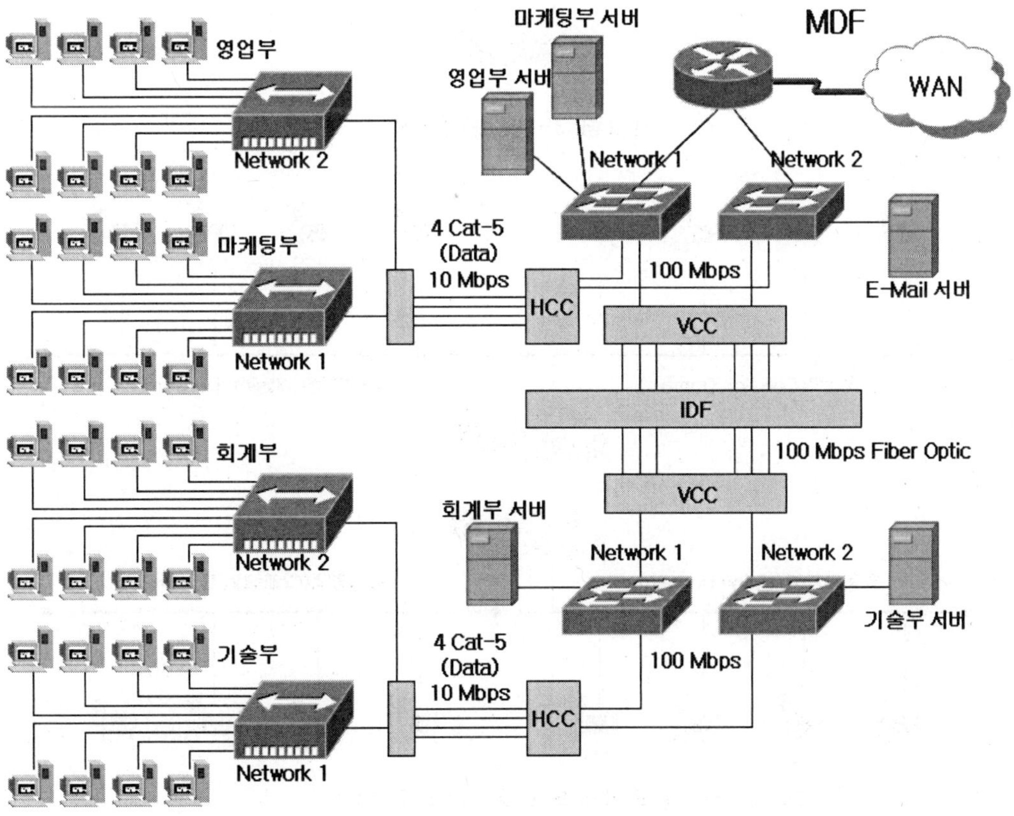

[그림 3-1] 서버 위치

브리지와 스위치 같은 2계층 장치는 충돌영역의 크기를 감소시키지만 브로드캐스트 영역의 크기는 감소시킬 수 없다. 반면에 라우터는 3계층에서 충돌영역 및 브로드캐스트 영역의 크기를 감소시킨다.

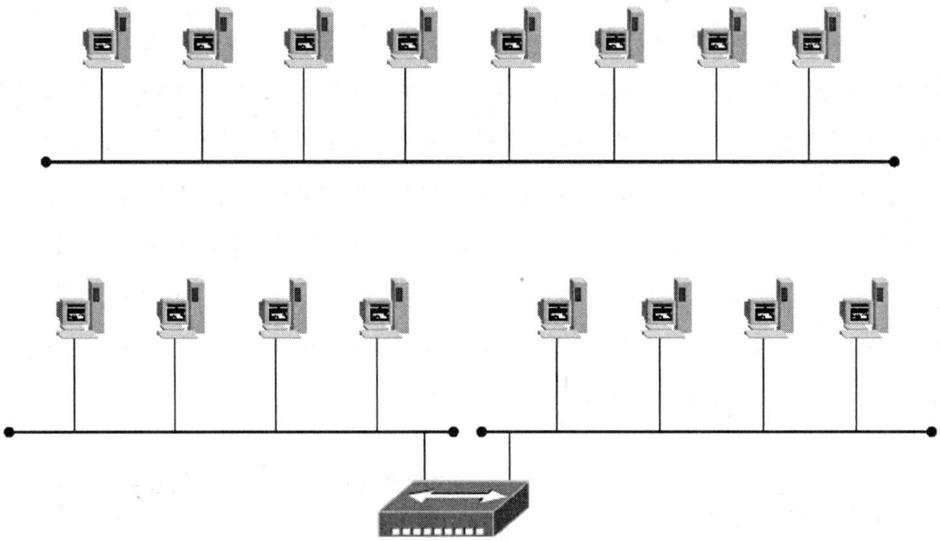

[그림 3-2] 충돌영역

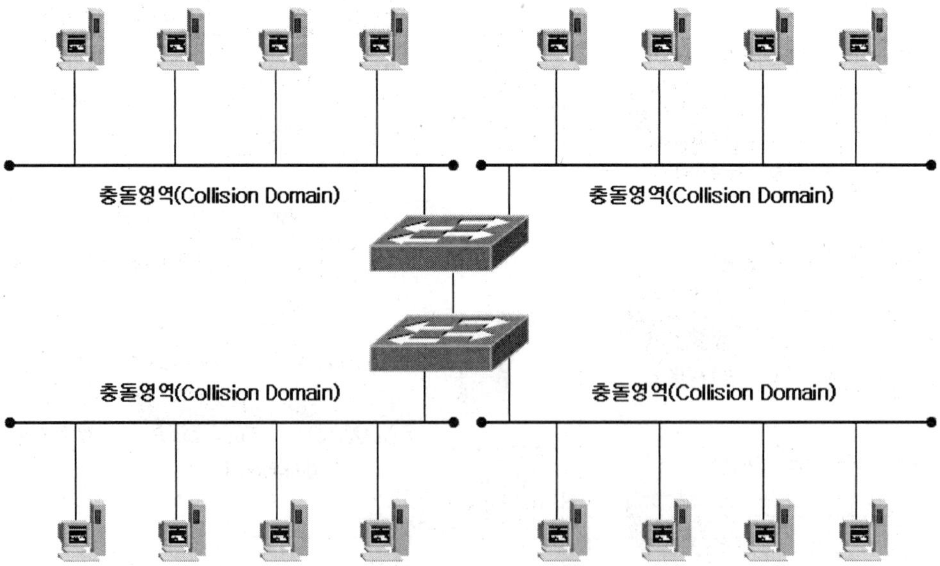

[그림 3-3] 충돌영역과 브로드캐스트 영역
(4 Collision Domains, 1 Broadcast Domain)

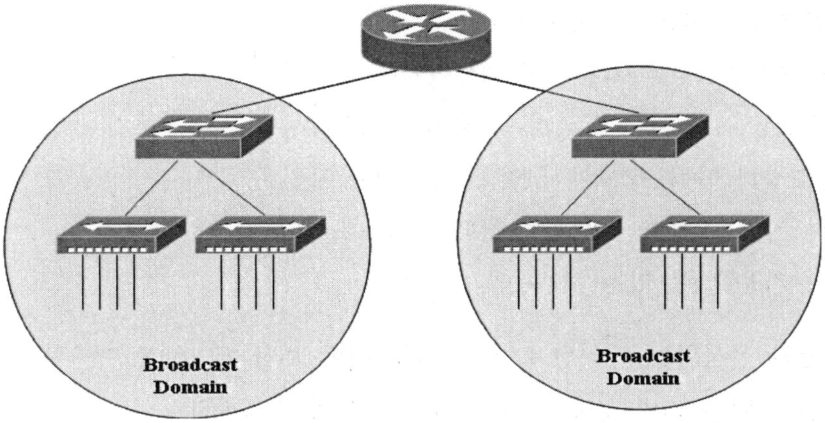

[그림 3-4] 브로드캐스트 도메인

3.3 LAN 설계 방법

효과적이고 사용자의 요구를 만족시키는 네트워크를 설계하기 위하여 일련의 계획되고 체계적인 단계에 따라 LAN은 설계 및 구축되어야 한다. 사용자의 요구 및 기대사항을 수집하고 분석하여야 하며 1, 2, 3계층 LAN의 구조 혹은 토폴로지를 설계한다. 또한 논리 및 물리적인 네트워크 설치의 문서화가 반드시 필요하다. 정보를 수집하는 과정은 현재 네트워크의 문제점을 분명히 하는 데 도움이 될 것이다. 이러한 정보는 조직의 역사, 현재 상태, 성장계획, 운영정책 및 관리절차, 사무실 시스템 및 절차, 네트워크를 사용할 사람들의 관점 등이 포함되어 있다.

정보를 수집하기 위해 요청되는 질문은 다음과 같다.

- 네트워크를 사용할 사람들은 누구인가?
- 이 사람들의 기술수준은 어떠한가?
- 컴퓨터와 컴퓨터 어플리케이션(Application)에 대한 그들의 태도는?
- 조직의 문서화된 정책은 어떻게 개발되었는가?
- 공표된 긴급한 임무를 가진 데이터가 있는가?
- 공표된 긴급한 임무를 가진 사업이 있는가?

- 네트워크상의 허용된 프로토콜은?
- 데스크 탑 호스트만 지원하면 되는가?
- LAN 주소, Naming, 토폴로지 설계 및 구성의 책임은 누구에게 있는가?
- 현재 조직의 인력, 하드웨어 및 소프트웨어 자원은?
- 이러한 자원은 현재 어떻게 연결되어 있고 공유되어 있는가?
- 조직이 가용할 수 있는 재원은?

요구사항의 문서화는 계획된 LAN 설계를 위한 비용 및 일정 예측할 수 있도록 하며 이것은 네트워크의 성능 문제를 이해하는 데 중요하다.

가용성은 네트워크의 유용성을 측정하는 기준이 될 수 있는데 이러한 가용성에 영향을 주는 몇 가지 요소는 다음과 같다.

- 처리량(Throughput)
- 응답시간(Response Time)
- 자원접근(Access to Resources)

모든 고객들은 가용성에 대한 각각 다른 정의를 가지고 있다. 네트워크를 통하여 보이스(Voice) 및 비디오(Video)를 전송할 필요가 있을 경우에는 네트워크나 백본(Backbone) 상에서 이용할 수 있는 것보다 더 많은 대역폭 요구할 수도 있을 것이다. 가용성을 증가시키기 위해 더 많은 자원이 추가될 수 있지만 비용이 증가하므로 신중히 접근해야 할 것이다.

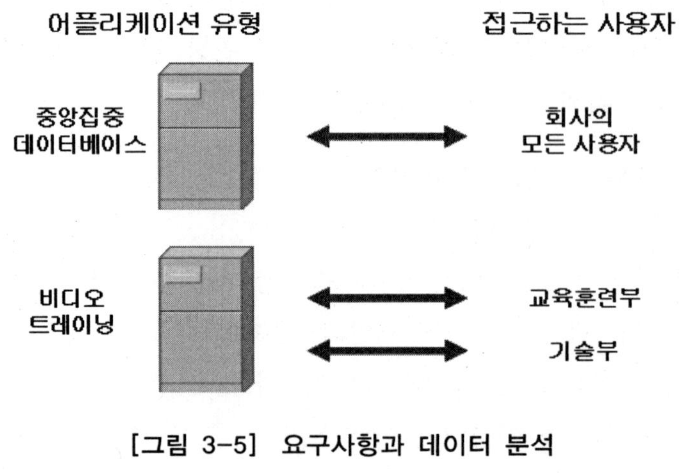

[그림 3-5] 요구사항과 데이터 분석

네트워크 설계는 최소의 비용으로 최대의 가용성을 제공하여야 한다. 네트워크 설계의 다음 단계는 네트워크와 사용자의 요구사항을 분석하는 것이다. 네트워크 사용자의 요구는 끊임없이 변한다는 것을 잊지 말아야 할 것이다.

다음 단계는 사용자의 요구사항을 만족시킬 전체 LAN 토폴로지를 결정하는 것이다. 최근의 LAN 토폴로지는 Star 토폴로지 및 Extended Star 토폴로지에 집중되어 있다. 이 두 개의 토폴로지는 이더넷 802.3 CSMA/CD 기술을 사용하며 CSMA/CD Star 토폴로지는 업계에서 사용되는 지배적인 구성이다.

LAN 토폴로지 설계는 다음과 같은 OSI 참조모델의 3가지 범주로 들어간다.

- Network Layer
- Data Link Layer
- Physical Layer

LAN 설계방법론에서 마지막 단계는 네트워크의 물리적인 그리고 논리적인 토폴로지를 문서화하는 것이다. 물리 토폴로지는 다양한 LAN 장치들이 서로 연결된 방법을 그림으로 나타내는 것이며 논리 토폴로지는 네트워크 내에서 데이터의 흐름을 그림으로 나타낸 것이며 네임(Name) 및 주소체계를 포함하기도 한다.

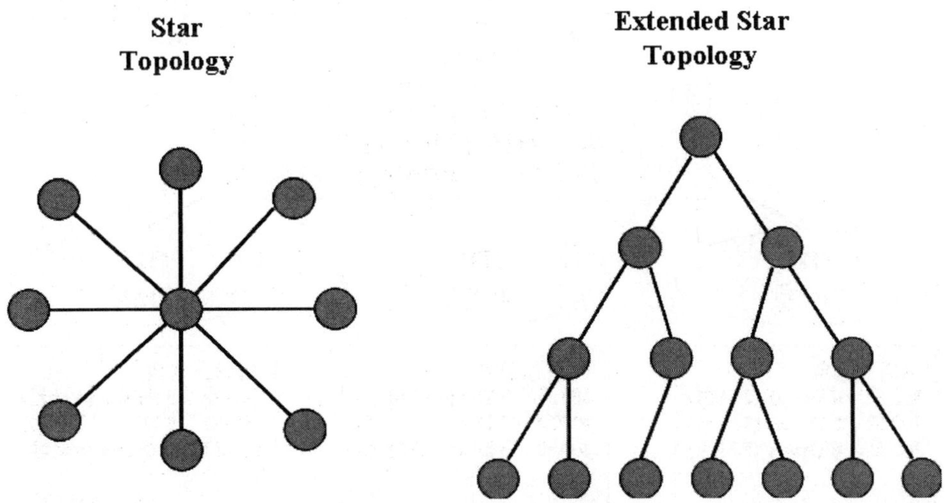

[그림 3-6] 스타 토폴로지

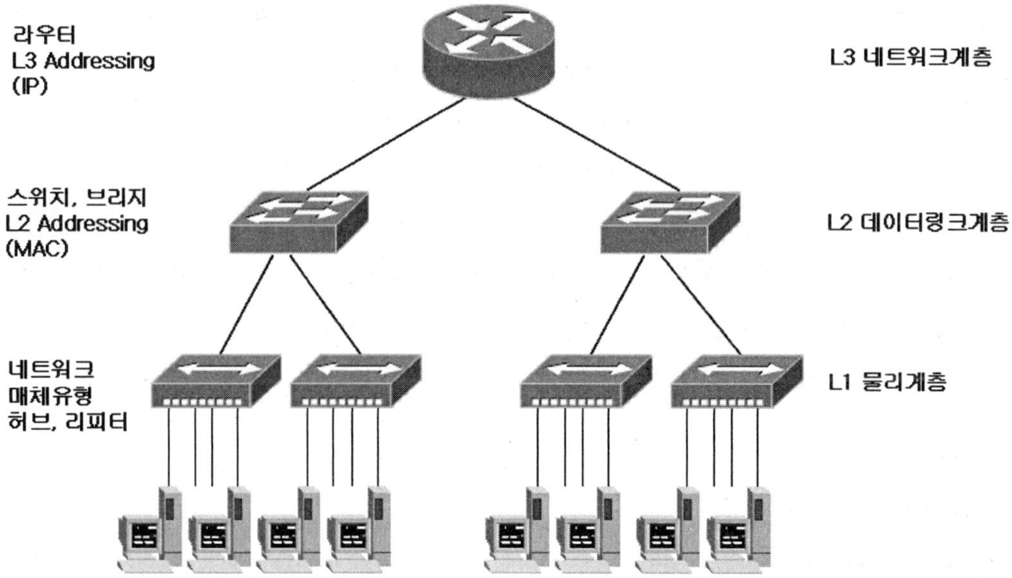

[그림 3-7] LAN 토폴로지

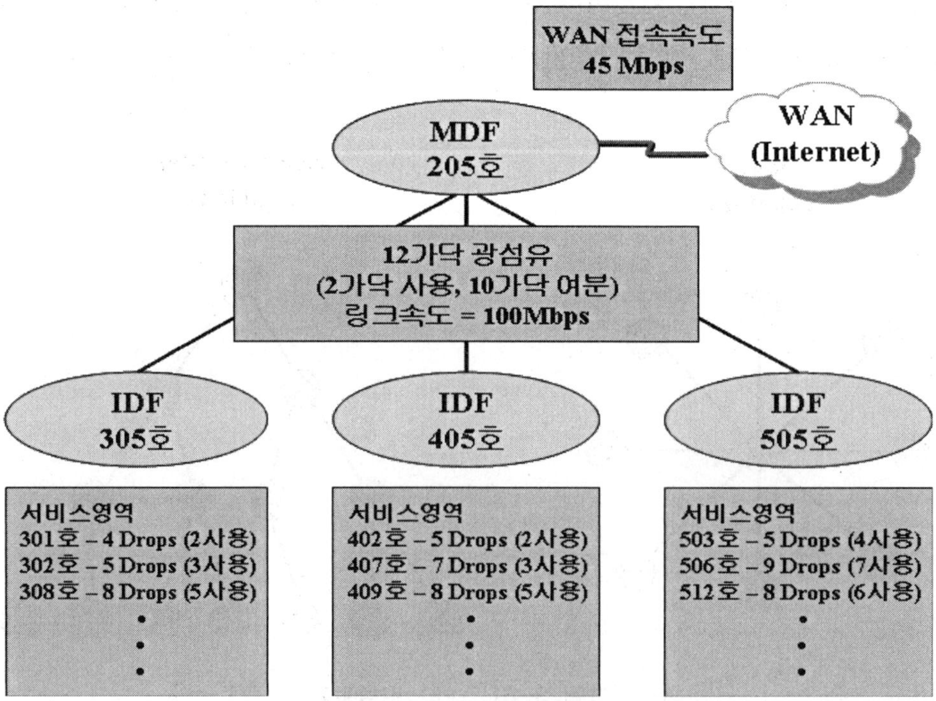

[그림 3-8] 논리 다이어그램의 문서화

다음은 중요한 LAN 설계문서들이다.

- OSI Layer Topology Map
- LAN Logical Map
- LAN Physical Map
- Cut Sheets
- VLAN Logical Map
- Layer 3 Logical Map
- Address Maps

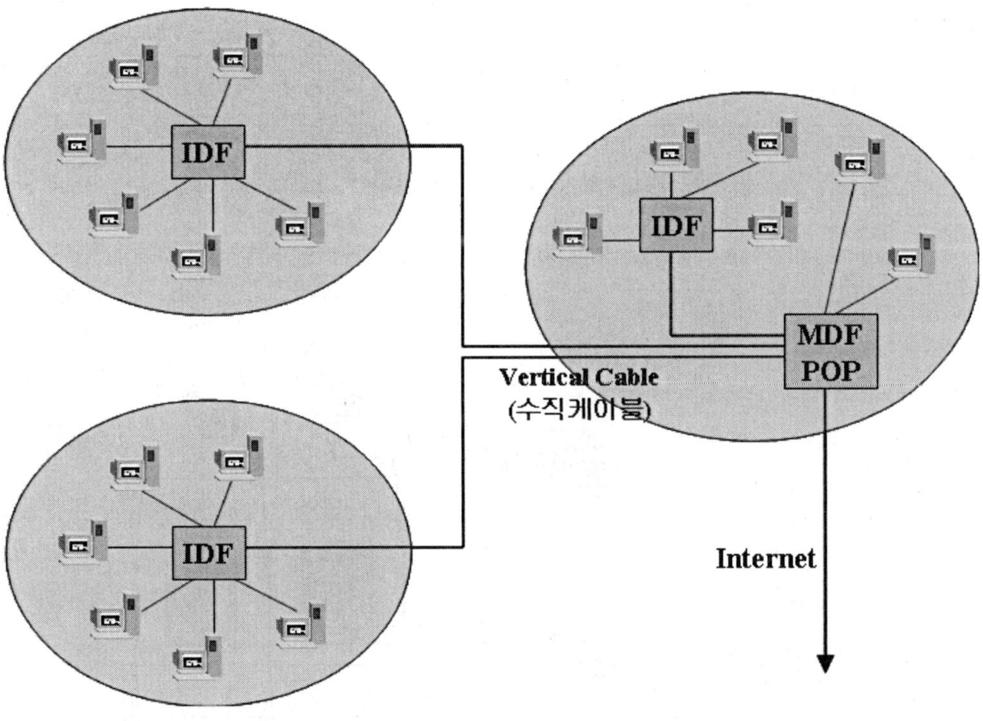

[그림 3-9] Extended Star Topology(캠퍼스)

IDF 1
305호

접속구간	케이블 ID	Cross Connection Paired No/Port No	케이블 유형	사용여부
IDF 1 ~ 308호	308-1	HCC 1/Port 5	카테고리 5 UTP	사용
IDF 1 ~ 308호	308-2	HCC 1/Port 7	카테고리 5 UTP	사용
IDF 1 ~ 308호	308-3	HCC 2/Port 2	카테고리 5 UTP	미사용
IDF 1 ~ MDF	IDF 1-1	VCC 1/Port 5	멀티모드 광섬유	사용
IDF 1 ~ MDF	IDF 1-2	VCC 1/Port 6	멀티모드 광섬유	사용

[그림 3-10] Cut Sheet

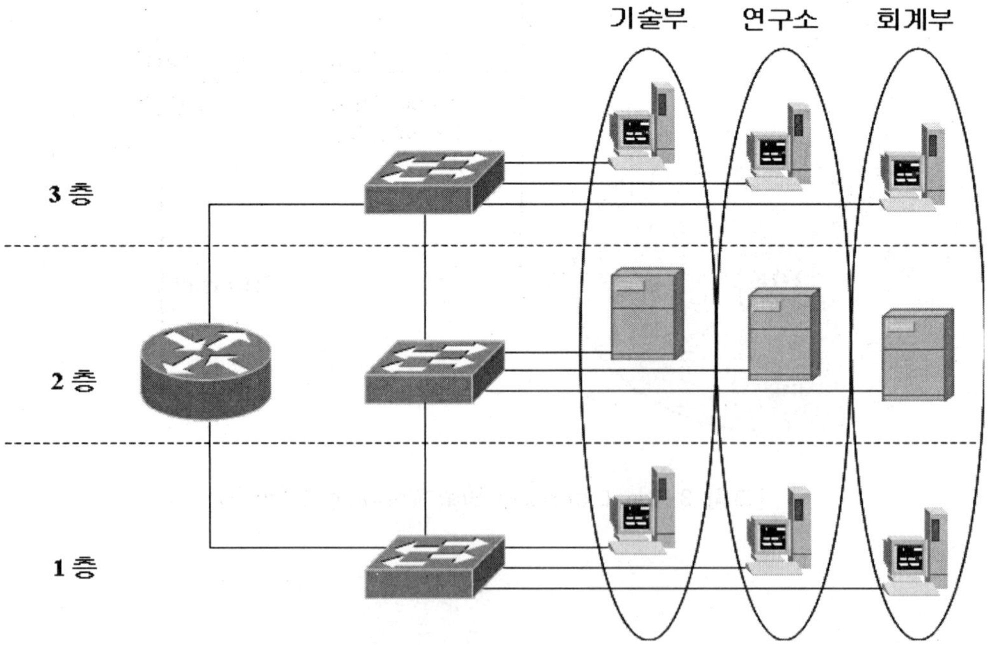

[그림 3-11] VLAN 구축

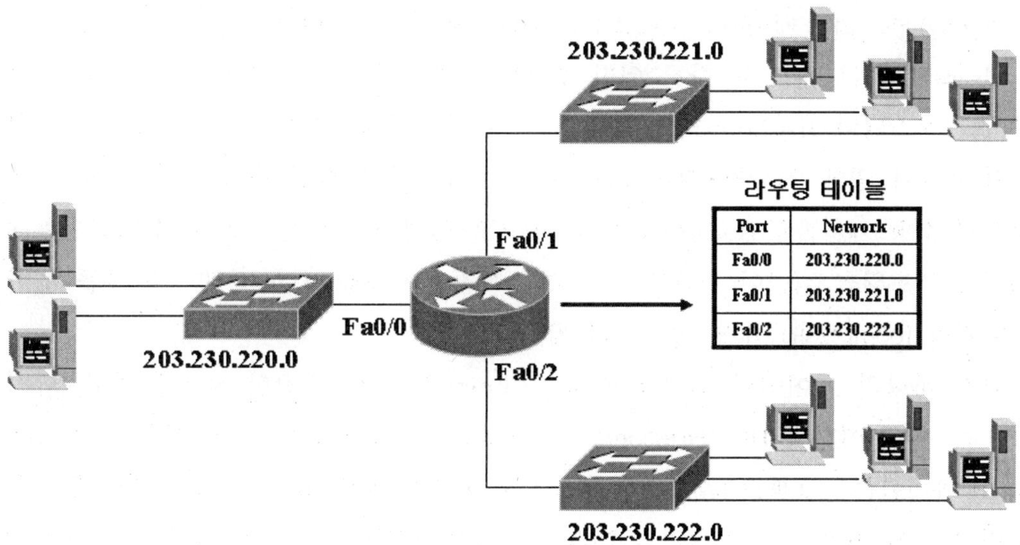

[그림 3-12] 논리구조를 부과하기 위한 라우터 사용

3.4 1계층 설계

네트워크 설계에서 고려해야 할 가장 중요한 요소 중 하나는 케이블(Cable)이다. 오늘날 대부부분의 LAN 케이블링은 패스트 이더넷 토폴로지(Fast Ethernet Technology)에 기반을 두고 있다.

패스트 이더넷은 10Mbps에서 100Mbps로 향상된 이더넷으로 풀 듀플렉스(Full Duplex) 기능을 사용할 수 있는 능력을 가고 있으며 표준 이더넷 브로드캐스트 중심의 10Base-T의 논리 버스 기술 및 MAC 주소를 위한 CSMA/CD 방식을 사용한다.

1계층에서 설계는 전통적으로 사용되어 오던 형태의 케이블링, 구리선 혹은 광섬유와 모든 구조의 케이블링을 포함한다. 즉 TIA/EIA-568-A 표준 및 10/100Base-TX, Category 5, 5e, 6 UTP, STP, 100Base-FX Fiber-optic 등을 포함한다. 네트워크는 사용되는 케이블에 따라 효과가 다를 수 있으며 1계층의 문제는 거의 모든 네트워크의 문제를 유발하므로 토폴로지의 강점과 약점에 대한 평가는 반드시 수행되어야 한다. 광섬유 케이블은 케이블 설계 시 백본 및 수직(Riser) 케이블에 사용하며 카테고리

(Category) 5e UTP 케이블은 수평(Horizontal) Run에 사용한다.

케이블의 업그레이드는 다른 어떤 필요한 변경보다 우선순위가 높으며 기업들은 케이블 시스템이 TIA/EIA-568-A 사양과 같은 잘 정의된 업계표준을 준수하는지 확인할 필요가 있다. TIA/EIA-568-A 표준은 네트워크에 연결되는 모든 장치들이 중심부까지 수평 케이블링(Horizontal Cabling)으로 연결되어야 한다고 규정하고 있는데 이것은 네트워크 접근이 필요한 모든 호스트들이 Category 5e UTP 이더넷을 위한 제한거리 100m(328ft) 내에 있을 경우에 적용된다.

단지 하나의 와이어링 클로짓(Wiring Closet)을 가진 간단한 Star 토폴로지에서 MDF는 하나 이상의 HCC(Horizontal Cross-connect) Patch Panel을 포함한다. HCC Patch 케이블들은 2계층 LAN 스위치 포트와 1계층 Horizontal Cabling 연결에 사용되며 모델에 따라 LAN 스위치의 Uplink 포트는 3계층 라우터의 이더넷 포트에 패치케이블로 연결할 수 있다. 결과적으로 말단 호스트는 라우터 포트까지 완전한 물리적 접속을 하게 된다.

보다 큰 네트워크에서 호스트가 Category 5e UTP를 위한 제한거리 100m(328ft)를 초과하는 경우 하나 이상의 와이어링 클로짓을 요구하게 되는데 다중의 와이어링 클로짓은 다중의 데이터 수집영역을 의미하며 제2의 와이어링 클로짓들을 IDF라 부른다.

또 TIA/EIA-568-A 표준은 IDF가 백본 케이블링으로 불리는 Vertical Cabling에 의해 MDF와 연결되어야 한다고 명시되어 있으며 VCC(Vertical Cross-connect)는 중앙 MDF와 다양한 IDF를 서로 연결하는 데 사용하며 일반적으로 Fiber-optic 케이블을 사용하는데 이것은 Vertical 케이블의 길이가 UTP 케이블 제한거리 100m(328ft)보다 길기 때문이다.

논리 다이어그램은 케이블의 정확한 설치경로에 대한 세부사항이 없는 네트워크 토폴로지 모델이다. 논리 다이어그램은 다음 요소들을 포함하는 LAN의 기본 Road Map이라고 할 수 있으며 네트워크의 연결성 문제를 해결하기 위한 필수사항이다.

- MDF와 IDF Wiring Closet의 위치와 식별자 명시
- MDF와 IDF 연결에 사용되는 케이블들의 유형과 수 기록
- 와이어링 클로짓 사이 대역폭 증가에 따라 가용 할 수 있는 여유 케이블 수 기록
- HCC나 VCC에서 종료되는 모든 케이블 경로, 식별번호, 포트에 대한 기록

3.5 2계층 설계

네트워크에서 2계층 장치의 목적은 목적지 MAC 주소 정보에 따라 프레임을 스위치하는 것이며 오류검출 및 혼잡감소를 제공하는 것이다. 가장 일반적인 2개의 2계층 장치는 브리지와 LAN 스위치이다. 2계층 장치는 충돌영역의 크기를 결정하는데 충돌과 충돌영역의 크기는 네트워크에 부정적인 영향을 미치는 요소들이다.

네트워크의 마이크로세그멘테이션(Microsegmentation)은 충돌영역의 크기와 충돌을 감소시켜 주는데 마이크로세그멘테이션은 브리지와 스위치를 사용하여 수행할 수 있으며 목적은 워크그룹(Workgroup) 혹은 백본을 위한 성능을 향상시키는 것이다. 스위치는 적절한 수준의 성능을 제공하기 위해 허브와 함께 사용이 가능하다.

LAN 스위치의 또 다른 중요한 특성은 포트별 대역폭을 할당하는 방법인데 포트별 대역폭을 할당하는 방법에 따라 대칭 스위칭(Symmetric Switching)과 비대칭 스위칭(Asymmetric Switching)으로 나눌 수 있다.

수직 케이블링(Vertical Cabling)이나 업 링크(Uplink) 및 서버에 더 많은 대역폭을 제공할 수 있도록 10Mbps와 100Mbps의 조합으로 포트별로 다른 대역폭을 할당하는 방법을 비대칭 스위칭이라 하고 포트별로 같은 대역폭을 제공하는 것을 대칭 스위칭이라 한다.

수직 케이블(Vertical Cable)의 요구용량은 수평 케이블(Horizontal Cable)보다 더 크며 MDF와 IDF에 LAN 스위치의 설치는 수직 케이블이 MDF에서 IDF까지 데이터 트래픽의 관리를 할 수 있도록 한다. IDF와 워크스테이션 사이의 수평 케이블은 Category 5e UTP를 사용하고 수평 케이블의 길이는 100m(328ft)를 넘을 수 없으며 일반적으로 수평 드롭(Horizontal Drop)은 10Mbps의 대역폭이 적당하다.

2계층 네트워크 설계에서 MDF와 IDF에서 필요로 하는 10/100Mbps 포트 수를 결정하는 것은 중요하다. Room당 수평 케이블 드롭(Horizontal Cable Drop) 수와 집중지역의 전체 드롭(Drop) 수를 위한 사용자의 요구사항을 검토하여야 하며 수직 케이블 런(Vertical Cable Run)의 수도 포함하여야 한다.

충돌영역의 크기는 스위치의 단일포트에 연결된 호스트 수에 따라 결정되며 이것은 호스트가 사용할 수 있는 대역폭에 영향을 준다. 가장 이상적인 경우는 하나의 LAN 스위치 포트에 단 하나의 호스트를 접속하여 충돌영역이 발신지 호스트와 목적지 호스트만으로 구성되는 경우이며 이러한 경우 충돌영역의 크기는 2가 되고 두 호스트가 통신할 경우 충돌은 일어나지 않는다.

LAN 스위칭 구축의 다른 방법은 스위치 포트에 공유허브를 설치하여 단일 스위치 포트에 다중 호스트 접속을 허용하는 것이다. 이 경우 허브에 연결된 모든 호스트는 동일한 충돌영역과 대역폭을 공유하게 되며 통상 공유허브는 스위치 환경에서 수평 케이블 런(Horizontal Cable Run)의 끝에서 보다 많은 접속점을 생성하기 위해 사용한다.

3.6 3계층 설계

네트워크 장비 중 라우터는 3계층 장치이며 네트워크 토폴로지에서 가장 강력한 장치이다. 3계층 장치는 단일 LAN 세그먼트를 생성하는 데 사용할 수 있으며 IP 주소와 같은 3계층 주소기반의 세그먼트 사이에 통신을 허용한다.

3계층 장치의 설치는 물리적·논리적인 네트워크의 LAN 세그멘테이션을 허용하며 라우터는 인터넷과 같은 WAN(Wide Area Network)과의 접속도 할 수 있다. 3계층 라우팅은 3계층 주소기반의 단일 물리 네트워크 세그먼트 사이에 트래픽의 흐름을 결정한다.

라우터는 목적지 주소에 따라 데이터 패킷을 전송하며 ARP Request와 같은 LAN 기반의 브로드캐스트는 전송하지 않는다. 라우터의 인터페이스는 브로드캐스트 영역의 출입구가 되며 다른 LAN 세그먼트까지의 브로드캐스트를 종료시킨다. 라우터는 브로드캐스트에 대한 방화벽(Firewall) 기능을 하며 3계층 주소에 기반하여 네트워크를 서브네트워크 혹은 서브넷으로 분할한다.

네트워크 설계 시 라우터를 사용할 것인지 스위치를 사용할 것인지 결정하는 것은 중요하다. 문제가 경쟁보다는 프로토콜과 관련되어 있을 경우 라우터가 적절한 해법이 될 것이다. 라우터는 초과 브로드캐스트, 프로토콜 확장, 보안 및 네트워크 계층 주소문제를 해결할 수 있으나 라우터는 스위치보다 구성하기가 어려우며 비용면에서 상대적으로 고가이다.

[그림 3-13]은 다중 네트워크 구축의 예를 보여주는데 2개의 브로드캐스트 영역이 존재하는 네트워크이다.

네트워크 2로 가는 네트워크 1로부터의 트래픽은 라우터를 통해서 가야 하며 2개의 네트워크는 유일한 3계층 네트워크 주소체계를 가진다. 다중의 물리 네트워크는 수평 케이블링과 수직 케이블링이 적절한 2계층 스위치로 패치(Patch)가 될 경우 생성이 가능하며 이것은 패치케이블로 구성된다.

또한 LAN으로 들고나는 모든 트래픽이 라우터를 통과해야 하므로 견고한 보안이 필요하다. IP 주소가 클라이언트(Client)에 한번 적용되고 나면 반드시 문서화해야 한다. 네트워크상의 중요한 호스트의 주소를 위해 표준규칙이 설정되어야 하며 이러한 주소체계는 전체 네트워크에 일관성 있게 유지되어야 한다. 네트워크의 물리적인 맵(Map)은 여러 가지 문제해결에 도움이 될 것이다.

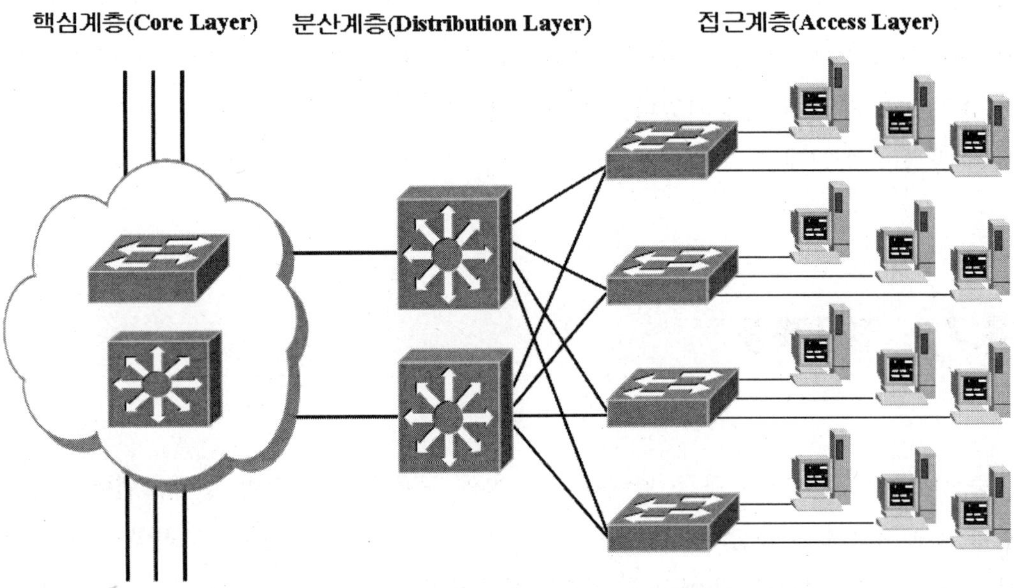

[그림 3-13] 다중계층 네트워크 설계

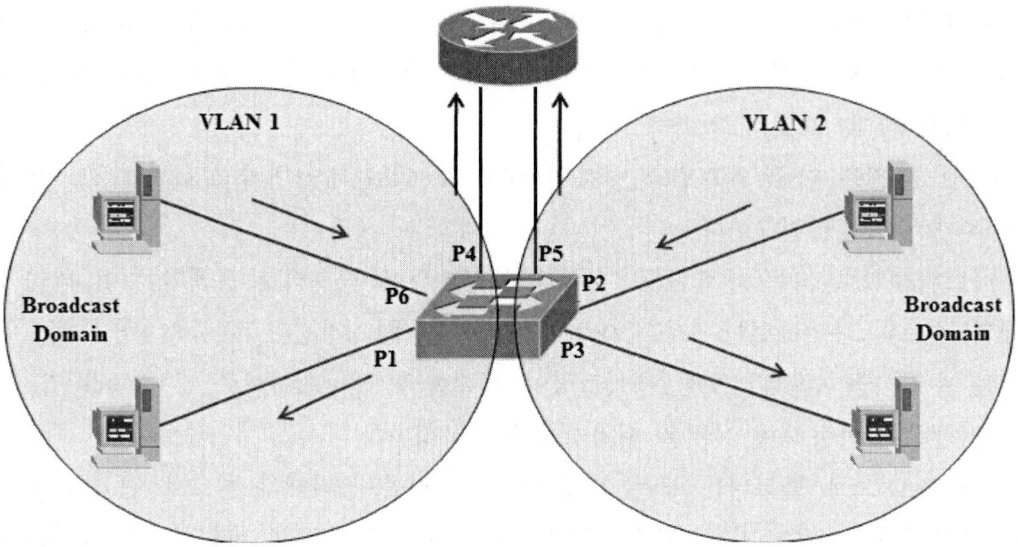

[그림 3-14] 3계층 설계

VLAN의 적용은 충돌영역과 브로드캐스트 영역 모두를 제한하는 2계층 스위칭 기술과 3계층 라우팅 기술의 결합이며 라우터를 통해 다른 VLAN과 통신하는 VLAN 그룹의 생성으로 보안이 제공된다. 물리적인 포트의 조합은 VLAN 할당에 사용할 수 있으며 [그림 3-14]에서 포트 P1, P4, P6은 VLAN 1에 할당되고 포트 P2, P3, P5는 VLAN 2에 할당되었다. VLAN 1과 VLAN 2 사이의 통신은 라우터를 통해서만 발생하며 이것은 브로드캐스트 영역의 크기를 제한하는 결과를 가져온다.

3.7 접근계층

중·대규모 조직의 요구를 만족하는 LAN의 구축은 계층적인 설계모델이 사용될 경우 성공적으로 구축할 수 있으며 계층적인 설계모델의 사용은 조직의 성장에 따른 네트워크의 변경을 용이하게 한다. 계층적인 설계모델은 일반적으로 3계층 설계모델이 사용되는데 3계층은 접근계층(Access Layer), 분산계층(Distribution Layer), 핵심계층(Core Layer)으로 이루어진다.

접근계층은 워크그룹(Workgroup) 사용자들에게 네트워크로의 접근을 제공하고 분산계층은 정책기반의 연결성을 제공하며 핵심계층은 백본으로도 알려져 있으며 사이트 간 최적의 전송을 제공한다. 접근계층은 사용자 워크스테이션과 서버가 네트워크로 들어가는 입구가 되며 캠퍼스 LAN에서 접근계층에 사용되는 장치는 스위치 혹은 허브 등이다.

허브가 사용될 경우 대역폭을 공유하며 스위치가 사용될 경우 대역폭은 전용으로 쓰게 된다. 워크스테이션이나 서버가 스위치 포트에 직접 연결되어 있는 경우 연결된 컴퓨터는 전체 대역폭을 가용할 수 있으며 허브가 스위치 포트에 연결되어 있는 경우 허브에 연결된 모든 장치가 대역폭을 공유하게 되는 것이다.

접근계층의 기능은 MAC계층 필터링(Filtering)과 마이크로세그멘테이션(Micro-segmentation)을 포함한다. MAC계층 필터링은 스위치가 목적지 장치와 연결된 스위치 포트로만 프레임을 보내도록 허용하며 스위치는 마이크로세그멘테이션이라 불리는 작은 2계층 세그먼트를 생성한다. 이 경우 충돌영역은 2개의 장치로 제한된다.

카탈리스트	Type	Layer	Ethernet Ports (Mbps)			네트워크 크기
			10	100	1000	
1900 Series	Fixed Configuration	L2	12/24	2	0	Small to Medium
2820 Series	Fixed Configuration with Modular Expansion Slots	L2	24	2	0	Small to Medium
2950 Series	Fixed Configuration	L2	0	12/24	0/2	Small to Medium
4000 Series	Modular Multiple Slots per Chassis	L2/L3	Up to 240	Up to 240	Up to 240	Varies with Options
5000 Series	Modular Multiple Slots per Chassis	L2/L3	Up to 528	Up to 266	Up to 38	Varies with Options

[그림 3-15] 접근계층 스위치

접근계층에서 사용되는 스위치는 2계층(Layer 2, L2) 스위치이다. 접근계층의 스위치는 OSI 모델의 2계층에서 동작하며 VLAN과 같은 서비스를 제공한다. 접근계층 스위치의 주목적은 사용자가 네트워크로 들어오는 것을 허용하는 것이며 접근계층 스위치는 저가 및 높은 포트 집적도(Density)로 이러한 기능을 제공해야 한다.

접근계층에 주로 사용되는 시스코사의 스위치들은 Catalyst 1900, 2820, 2950, 4000, 5000 Series 등이 있다. Catalyst 1900 or 2820 Series 스위치는 중·소규모의 캠퍼스 네트워크에 효과적인 접근장치이며 Catalyst 2950, 2960 Series 스위치는 서버와 보다 높은 대역폭을 요구하는 사용자를 위한 효과적인 접근을 제공할 수 있으며 Catalyst 4000 및 5000 Series 스위치는 기가비트 이더넷 포트(Gigabit Ethernet Port)를 포함하고 있어 대형 캠퍼스 네트워크에서 보다 많은 수의 사용자를 위한 효과적인 접근장치로 사용된다.

[그림 3-16] 접근계층 스위치(카탈리스트 4000 시리즈)

3.8 분산계층

네트워크의 분산계층(Distribution Layer)은 접근계층과 핵심계층 사이에 위치하며 핵심계층을 정의하고 분리하는 데 도움을 준다. 이 계층의 목적은 패킷의 조작이 일어날 수 있는 경계의 정의를 제공하는 것이며 이 계층에 의해 네트워크는 브로드캐스트 영역으로 분리된다. 이 계층에서는 정책이 적용될 수 있고 ACL(Access Control List) 등을 통하여 패킷 필터링이 가능하다.

분산계층은 핵심계층에 영향을 줄 수 있는 문제를 허용하지 않으며 이러한 문제가 핵심계층에 영향을 주는 것을 막는다. 이 계층에서의 스위치는 2계층 및 3계층에서 동작하며 스위치 네트워크(Switched Network)에서 분산계층의 기능은 Wiring Closet 연결의 집합, 브로드캐스트/멀티캐스트 영역의 정의, VLAN 라우팅, 매체변환 및 보안 등이다. 분산계층의 스위치는 다중 접근계층 스위치들의 집합점이 되며 접근계층 장치로부터 오는 전체 트래픽을 수용할 수 있는 고성능 스위치이어야 한다.

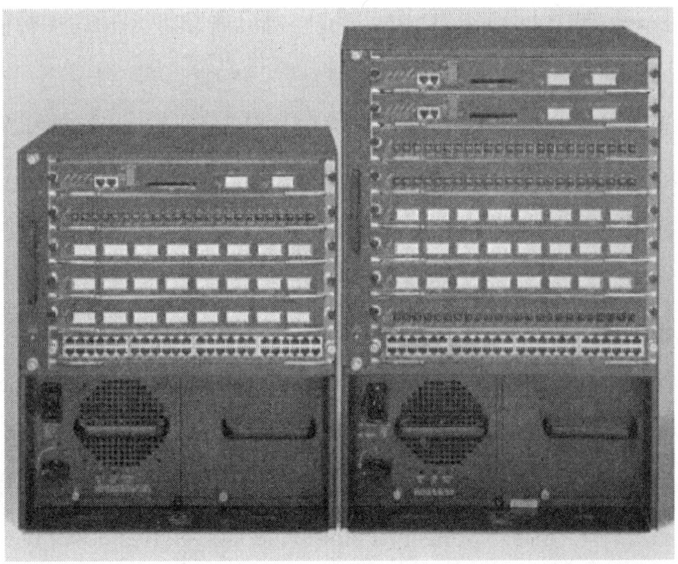

[그림 3-17] 분산계층 스위치(카탈리스트 6000 시리즈)

분산계층의 스위치는 브로드캐스트 영역이 분리되는 포인터이며 VLAN 트래픽을 묶어주고 트래픽의 흐름에 대한 정책결정을 위한 중심점이 된다. 이러한 이유로 분산계층 스위치들은 OSI 모델의 2계층과 3계층에서 동작하며 하나의 장치에 라우터와 스위치의 기능이 결합된 멀티레이어(Multilayer) 스위치로 알려져 있다. 이들 멀티레이어 스위치는 표준 라우터보다 높은 성능으로 트래픽을 스위치하도록 설계되었으며 라우터 모듈을 가지고 있지 않을 경우에는 외부 라우터가 3계층 기능을 위해 사용된다.

분산계층에 적절한 시스코사의 스위치는 Catalyst 2926G, Catalyst 5000 Family, Catalyst 6000 Family 등이 있다.

3.9 핵심계층

핵심계층(Core Layer)은 고속 스위칭 백본으로 구성되며 라우터 모듈이 없는 경우 외부 라우터가 L3 기능을 위해 사용된다. 네트워크 설계에 있어 핵심계층에서는 패킷 조작이 수행되지 않으며 ACL과 같은 패킷의 조작은 패킷의 스위칭을 느리게 할 뿐이다. 중복이나 대체경로를 가진 핵심계층의 구조는 하나의 장치에 장애가 발생할 경우 네트워크에 안정도를 제공할 수 있도록 한다.

핵심계층의 스위치는 L2나 L3 스위칭을 사용하도록 설계되며 ATM(Asynchronous Transfer Mode)이나 이더넷 스위치도 사용이 가능하다. 핵심계층은 캠퍼스 스위치 네트워크의 백본이 되며 핵심계층의 스위치는 다수의 L2 기술을 사용한다. 핵심계층 스위치 간 거리가 멀지 않을 경우 이더넷 기술을 사용할 수 있으며 ATM 셀 스위칭(Cell Switching)과 같은 다른 L2 기술도 사용이 가능하다.

네트워크 설계에서 핵심계층은 L3 기능이 핵심이며 핵심계층의 스위치는 필요시 효과적인 L3 기능을 제공할 수 있도록 설계되어야 한다. 스위치를 선택하기 전에 비용이나 성능과 같은 요소는 반드시 고려해야 한다. 핵심계층에 적절한 시스코사의 스위치는 Catalyst 6500 Series, Catalyst 8500 Series 및 IGX 8400 Series, Lightstream 1010 등이 있다.

[그림 3-18] 핵심계층 스위치(IGX 8400 시리즈)

Chapter 4

스위치 구성

4.1 스위치 장치의 개요

스위치는 CPU, RAM 및 OS를 탑재한 특수 목적의 전용 컴퓨터이다. 관리 목적의 특수 포트와 호스트 접속용 포트로 구성되어 있으며 구성(Configuration)을 확인하고 변경하기 위한 콘솔(Console) 포트가 있다. 일반적으로 많이 사용하는 스위치 중의 하나는 시스코사의 카탈리스트(Catalyst) 2950/2960이 있다. 이 책에서도 시스코(Cisco)사의 카탈리스트 2950/2960을 중심으로 다룰 예정이다.

우선 스위치의 물리적인 구성을 보면 스위치의 전면에 시스템의 동작 및 성능을 모니터하도록 도와주기 위한 몇 개의 라이트(Light)로 구성된 LED(Light-emitting Diode, 발광다이오드)가 있다. 스위치 전면의 LED는 시스템이 전원과 연결되어 있는지 정확하게 기능을 하고 있는지를 보여주는 시스템 LED(System LED)와 원격전원의 사용여부를 지시하는 RPS(Remote Power Supply) LED 및 포트상태 LED를 어떻게 해석할지를 결정하는 모드버튼(Mode Button)의 현재 상태를 지시하는 포트모드 LED(Port Mode LED)가 있다.

포트모드를 선택하거나 변경하려면 모드 LEDs가 원하는 모드가 될 때까지 반복해서 모드버튼을 누르면 된다. 포드상태 LED(Port Status LEDs)는 모드 LED의 현재 값에 따라 다른 의미를 가진다. 포트상태 LED의 의미는 [그림 4-2]와 같다. 전원케이블이 연결되면 스위치는 POST라는 일련의 테스트를 시작하는데 POST(Power-on Self Test)는 스위치 기능이 정상적인지 자동으로 확인하는 과정이다.

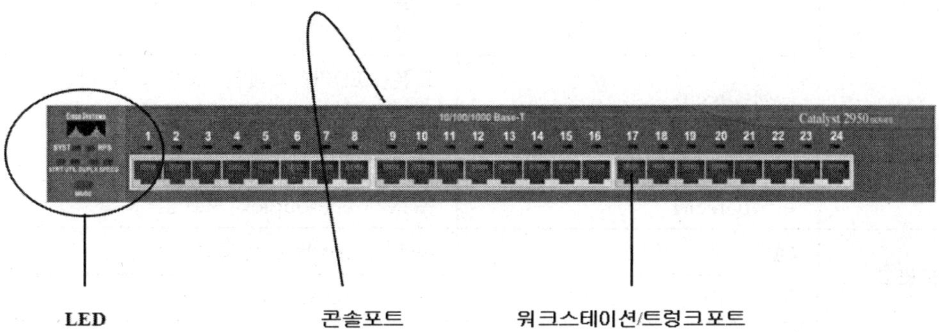

[그림 4-1] 스위치 외관

시스템 LED는 POST의 성공과 실패를 나타내는데 시스템 LED가 Off 상태이며 전원이 연결된 경우는 POST가 실행 중이며 시스템 LED가 녹색이면 POST가 성공적으로 종료되었음을 나타낸다. 시스템 LED가 황색이면 POST가 실패하여 치명적인 오류가 있음을 나타낸다.

포트상태(Port Status) LEDs도 스위치 POST 시간 동안 변하게 되는데 포트상태 LEDs는 스위치가 네트워크 토폴로지를 발견하고 루프(Loop)를 찾는 약 30초 동안 황색으로 바뀌며 이후 포트상태 LEDs가 녹색으로 바뀌면 스위치는 포트와 목적지간 링크를 설립하였음을 나타낸다. 포트상태 LEDs가 Off 상태이면 스위치는 포트에 연결된 것이 없다고 판단한 것이다.

모드 LED	색깔 및 상태	의미
STAT	OFF	링크가 연결되어 있지 않음
	녹색(Green)	링크가 연결되어 동작 중
	녹색 깜빡거림	포트로 데이터 송·수신
	황색과 녹색이 교대로 나타남	링크 장애
	황색(Amber)	포트가 관리목적으로 Disable(불능상태)되어 있거나 주소위반 혹은 스패닝트리 프로토콜에 의해 Block 상태로 되어 있어 데이터를 전달하지 못함
UTIL	OFF	각 LED가 꺼져 있는 것은 전체 대역폭의 반으로 감소하였다는 것을 지시하며 LED는 오른쪽에서 왼쪽으로 꺼진다. 가장 오른쪽의 LED가 꺼져 있을 경우 스위치는 전체 대역폭의 50% 이하를 사용하며 가장 오른쪽에서 2개의 LED가 꺼져 있을 경우는 전체 대역폭의 25% 이하를 사용하고 있음
	녹색(Green)	모든 LED가 녹색일 경우 스위치는 전체 대역폭의 50% 이상 사용 중
DUPLX	OFF	포트가 Half-duplex 모드로 동작
	녹색(Green)	포트가 Full-duplex 모드로 동작
SPEED	OFF	포트가 10Mbps로 동작
	녹색(Green)	포트가 100Mbps로 동작

[그림 4-2] 포트 LED의 정의

4.2 콘솔의 연결

스위치의 상태를 체크하거나 구성을 위하여 스위치에 컴퓨터를 접속한다. 먼저 스위치의 콘솔포트(Console Port)와 컴퓨터의 COM 포트를 롤오버 케이블(Rollover Cable)로 연결하고 컴퓨터에서 하이퍼터미널(Hyper Terminal)을 실행한다. 대화창이 나타나면 스위치와 하이퍼터미널 통신접속 이름을 부여하고 Pull-down Menu를 사용하여 스위치와 연결된 COM 포트를 선택한 후 확인을 누르고 두 번째 대화창이 나타나면 파라미터(Parameter)를 설정하고 확인한다.

전원을 연결하면 초기 Bootup Output이 하이퍼터미널 화면에 뿌려지며 이것은 스위치에 대한 정보와 POST 상태에 대한 상세한 사항 및 하드웨어에 대한 데이터를 보여준다. 스위치는 Boot와 POST 후 System Configuration Dialog Prompt 상태가 되는데 System Configuration Dialog의 도움 유무에 관계없이 수동으로 구성이 가능하다.

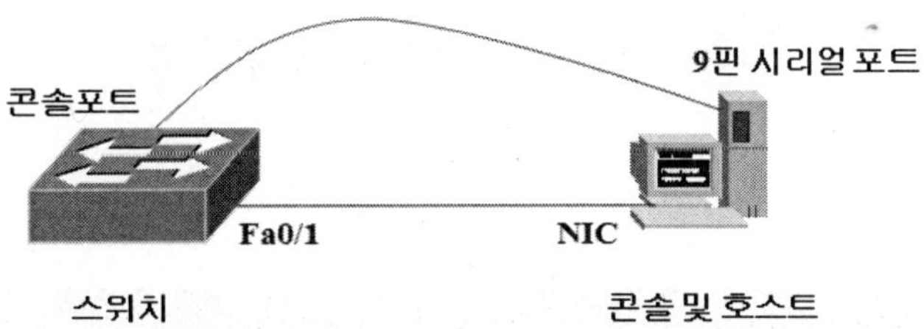

[그림 4-3] 스위치 콘솔 접속 구성도

Pin 1 (흰색, 등색)	Pin 1 (흰색, 등색)
Pin 2 (등색)	Pin 2 (등색)
Pin 3 (흰색, 녹색)	Pin 3 (흰색, 녹색)
Pin 4 (청색)	Pin 4 (청색)
Pin 5 (흰색, 청색)	Pin 5 (흰색, 청색)
Pin 6 (녹색)	Pin 6 (녹색)
Pin 7 (흰색, 갈색)	Pin 7 (흰색, 갈색)
Pin 8 (갈색)	Pin 8 (갈색)

[그림 4-4] Straight-through (1:1) Cable 핀 구성

Pin 1 (흰색, 등색)	Pin 3 (흰색, 녹색)
Pin 2 (등색)	Pin 6 (녹색)
Pin 3 (흰색, 녹색)	Pin 1 (흰색, 등색)
Pin 4 (청색)	Pin 4 (청색)
Pin 5 (흰색, 청색)	Pin 5 (흰색, 청색)
Pin 6 (녹색)	Pin 2 (등색)
Pin 7 (흰색, 갈색)	Pin 7 (흰색, 갈색)
Pin 8 (갈색)	Pin 8 (갈색)

[그림 4-5] Crossover Cable 핀 구성

Pin 1 (흰색, 등색)	Pin 8 (갈색)
Pin 2 (등색)	Pin 7 (흰색, 갈색)
Pin 3 (흰색, 녹색)	Pin 6 (녹색)
Pin 4 (청색)	Pin 5 (흰색, 청색)
Pin 5 (흰색, 청색)	Pin 4 (청색)
Pin 6 (녹색)	Pin 3 (흰색, 녹색)
Pin 7 (흰색, 갈색)	Pin 2 (등색)
Pin 8 (갈색)	Pin 1 (흰색, 등색)

[그림 4-6] Rollover Cable 핀 구성

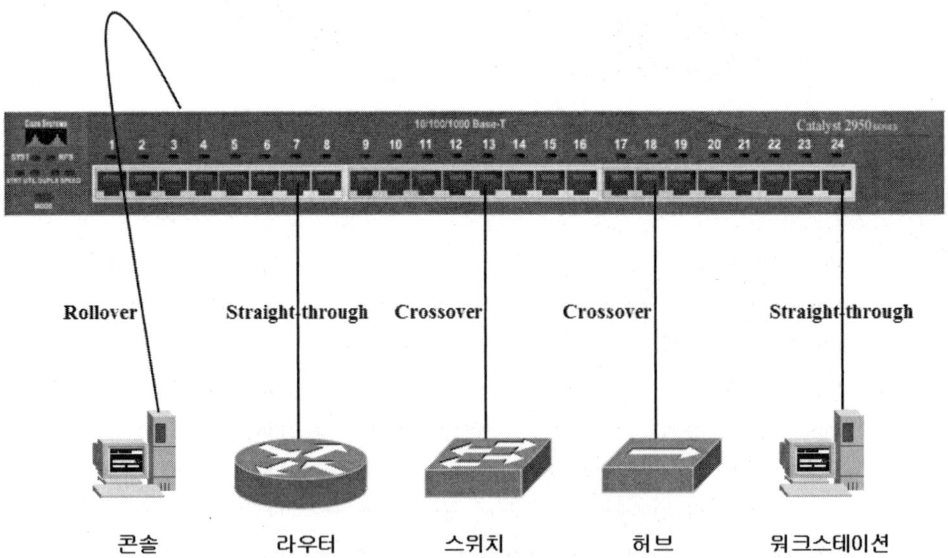

[그림 4-7] 연결 케이블

[그림 4-8] 하이퍼터미널 설정

4.3 스위치 명령어 모드

시스코 스위치의 CLI(Command Line Interface)는 시스코 라우터와 유사하다. Help 명령어로 "?"를 사용하여 현재 명령어 모드에서 사용 가능한 명령어 리스트를 디스플레이할 수 있고 특별한 문자로 시작하는 명령어의 리스트를 디스플레이하기 위해서 해당 문자를 입력하고 바로 이어서 공백 없이 "?"를 입력하는 Word Help나 특별한 명령어와 관련되는 키워드나 인수(Keyword or Argument)의 리스트를 얻기 위해서 하나 이상의 관련 Word를 입력하고 공백(Space)을 두고 "?"를 입력하는 Syntax Help 등은 라우터의 CLI와 유사하다. 기타 패스워드 구성 등과 같은 명령어 및 "show" 명령어 등은 라우터와 동일하다.

스위치의 기본 모드는 사용자 모드(User EXEC Mode)이며 프롬프트(Prompt)는 "〉"으로 나타난다. 사용자 모드에서는 터미널 세팅(Terminal Setting)을 변경하거나 기본적인 테스트 및 시스템 정보를 디스플레이(Display)할 수 있다. "show" 명령어를 통해 시스템 정보를 보거나 "enable" 명령어를 통해 사용자 모드에서 관리자 모드(Privileged EXEC Mode)로 변경할 수 있다.

관리자 모드는 사용자 모드의 명령어를 포함하고 있으며 프롬프트는 "#"으로 나타나며 "configure" 명령어를 사용하여 다른 명령어 모드(전역 구성 모드, Global Configuration Mode)로 접근할 수 있다. 관리자 모드는 스위치 구성에 사용되는 모드이므로 Privileged EXEC Mode의 접근은 패스워드로 보호한다.

마지막으로 전역 구성 모드에서 복잡한 장치 설정이나 다중 라인 명령어를 수행하기 위한 하위 구성 모드(Interface, Line, Vlan 모드 등)로 접근할 수 있다.

각 모드에서 빠져나올 필요가 있는 경우 "exit" 명령어는 한 단계씩, "Ctrl+Z"키(Key)로는 바로 관리자 모드로 돌아올 수 있다.

스위치 CLI 모드에서 명령어를 잘못 입력하였을 경우 스위치의 IOS(Internetwork Operating System)는 DNS 서버를 찾아서 해결하려고 하는데 이 경우 상당한 시간이 소요되어 자신이 명령어를 잘못 입력하였다는 것을 인지하였더라도 IOS가 이를 해결하는 동안 기다려야만 한다.

이와 같이 명령어를 잘못 입력하였을 경우에는 "Ctrl+Shift+6" 키를 누르거나 전역 구성 모드에서 "no ip domain-lookup" 명령어를 입력하여 DNS 룩업 기능을 해제하면 된다.

모드(Mode)	설명(Description)	프롬프트(Prompt)
사용자 모드 (User EXEC Mode)	제한된 명령어만 사용 가능 장치 설정 불가	Switch〉
관리자 모드 (Privileged EXEC Mode)	장치 테스트 및 Debugging 파일 조작	Switch#
전역 구성 모드 (Global Configuration Mode)	장치 설정 단일 라인 명령어 수행	Switch(config)#
하위 구성 모드 (Other Configuration Mode)	복잡한 장치 설정 다중 라인 명령어 수행	Switch(config–if)# Switch(config–line)# switch(config–vlan)#

[그림 4-9] 스위치 IOS CLI 모드

IOS Command Line Interface

```
Switch>
Switch>?
Exec commands:
  <1-99>      Session number to resume
  connect     Open a terminal connection
  disable     Turn off privileged commands
  disconnect  Disconnect an existing network connection
  enable      Turn on privileged commands
  exit        Exit from the EXEC
  logout      Exit from the EXEC
  ping        Send echo messages
  resume      Resume an active network connection
  show        Show running system information
  telnet      Open a telnet connection
  terminal    Set terminal line parameters
  traceroute  Trace route to destination
Switch>
Switch>
Switch>
Switch>
Switch>
Switch>
```

[그림 4-10] 사용자 모드(User EXEC Mode)와 명령어

① enable : 관리자 모드(Privileged EXEC Mode)로 들어가는 명령어

② exit : 사용자 모드(User EXEC Mode)에서 빠져나가는 명령어(콘솔 접속 상태로)

③ logout : 사용자 모드(User EXEC Mode)에서 빠져나가는 명령어(콘솔 접속 상태로)

④ ping : 목적지 호스트와 접속을 확인하는 명령어(Echo Message 전송)

⑤ show : 스위치 상태나 설정 정보를 보기 위한 명령어

⑥ telnet : 텔넷 접속을 하기 위한 명령어

⑦ traceroute : 목적지까지 경로를 추적하기 위한 명령어

IOS Command Line Interface

```
Switch>
Switch>en
Password:
Switch#
Switch#?
Exec commands:
  <1-99>      Session number to resume
  clear       Reset functions
  clock       Manage the system clock
  configure   Enter configuration mode
  connect     Open a terminal connection
  copy        Copy from one file to another
  debug       Debugging functions (see also 'undebug')
  delete      Delete a file
  dir         List files on a filesystem
  disable     Turn off privileged commands
  disconnect  Disconnect an existing network connection
  enable      Turn on privileged commands
  erase       Erase a filesystem
  exit        Exit from the EXEC
  logout      Exit from the EXEC
  more        Display the contents of a file
  no          Disable debugging informations
  ping        Send echo messages
  reload      Halt and perform a cold restart
  resume      Resume an active network connection
  setup       Run the SETUP command facility
  show        Show running system information
  telnet      Open a telnet connection
  terminal    Set terminal line parameters
  traceroute  Trace route to destination
  undebug     Disable debugging functions (see also 'debug')
  vlan        Configure VLAN parameters
  write       Write running configuration to memory, network, or terminal
Switch#
Switch#
```

[그림 4-11] 관리자 모드(Privileged EXEC Mode)와 명령어

① clear : 테이블이나 각종 설정 기능을 리셋하는 명령어
② clock : 시스템 시간을 설정하는 명령어
③ configure : 전역 구성 모드(Global Configuration Mode)로 들어가는 명령어
④ copy : 어떤 파일을 다른 파일로 복사, 사본을 저장하는 명령어
⑤ debug : 스위치에 설정된 기능이 제대로 동작하는지 확인하기 위한 명령어
⑥ delete : 파일을 삭제하기 위한 명령어
⑦ disable : 관리자 모드에서 빠져나가는 명령어 (사용자 모드로)
⑧ erase : 파일을 삭제하는 명령어
⑨ exit : 관리자 모드에서 빠져나가는 명령어 (콘솔 접속 상태로)
⑩ logout : 관리자 모드에서 빠져나가는 명령어 (콘솔 접속 상태로)
⑪ no : 명령을 취소할 때 사용하는 명령어
⑫ reload : 작업을 멈추고 IOS를 다시 로드하는 명령어, Cold Restart
⑬ vlan : Vlan Database Mode로 들어가는 명령어

IOS Command Line Interface

```
Switch#
Switch#configure terminal
Enter configuration commands, one per line.  End with CNTL/Z.
Switch(config)#?
Configure commands:
  access-list         Add an access list entry
  banner              Define a login banner
  boot                Boot Commands
  cdp                 Global CDP configuration subcommands
  clock               Configure time-of-day clock
  do                  To run exec commands in config mode
  enable              Modify enable password parameters
  end                 Exit from configure mode
  exit                Exit from configure mode
  hostname            Set system's network name
  interface           Select an interface to configure
  ip                  Global IP configuration subcommands
  line                Configure a terminal line
  logging             Modify message logging facilities
  mac-address-table   Configure the MAC address table
  mls                 mls global commands
  no                  Negate a command or set its defaults
  port-channel        EtherChannel configuration
  privilege           Command privilege parameters
  service             Modify use of network based services
  snmp-server         Modify SNMP engine parameters
  spanning-tree       Spanning Tree Subsystem
  username            Establish User Name Authentication
  vlan                Vlan commands
  vtp                 Configure global VTP state
Switch(config)#
Switch(config)#
Switch(config)#
```

[그림 4-12] 전역 구성 모드(Global Configuration Mode)와 명령어

① access-list : Access Control List Entry를 추가하는 명령어

② banner : Login 배너를 설정하는 명령어

③ do : 전역 구성 모드에서 EXEC 명령어를 실행하기 위한 명령어

④ enable : Enable Password를 설정하거나 변경하기 위한 명령어

⑤ hostname : 스위치에 이름을 설정하기 위한 명령어

⑥ interface : 하위 구성 모드로 인터페이스를 선택하여 들어가는 명령어

⑦ mac-address-table : MAC Address Table을 수동으로 설정하기 위한 명령어

⑧ spanning-tree : STP 관련 명령을 설정하기 위한 명령어

⑨ username : 사용자 이름 인증을 설정하기 위한 명령어

⑩ vlan : VLAN을 생성하고 VLAN 모드로 들어가기 위한 명령어

⑪ vtp : VTP 관련 명령을 설정하기 위한 명령어

IOS Command Line Interface

```
Switch#
Switch#configure terminal
Enter configuration commands, one per line.  End with CNTL/Z.
Switch(config)#interface fastethernet0/1
Switch(config-if)#?
  cdp                Global CDP configuration subcommands
  channel-group      Etherchannel/port bundling configuration
  channel-protocol   Select the channel protocol (LACP, PAgP)
  description        Interface specific description
  duplex             Configure duplex operation.
  exit               Exit from interface configuration mode
  mac-address        Manually set interface MAC address
  mdix               Set Media Dependent Interface with Crossover
  mls                mls interface commands
  no                 Negate a command or set its defaults
  shutdown           Shutdown the selected interface
  spanning-tree      Spanning Tree Subsystem
  speed              Configure speed operation.
  storm-control      storm configuration
  switchport         Set switching mode characteristics
  tx-ring-limit      Configure PA level transmit ring limit
Switch(config-if)#
Switch(config-if)#
Switch(config-if)#
Switch(config-if)#
Switch(config-if)#
Switch(config-if)#
```

[그림 4-13] 하위 구성 모드(인터페이스 구성 모드)와 명령어

① description : 인터페이스에 설명을 추가하는 명령어
② duplex : 인터페이스에 듀플렉스를 설정(Auto, Half, Full)하기 위한 명령어
③ mac-address : 인터페이스에 MAC Address를 수동으로 설정하는 명령어
④ shutdown : 인터페이스를 Shut Down시키는 명령어
⑤ spanning-tree : 인터페이스에 STP 관련 명령을 설정하기 위한 명령어
⑥ speed : 인터페이스에 속도를 설정하기 위한 명령어
⑦ switchport : 스위칭 모드를 설정하기 위한 명령어

명 령 어	설 명
show version	소프트웨어 및 하드웨어의 버전 정보를 보여줌 사용 중인 소프트웨어 및 하드웨어 모듈을 정확하게 알 수 있다.
show running–config	스위치의 현재 구성파일을 보여줌
show interface	스위치 포트의 관리상태 및 동작상태, 패킷의 송수신, 오류 등을 보여줌
show interface status	포트의 동작 모드를 보여줌
show controllers ethernet–controller	버려진 프레임, 지연된 프레임, 오류조정, 충돌 등을 보여줌
show post	스위치가 POST를 통과했는지 여부를 알려줌

[그림 4–14] 사용자 모드에서의 "show" 명령어

IOS Command Line Interface

```
Switch_A#
Switch_A#show version
Cisco IOS Software, C2960 Software (C2960-LANBASE-M), Version 12.2(25)FX, RELEAS
E SOFTWARE (fc1)
Copyright (c) 1986-2005 by Cisco Systems, Inc.
Compiled Wed 12-Oct-05 22:05 by pt_team

ROM: C2960 Boot Loader (C2960-HBOOT-M) Version 12.2(25r)FX, RELEASE SOFTWARE (fc
4)

System returned to ROM by power-on

Cisco WS-C2960-24TT (RC32300) processor (revision C0) with 21039K bytes of memor
y.


24 FastEthernet/IEEE 802.3 interface(s)
2 Gigabit Ethernet/IEEE 802.3 interface(s)

63488K bytes of flash-simulated non-volatile configuration memory.
Base ethernet MAC Address        : 0060.2FAE.CBA6
Motherboard assembly number      : 73-9832-06
Power supply part number         : 341-0097-02
Motherboard serial number        : FOC103248MJ
Power supply serial number       : DCA102133JA
Model revision number            : B0
Motherboard revision number      : C0
Model number                     : WS-C2960-24TT
System serial number             : FOC1033Z1EY
Top Assembly Part Number         : 800-26671-02
Top Assembly Revision Number     : B0
Version ID                       : V02
CLEI Code Number                 : COM3K00BRA
Hardware Board Revision Number   : 0x01


Switch   Ports  Model              SW Version              SW Image
------   -----  -----              ----------              ----------
*    1   26     WS-C2960-24TT      12.2                    C2960-LANBASE-M

Configuration register is 0xF

Switch_A#
Switch_A#
```

[그림 4-15] "show version" 명령어

① 시스코 카탈리스트 2960 IOS 소프트웨어 이미지 : C2960-LANBASE-M

② 소프트웨어 버전 : 12.2

③ 스위치 모델 : WS-C2960-24TT

④ 총 포트 수 : IEEE 802.3 인터페이스 26개

→ Fastethernet Port 24개, Gigabit Ethernet Port 2개

⑤ 스위치 MAC Address : 0060.2FAE.CBA6

⑥ 레지스터 번호 : 0xF

IOS Command Line Interface

```
Switch#
Switch#show running-config
Building configuration...

Current configuration : 1009 bytes
!
version 12.2
no service timestamps log datetime msec
no service timestamps debug datetime msec
no service password-encryption
!
hostname Switch
!
!
!
interface FastEthernet0/1
!
interface FastEthernet0/2
!
interface FastEthernet0/3
!
interface FastEthernet0/4
!
interface FastEthernet0/5
!
interface FastEthernet0/6
!
interface FastEthernet0/7
!
interface FastEthernet0/8
!
interface FastEthernet0/9
!
interface FastEthernet0/10
!
interface FastEthernet0/11
!
```

[그림 4-16] "show running-config" 명령어

① 현재 동작하고 있는 스위치 구성파일 : Running-configuration

② RAM에 저장 : 스위치 Re-booting 시 삭제

③ 스위치 부팅 시에도 삭제되지 않도록 NVRAM(Nonvolatile RAM)에 저장해 두어야 함 → "Switch#copy running-config startup-config"

IOS Command Line Interface

```
Security#
Security#show interfaces
FastEthernet0/1 is up, line protocol is up (connected)
  Hardware is Lance, address is 00d0.ba4d.cb01 (bia 00d0.ba4d.cb01)
 BW 100000 Kbit, DLY 1000 usec,
     reliability 255/255, txload 1/255, rxload 1/255
  Encapsulation ARPA, loopback not set
  Keepalive set (10 sec)
  Full-duplex, 100Mb/s
  input flow-control is off, output flow-control is off
  ARP type: ARPA, ARP Timeout 04:00:00
  Last input 00:00:08, output 00:00:05, output hang never
  Last clearing of "show interface" counters never
  Input queue: 0/75/0/0 (size/max/drops/flushes); Total output drops: 0
  Queueing strategy: fifo
  Output queue :0/40 (size/max)
  5 minute input rate 0 bits/sec, 0 packets/sec
  5 minute output rate 0 bits/sec, 0 packets/sec
     956 packets input, 193351 bytes, 0 no buffer
     Received 956 broadcasts, 0 runts, 0 giants, 0 throttles
     0 input errors, 0 CRC, 0 frame, 0 overrun, 0 ignored, 0 abort
     0 watchdog, 0 multicast, 0 pause input
     0 input packets with dribble condition detected
     2357 packets output, 263570 bytes, 0 underruns
     0 output errors, 0 collisions, 10 interface resets
     0 babbles, 0 late collision, 0 deferred
     0 lost carrier, 0 no carrier
     0 output buffer failures, 0 output buffers swapped out
FastEthernet0/2 is up, line protocol is up (connected)
  Hardware is Lance, address is 00d0.ba4d.cb02 (bia 00d0.ba4d.cb02)
 BW 100000 Kbit, DLY 1000 usec,
     reliability 255/255, txload 1/255, rxload 1/255
  Encapsulation ARPA, loopback not set
  Keepalive set (10 sec)
  Full-duplex, 100Mb/s
  input flow-control is off, output flow-control is off
  ARP type: ARPA, ARP Timeout 04:00:00
  Last input 00:00:08, output 00:00:05, output hang never
  Last clearing of "show interface" counters never
  Input queue: 0/75/0/0 (size/max/drops/flushes); Total output drops: 0
  Queueing strategy: fifo
  Output queue :0/40 (size/max)
  5 minute input rate 0 bits/sec, 0 packets/sec
  5 minute output rate 0 bits/sec, 0 packets/sec
     956 packets input, 193351 bytes, 0 no buffer
     Received 956 broadcasts, 0 runts, 0 giants, 0 throttles
     0 input errors, 0 CRC, 0 frame, 0 overrun, 0 ignored, 0 abort
     0 watchdog, 0 multicast, 0 pause input
     0 input packets with dribble condition detected
     2357 packets output, 263570 bytes, 0 underruns
 --More--
```

[그림 4-17] "show interfaces" 명령어

① 전체 포트의 상태를 보여줌

② Fastethernet 0/1 포트는 현재 정상적으로 동작하는 상태

③ 포트 MAC Address : 00d0.ba4d.cb01

④ 포트 속도는 100Mbps(100000Kbps), Full Duplex로 동작

⑤ Keepalive : 10초

⑥ 패킷의 누적 송·수신 카운터 및 포트의 각종 통계를 알 수 있음

IOS Command Line Interface

```
SW#
SW#show flash
Directory of flash:/

    1  -rw-     4414921          <no date>  c2960-lanbase-mz.122-25.FX.bin
    2  -rw-         676          <no date>  vlan.dat

64016384 bytes total (59600787 bytes free)
SW#
SW#
SW#
SW#
SW#
SW#
SW#
SW#
SW#
SW#
SW#
SW#
SW#
SW#
```

[그림 4-18] "show flash" 명령어

① 플래시 메모리에 저장된 IOS 파일 이름은 “c2960-lanbase-mz.122-25.FX.bin”이며 파일 크기는 4414921 bytes

② 현재 스위치에 설정된 VLAN 정보가 “vlan.dat”라는 파일 명으로 저장

③ 플래시 메모리 전체 크기는 64016384 bytes이며 현재 59600787 bytes의 여유가 있음

4.4 기본구성

스위치에 처음으로 전원이 공급되면 스위치는 Running Configuration File에 있는 기본 데이터(Default Data)를 가지게 된다. 기본 호스트 이름(Default Hostname)은 "Switch"가 되며 콘솔이나 Virtual Terminal Line을 위한 패스워드는 없다.

IOS Command Line Interface

```
Cisco WS-C2960-24TT (RC32300) processor (revision C0) with 21039K bytes of memor
y.


24 FastEthernet/IEEE 802.3 interface(s)
2 Gigabit Ethernet/IEEE 802.3 interface(s)

63488K bytes of flash-simulated non-volatile configuration memory.
Base ethernet MAC Address        : 0001.64CA.11BC
Motherboard assembly number      : 73-9832-06
Power supply part number         : 341-0097-02
Motherboard serial number        : FOC103248MJ
Power supply serial number       : DCA102133JA
Model revision number            : B0
Motherboard revision number      : C0
Model number                     : WS-C2960-24TT
System serial number             : FOC1033Z1EY
Top Assembly Part Number         : 800-26671-02
Top Assembly Revision Number     : B0
Version ID                       : V02
CLEI Code Number                 : COM3K00BRA
Hardware Board Revision Number   : 0x01


Switch   Ports  Model              SW Version             SW Image
------   -----  -----              ----------             ----------
*    1   26     WS-C2960-24TT      12.2                   C2960-LANBASE-M

Cisco IOS Software, C2960 Software (C2960-LANBASE-M), Version 12.2(25)FX, RELEAS
E SOFTWARE (fc1)
Copyright (c) 1986-2005 by Cisco Systems, Inc.
Compiled Wed 12-Oct-05 22:05 by pt_team

Press RETURN to get started!



Switch>
```

[그림 4-19] 스위치(Catalyst 2960) 초기 부트 화면

기본적으로 스위치는 IP 주소를 가질 수 없지만 Virtual Interface VLAN 1 상에서 관리목적으로 IP 주소를 줄 수 있다. 스위치의 포트 혹은 인터페이스는 자동 모드(Auto Mode)로 세팅이 되어 스위치의 모든 포트는 기본관리 VLAN(Default Management VLAN)인 VLAN 1에 속하게 된다.

플래시 디렉토리(Flash Directory)는 기본적으로 IOS(그림 4-18에서는 "c2960-lanbase-mz.122-25.FX.bin") 파일과 모델에 따라 "env_vars"라는 IOS 이미지 파일 및 "html"이라는 서브디렉토리(Sub-directory)를 포함하고 있는 경우가 있으며 스위치의 구성이 끝난 후에는 "config.text" 파일 및 VLAN 데이터베이스인 "vlan.dat" 파일을 포함할 수도 있다.

[그림 4-18]("show flash" 명령어의 Output)에서 플래시 디렉토리는 VLAN 데이터베이스 파일 "vlan.dat"를 가지고 있지만 저장된 구성파일 "config.text"는 보여주지 않고 있다. IOS 버전과 구성 레지스터 세팅(Register Setting)은 "show version" 명령어로 확인할 수 있다.

기본상태의 경우 스위치는 하나의 브로드캐스트 영역을 가지며 CLI를 사용하는 콘솔포트를 통하여 관리 혹은 구성될 수 있다. 스패닝트리 프로토콜(Spanning-tree Protocol)은 작동(Enable)되고 루프프리 토폴로지(Loop-free Topology)의 구성이 가능하다. 하지만 규모가 작은 네트워크에서는 기본구성으로 충분하다. 스위치의 구성 시 공장출하(Factory Out) 상태의 스위치는 관계가 없지만 사용하던 스위치를 새로이 구성을 해야 할 경우에는 현재의 구성을 지우고 새로운 구성을 하기 위한 단계가 필요하다.

먼저 플래시 디렉토리의 구성파일인 "config.text" 파일과 VLAN 데이터베이스 파일인 "vlan.dat" 파일을 삭제한 후 Back up Configuration File인 "startup-config" 파일을 삭제하고 스위치의 IOS를 Reload 한다. IOS를 Reload하여 새로운 구성을 하기 위한 준비가 끝났으면 기본적인 스위치의 구성을 하면 되는데 기본적으로 스위치는 호스트 이름을 주어야 하며 콘솔과 vty 라인을 위한 패스워드 세팅이 필요하다.

다음은 텔넷(Telnet)과 다른 TCP/IP 어플리케이션으로 스위치에 접근하려면 IP 주소와 Default Gateway 세팅이 필요하다. 기본적으로 VLAN 1은 관리 VLAN(Management VLAN)이며 관리 VLAN은 네트워크상의 모든 장치들을 관리한다. 스위치 기반의 네트워크에서 모든 네트워크 장치들은 관리 VLAN에 있어야 하며 모든 포트는 기본적으로 VLAN 1에 속한다. VLAN 1으로부터 접근포트(Access Port)를 제거하여 다른 VLAN에 위치시킬 수 있다.

패스트 이더넷(Fast Ethernet) 스위치 포트는 인터페이스에게 세팅에 대한 협상을 하여 결정하는 Auto-speed, Auto-duplex가 기본이지만 네트워크 관리자가 특정 속도 및 듀플렉스(Duplex) 값을 수동으로 세팅할 수도 있다.

지능적인 네트워킹(Intelligent Networking) 장치는 구성 및 관리의 목적으로 웹 기반의 인터페이스도 제공할 수 있다. 스위치가 한번 IP 주소와 게이트웨이 구성이 되면 웹 인터페이스로 접근이 가능하며 웹 브라우저는 IP 주소와 HTTP의 Default Port 번호 80번으로 접근이 가능하다.

HTTP 서비스는 사용할 수도 혹은 사용하지 않을 수도 있으며 서비스를 위한 포트 주소는 선택이 가능하며 애플릿(Applet)과 같은 추가적인 소프트웨어는 스위치로부터 브라우저로 다운로드(Download)를 할 수 있어 스위치는 브라우저 기반의 GUI(Graphical User Interface)로 관리가 가능하다.

<table>
<tr><th colspan="3">RAM</th><th>NVRAM</th><th>FLASH</th><th>ROM</th></tr>
<tr><td colspan="3">IOS</td><td rowspan="2">설정파일
(Startup-Config)</td><td rowspan="2">IOS</td><td rowspan="2">IOS
Subset</td></tr>
<tr><td>Program</td><td>설정
파일
(Running-Config)</td><td>Tables,
Buffers</td></tr>
</table>

[그림 4-20] 스위치의 메모리 구조

① RAM(Random Access Memory)에는 플래시 메모리로부터 로드한 IOS와 각종 테이블을 저장하고 여러 가지 Cache 및 버퍼로 사용하며 전원이 들어와 있는 동안 스위치의 구성파일(Configuration File)을 위한 Temporary 및 Running Memory 제공한다. 전원이 나가거나 스위치 Restart 시 RAM의 내용물은 모두 잃어버린다.

② NVRAM(Nonvolatile RAM, 비휘발성 RAM)은 스위치의 Backup 또는 Startup 구성파일을 저장하며 전원이 Down되거나, 스위치 Restart 시에도 내용물은 그대로 유지된다.

③ Flash(Erasable, Reprogrammable ROM)는 OS의 Image와 Microcode를 포함하고 있으며 Processor의 Chip을 제거하거나 교환하지 않고 Software 수정할 수 있으며 전원이 Down되거나, 스위치 Restart 시에도 내용물은 그대로 유지된다. 여러 버전의 IOS 저장이 가능하다.

④ ROM(Read Only Memory)은 진단 Program, Bootstrap Program, OS 등을 저장하며 ROM의 Software를 Upgrade 시에는 Chip을 교환해야 한다.

4.5 패스워드 설정

스위치의 장치 관리자는 인가되지 않은 사용자의 접근을 막기 위해 암호를 사용하게 되는데 스위치에 설정할 수 있는 암호는 사용자 모드로 접근하기 전에 요구하는 "Console Password", 사용자 모드에서 관리자 모드로 접근하기 위해 필요하며 평문으로 저장되어 "show running-config" 명령어로 확인할 수 있는 "Enable Password", 사용자 모드에서 관리자 모드로 접근하기 위해 필요한 또 다른 암호로서 암호화되어 저장되며 "show running-config" 명령어로도 확인이 불가능한 "Enable Secret Password"가 있는데 "Enable Secret Password"는 "Enable Password"에 대해 우선으로 적용된다.

앞에서 언급된 두 가지 패스워드(Password)는 서로 다르게 설정하도록 권장하고 있다. Running Configuration을 Display하여 "Enable Secret Password"를 추측하여 시도해볼 경우 쉽게 접근이 가능하기 때문이다. 마지막으로 텔넷(Telnet)을 사용하여 스위치에 접근할 경우 사용하는 암호로서 "VTY Password"가 있다. 이 패스워드는 원격지나 콘솔이 가까이 없는 경우 로컬에서 네트워크를 통하여 스위치에 접근하는 사용자를 위한 것으로 동시에 16대까지 접근이 가능하다. [그림 4-21]에서는 스위치에 설정할 수 있는 암호의 설명과 명령어의 요약을 보여준다.

암호	설명(Description)	명령어(Command)
Console Password	사용자 모드로 접근하기 전에 요구하는 암호	Switch(config)#line console 0 Switch(config-line)#password cisco Switch(config-line)#login
Enable Password	사용자 모드에서 관리자 모드로 접근하기 위해 필요한 암호이며, 평문으로 저장	Switch(config)#enable password cisco
Enable Secret Password	사용자 모드에서 관리자 모드로 접근하기 위해 필요한 암호로서, 암호화되어 저장되며 Enable Password에 대해 우선 적용	Switch(config)#enable secret class (Enable Password와 다른 암호 사용 권장)
VTY Password	텔넷(Telnet)을 사용하여 스위치에 접근할 경우 사용하는 암호	Switch(config)#line vty 0 4 Switch(config-line)#password cisco Switch(config-line)#login

[그림 4-21] 스위치의 패스워드 설정 방법

IOS Command Line Interface

```
Switch(config)#
Switch(config)#line console 0
Switch(config-line)#password cisco
Switch(config-line)#login
Switch(config-line)#exit
Switch(config)#enable password cisco
Switch(config)#enable secret class
Switch(config)#line vty 0 4
Switch(config-line)#password cisco
Switch(config-line)#login
Switch(config-line)#exit
Switch(config)#
Switch(config)#
Switch(config)#
Switch(config)#
Switch(config)#
Switch(config)#
Switch(config)#
Switch(config)#
Switch(config)#
Switch(config)#
Switch(config)#
Switch(config)#
Switch(config)#
```

[그림 4-22] 스위치의 패스워드 설정

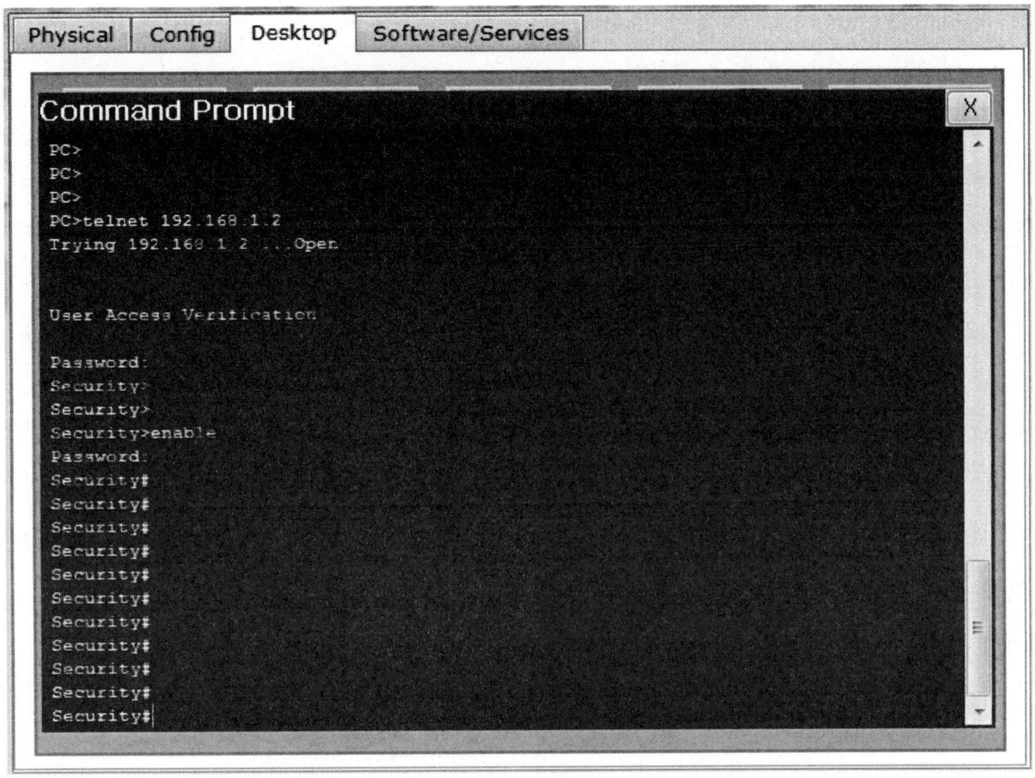

[그림 4-23] 텔넷으로 스위치 콘솔에 접근

4.6 MAC 주소 테이블 관리

스위치는 자신의 포트로 수신되는 프레임의 발신지 주소를 조사하여 연결된 PC의 MAC 주소를 학습하며 학습된 MAC 주소는 MAC 주소 테이블(MAC Address Table)에 기록한다. 테이블에 기록된 목적지 MAC 주소를 가진 프레임은 정확한 인터페이스로 전달하고 프레임의 목적지 주소가 테이블에 없는 경우 스위치는 프레임을 수신한 포트를 제외한 모든 포트로 포워딩을 한다(Flooding이라 함).

스위치가 학습한 주소를 알아보기 위한 Privileged EXEC 명령어는 "show mac-address-table"이다. 스위치는 수천 개의 MAC 주소를 동적으로 학습하고 유지하는

데 메모리를 보존하고 적절한 스위치의 동작을 위해 학습한 엔트리(Entry)를 MAC 주소 테이블로부터 버릴 수 있다.

포트로부터 장치가 제거, 꺼짐 및 동일 스위치의 다른 포트 혹은 다른 스위치로의 이동 등은 프레임 전달(Forwarding)에 혼란을 야기할 수 있는데 이런 문제를 해결하기 위해 이전에 학습한 주소를 가진 프레임이 300초 동안 보이지 않을 경우 메모리 테이블에서 주소를 버리도록 되어 있다.

동적으로 엔트리를 자동으로 버리기 전에 관리자가 사용하는 옵션은 Privileged EXEC 명령어 "clear mac-address-table"을 사용할 수 있는데 이것은 관리자가 구성한 MAC 주소 엔트리를 제거할 수 있고 유효하지 않는 주소가 즉시 제거될 수 있도록 테이블 엔트리를 클리어(Clear)시킨다.

인터페이스에 MAC 주소를 고정(Permanent)으로 할당하여 MAC 주소가 스위치에 의해 자동적으로 버려지지 않기를 원하거나 특정 서버 혹은 사용자 단말이 알려진 MAC 주소와 포트에 접속되어야 할 경우 혹은 보안을 강화하기를 원하는 경우에는 스위치에 다음과 같이 정적인 MAC 주소 세팅(Static MAC Address Setting)을 할 수 있다.

명령어 형식	명령어 예	비고
Switch(config)#mac-address-table static 〈mac-address of host〉 vlan 〈vlan name〉 interface FastEthernet 〈Ethernet number〉	Switch(config)#mac-address-table static 1230.001a.00cb vlan 100 interface FastEthernet 0/9	정적인 MAC 주소 구성
Switch(config)#no mac-address-table static 〈mac-address of host〉 vlan 〈vlan name〉 interface FastEthernet 〈Ethernet number〉	Switch(config)#no mac-address-table static 1230.001a.00cb vlan 100 interface FastEthernet 0/9	세팅한 엔트리 제거

[그림 4-24] 정적인 MAC 주소 구성 명령어

IOS Command Line Interface

```
Switch(config)#
Switch(config)#
Switch(config)#mac-address-table static 1230.001a.00cb vlan 100 interface fastet
hernet 0/9
Switch(config)#
Switch(config)#^Z
Switch#
%SYS-5-CONFIG_I: Configured from console by console

Switch#
Switch#show mac-address-table
          Mac Address Table
-------------------------------------------

Vlan    Mac Address       Type        Ports
----    -----------       --------    -----

 100    1230.001a.00cb    STATIC      Fa0/9
Switch#
Switch#
Switch#
Switch#
Switch#
Switch#
```

[그림 4-25] 정적인 MAC 주소 구성 및 MAC 주소 테이블

① 스위치의 9번 포트(Fastethernet 0/9)에 MAC Address 1230.001a.00cb를 수동(Static)으로 할당

② 9번 포트는 VLAN 100에 속함

4.7 포트보안

접근계층(Access Layer)의 스위치 포트는 사무실의 Wall Outlet을 통해 접근이 가능하다. 하지만 이곳은 비인가자의 네트워크 접근을 허용하는 잠재적인 포인트(Point)가 될 수 있다. 이러한 점을 보완하기 위해 스위치는 포트보안(Port Security) 기능을 제공한다.

첫 번째는 인터페이스가 학습할 수 있는 주소의 수를 제한함으로써 초과 시 조치할 수 있도록 구성하는 방법이 있으며 두 번째는 Secure MAC Address를 정적으

로 구성하는 방법이 있으나 이 방법은 복잡하고 오류를 범하기가 쉽다. 다른 방법은 스위치 포트에 포트보안을 세팅하는 것이다. 포트 당 MAC 주소의 수는 1로 제한하고 스위치가 동적으로 학습한 첫 번째 주소가 Secure 주소가 되는 것이다. 포트보안 상태를 확인하기 위한 명령어는 "show port security"이다.

명령어 형식	Option	Description
Switch(config)#interface fastethernet 0/1		포트보안을 설정할 인터페이스로 이동
Switch(config-if)#switchport port-security		해당 인터페이스에 포트보안 활성화
Switch(config-if)#switchport port-security{mac-address | maximum | violation}	mac-address	보안 MAC 주소 설정, Static 설정
	maximum	최대 보안 적용 Source 주소 수, 최대 132개
	violation	보안 위반 시 Action
Switch(config-if)#switchport port-security mac-address {H.H.H | Sticky}	H.H.H	48비트 MAC 주소
	sticky	동적으로 접근하는 Source 주소로 선착순 구성
Switch(config-if)#switchport port-security violation {protect | restrict | shutdown}	protect	보안 위반 시 위반 호스트로부터 전송되는 모든 프레임을 Drop, 보안위반 카운트(Security Violation Count) 증가하지 않음
	restrict	보안 위반 시 위반 호스트로부터 전송되는 모든 프레임을 Drop, 보안 위반 카운트(Security Violation Count) 증가
	shutdown	보안 위반 시 포트 Shutdown (Default)

[그림 4-26] 포트보안 설정 관련 명령어

4.7.1 포트보안 실습

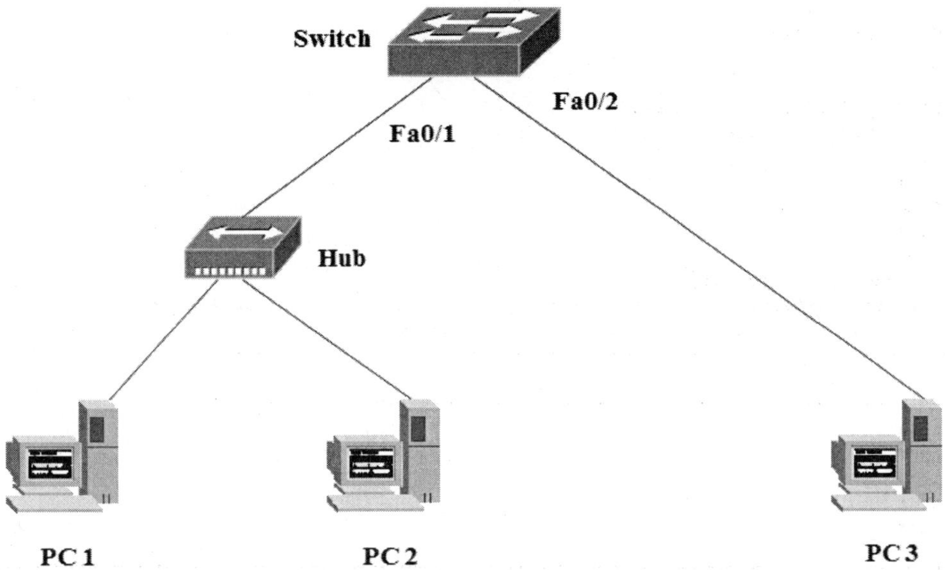

PC 1 : 192.168.1.3/24

PC 2 : 192.168.1.4/24

PC 3 : 192.168.1.5/24

```
Switch(config)#interface fastethernet 0/1
Switch(config-if)#switchport mode access
Switch(config-if)#switchport port-security
Switch(config-if)#switchport port-security mac-address sticky
Switch(config-if)#switchport port-security maximum 1
Switch(config-if)#switchport port-security violation restrict
Switch(config-if)#no shutdown
```

[그림 4-27] 포트보안 실습 구성도 및 스위치 구성

IOS Command Line Interface

```
Switch#
Switch#
Switch#show mac-address-table
          Mac Address Table
-------------------------------------------

Vlan    Mac Address       Type        Ports
----    -----------       --------    -----

   1    0030.a359.871a    DYNAMIC     Fa0/2
   1    0090.21d8.0538    STATIC      Fa0/1
Switch#
Switch#
Switch#
Switch#
Switch#
Switch#show port-security
Secure Port MaxSecureAddr CurrentAddr SecurityViolation Security Action
               (Count)       (Count)        (Count)
--------------------------------------------------------------------
        Fa0/1        1          1                 6          Restrict
----------------------------------------------------------------------
Switch#
Switch#
Switch#
Switch#
Switch#
Switch#
```

[그림 4-28] 포트보안 적용 시 MAC 주소 테이블 및 포트보안 결과 Display

① 스위치의 1번 포트에 연결된 PC 1의 MAC 주소(0090.21ㅇ8.0538)를 PC 2보다 먼저 동적으로 학습하여 [그림 4-29]의 "Running-config"에서 보여주듯이 최대 1대만 구성

② 스위치의 2번 포트에 연결된 PC 3은 동적으로 MAC 주소를 학습

③ 다음으로 접근하는 PC 2는 Port Security를 위반(6회 위반)하여 접근을 제한하고 있다. 보안 위반 시 위반 호스트로부터 전송되는 모든 프레임을 Drop하고, 보안 위반 카운트(Security Violation Count)는 증가하는 것을 볼 수 있다.

④ Port Security를 보면 스위치 1번 포트의 MaxSecureAddr(최대 보안 주소)는 1개, 현재 주소(CurrentAddr) 1개, 보안 위반 카운트는 6회, 위반 시 액션은 Restrict으로 나타남

IOS Command Line Interface

```
Switch#
Switch#show running-config
Building configuration...

Current configuration : 1211 bytes
!
version 12.2
no service timestamps log datetime msec
no service timestamps debug datetime msec
no service password-encryption
!
hostname Switch
!
!
!
interface FastEthernet0/1
 switchport mode access
 switchport port-security
 switchport port-security mac-address sticky
 switchport port-security violation restrict
 switchport port-security mac-address sticky 0090.21D8.0538
!
interface FastEthernet0/2
!
interface FastEthernet0/3
!
interface FastEthernet0/4
!
interface FastEthernet0/5
!
interface FastEthernet0/6
!
interface FastEthernet0/7
!
interface FastEthernet0/8
!
interface FastEthernet0/9
!
interface FastEthernet0/10
!
interface FastEthernet0/11
!
interface FastEthernet0/12
!
interface FastEthernet0/13
!
 --More--
```

[그림 4-29] 포트보안 적용 스위치의 Running-config

4.8 CDP

CDP(Cisco Discovery Protocol)는 네트워크 관리자에게 직접 연결된 라우터나 스위치의 구성정보에 접근할 수 있도록 하는 명령어를 제공하며 하위 물리 미디어(Media) 및 상위 네트워크 계층 프로토콜을 연결하는 데이터 링크 계층상에서 작동하는 시스코 고유의 프로토콜이다. 서로 상이한 네트워크 계층 프로토콜들을 지원하는 CDP 디바이스들은 MAC 주소를 사용하여 서로를 인지할 수 있다.

IOS가 동작(Running)하는 시스코 디바이스는 부팅 시 CDP가 자동적으로 Start Up되며 CDP가 작동하는 이웃 시스코 디바이스들을 감지할 수 있다. 어떤 Layer 3, Layer 4 프로토콜을 사용하고 있더라도 직접 연결된 시스코 디바이스는 TCP/IP 사용 여부와 관계없이 작동한다.

상위계층 엔트리 주소 (Upper Layer Entry Address)	TCP/IP Novell IPX Apple Talk Others
시스코 고유의 데이터링크 프로토콜(Cisco Proprietary Data Link Protocol)	CDP는 직접 연결된 시스코 디바이스에 대한 정보를 발견하고 보여줌
SNAP(Sub-Network Access Protocol)를 지원하는 미디어	LANs Frame/Relay ATM Others

[그림 4-30] Media and Protocol Interactions

4.8.1 CDP가 제공하는 Neighbor Device 정보

CDP를 이용하여 취득할 수 있는 이웃 디바이스들의 정보는 다음과 같다.

- Device Identifiers : Host Name, Domain Name

- Address List : SNMP를 위한 주소에서 각 지원 프로토콜을 위한 주소까지
- Port Identifier : Fastethernet 0/1, Fastethernet 0/2, Serial 0/0, Serial 0/1 등
- Capabilities List : Router, Switch, Source Route Bridge, Repeater, Host 등
- Version : Local 명령어 "show version"과 같은 정보 제공
- Platform : 디바이스의 하드웨어 Flatform 정보

콘솔 라우터/스위치와 직접 연결된 라우터/스위치가 아닌 경우, 텔넷(Telnet)을 이용하여 타깃(Target) 라우터/스위치와 직접 연결된 라우터/스위치에 접속하면 정보를 취득할 수 있다. 라우터나 스위치 등의 시스코 제품이 IOS를 시작할 때 기본적으로 CDP 기능은 시작이 된다. 직접 연결된 이웃(Neighbors)들만 CDP 프레임을 교환하고 스위치나 라우터는 CDP 이웃들로부터 받은 정보를 저장하며 이후의 CDP 프레임이 이웃들의 변경된 정보를 전달하면 라우터나 스위치는 기존의 정보를 버리고 새로운 정보로 대체한다. 이웃들의 정보를 보기 위한 명령어는 다음과 같으며 실제 구성에서 문제 발생 시 자주 사용하는 명령어들이다.

명령어	취득 가능 정보
"show cdp interface"	• CDP Timer 값, Interface Status, 광고 및 Discovery Frame 전송을 위해 CDP가 사용하는 Encapsulation 방식 등 Display • Default CDP Update Time : 60sec Default CDP Hold Time : 180sec • 최신의 Update 정보를 받거나, Hold Time이 지나면 CDP Entry는 Discard
"show cdp entry {device name}"	• Single Cached CDP Entry Display • Layer 3 Address • Hold-time : CDP Frame이 도달한 이후 Elapsed Time • 함축된 Version 정보
"show cdp neighbors" "show cdp neighbors detail" (상세정보)	• Neighbor Device ID • Local Port Type & Number • Decremental Hold-time • Neighbor Device Capability Code • Neighbor Hardware Platform • Neighbor Remote Port Type & Number

[그림 4-31] 이웃들의 정보를 보는 CDP 명령어

[그림 4-32] 스위치 구성도

IOS Command Line Interface

```
Security#
Security#
Security#
Security#show cdp neighbors
Capability Codes: R - Router, T - Trans Bridge, B - Source Route Bridge
                  S - Switch, H - Host, I - IGMP, r - Repeater, P - Phone
Device ID    Local Intrfce   Holdtme    Capability   Platform    Port ID
Chungkang    Fas 0/1          145           S        2950        Fas 0/1
Mobile       Fas 0/2          163           S        2960        Fas 0/1
Security#
Security#
Security#
Security#
Security#
Security#
Security#
Security#
Security#
Security#
Security#
Security#
Security#
Security#
Security#
```

[그림 4-33] Security 스위치의 "show cdp neighbors" Output

① Security 스위치에서는 직접 연결된 2개의 스위치(Mobile, Chungkang)를 모두 볼 수 있음

② Chungkang 스위치는 1번 포트와 Mobile 스위치는 2번 포트와 연결

③ Holdtime은 각각 145초, 163초 : Default CDP Hold Time은 180초이며 최신의 Update 정보를 받거나, Hold Time이 지나면 CDP Entry는 Discard

④ Capability는 모두 Switch : "S"

⑤ 플랫폼은 Chungkang 스위치는 시스코 카탈리스트 2950, Mobile 스위치는 시스코 카탈리스트 2960

⑥ 연결된 상대방 스위치의 포트 번호는 모두 1번

IOS Command Line Interface

```
Mobile#
Mobile#
Mobile#
Mobile#show cdp neighbors
Capability Codes: R - Router, T - Trans Bridge, B - Source Route Bridge
                  S - Switch, H - Host, I - IGMP, r - Repeater, P - Phone
Device ID    Local Intrfce    Holdtme    Capability    Platform    Port ID
Security     Fas 0/1           121            S        2950        Fas 0/2
Mobile#
Mobile#
Mobile#
Mobile#
Mobile#
Mobile#
Mobile#
Mobile#
Mobile#
Mobile#
Mobile#
Mobile#
Mobile#
Mobile#
Mobile#
Mobile#
```

[그림 4-34] Mobile 스위치의 "show cdp neighbors" Output

IOS Command Line Interface

```
Chungkang#
Chungkang#
Chungkang#
Chungkang#show cdp neighbors
Capability Codes: R - Router, T - Trans Bridge, B - Source Route Bridge
                  S - Switch, H - Host, I - IGMP, r - Repeater, P - Phone
Device ID    Local Intrfce    Holdtme    Capability    Platform    Port ID
Security     Fas 0/1           150            S        2950        Fas 0/1
Chungkang#
Chungkang#
Chungkang#
Chungkang#
Chungkang#
Chungkang#
Chungkang#
Chungkang#
Chungkang#
Chungkang#
Chungkang#
Chungkang#
Chungkang#
Chungkang#
Chungkang#
Chungkang#
```

[그림 4-35] Chungkang 스위치의 "show cdp neighbors" Output

IOS Command Line Interface

```
Security#
Security#show cdp neighbors detail

Device ID: Chungkang
Entry address(es):
Platform: cisco 2950, Capabilities: Switch
Interface: FastEthernet0/1, Port ID (outgoing port): FastEthernet0/1
Holdtime: 122

Version :
Cisco Internetwork Operating System Software
IOS (tm) C2950 Software (C2950-I6Q4L2-M), Version 12.1(22)EA4, RELEASE SOFTWARE(
fc1)
Copyright (c) 1986-2005 by cisco Systems, Inc.
Compiled Wed 18-May-05 22:31 by jharirba

advertisement version: 2
Duplex: full
--------------------------

Device ID: Mobile
Entry address(es):
Platform: cisco 2960, Capabilities: Switch
Interface: FastEthernet0/2, Port ID (outgoing port): FastEthernet0/1
Holdtime: 139

Version :
Cisco IOS Software, C2960 Software (C2960-LANBASE-M), Version 12.2(25)FX, RELEAS
E SOFTWARE (fc1)
Copyright (c) 1986-2005 by Cisco Systems, Inc.
Compiled Wed 12-Oct-05 22:05 by pt_team

advertisement version: 2
Duplex: full

Security#
Security#
Security#
Security#
```

[그림 4-36] Security 스위치의 "show cdp neighbors detail" Output

IOS Command Line Interface

```
Security#
Security#
Security#show cdp entry Mobile

Device ID: Mobile
Entry address(es):
Platform: cisco 2960, Capabilities: Switch
Interface: FastEthernet0/2, Port ID (outgoing port): FastEthernet0/1
Holdtime: 175

Version :
Cisco IOS Software, C2960 Software (C2960-LANBASE-M), Version 12.2(25)FX, RELEAS
E SOFTWARE (fc1)
Copyright (c) 1986-2005 by Cisco Systems, Inc.
Compiled Wed 12-Oct-05 22:05 by pt_team

advertisement version: 2
Duplex: full
--------------------------

Security#
Security#
Security#
Security#
```

[그림 4-37] Security 스위치의 "show cdp entry Mobile" Output

IOS Command Line Interface

```
Mobile#
Mobile#
Mobile#show cdp entry Security

Device ID: Security
Entry address(es):
Platform: cisco 2950, Capabilities: Switch
Interface: FastEthernet0/1, Port ID (outgoing port): FastEthernet0/2
Holdtime: 173

Version :
Cisco Internetwork Operating System Software
IOS (tm) C2950 Software (C2950-I6Q4L2-M), Version 12.1(22)EA4, RELEASE SOFTWARE(
fc1)
Copyright (c) 1986-2005 by cisco Systems, Inc.
Compiled Wed 18-May-05 22:31 by jharirba

advertisement version: 2
Duplex: full

Mobile#
Mobile#
Mobile#
Mobile#
```

[그림 4-38] Mobile 스위치의 "show cdp entry Security" Output

IOS Command Line Interface

```
Security#
Security#
Security#
Security#show cdp interface fastethernet 0/1
FastEthernet0/1 is up, line protocol is up
  Sending CDP packets every 60 seconds
  Holdtime is 180 seconds
Security#
Security#
Security#
Security#show cdp interface fastethernet 0/2
FastEthernet0/2 is up, line protocol is up
  Sending CDP packets every 60 seconds
  Holdtime is 180 seconds
Security#
Security#
Security#
Security#
Security#
Security#
Security#
Security#
Security#
Security#
```

[그림 4-39] Security 스위치의 "show cdp interface" Output

4.9 스위치 관리

관리자는 네트워킹 장치를 위한 구성파일을 문서화하고 유지할 필요가 있다. 가장 최근의 Running-configuration 파일은 서버나 디스크에 백업(Backup)을 해두는 것이 안전하다. IOS 또한 필요 시 플래시 메모리로 Reload할 수 있도록 Local 서버에 백업을 할 필요가 있다.

보안과 관리의 목적으로 패스워드는 콘솔과 vty 라인 상에 "enable password" 및 "enable secret password" 세팅이 필요하다. 패스워드를 세팅하고 나면 인가된 사용자만 스위치의 사용자 및 Privileged EXEC Mode로 접근이 가능할 것이다. 스위치까지 물리적인 접근은 가능하지만 사용자 및 Privileged EXEC Mode로의 접근은 불가하다. 패스워드를 모르거나 분실하였을 경우 패스워드 복구(Password Recovery) 과정을 거쳐 패스워드를 복구한다.

IOS와 Firmware 이미지는 버그수정, 새로운 기능소개, 성능 개선 등을 가지고 주기적으로 발표된다. 새로운 버전의 IOS를 가지고 네트워크가 더 안전해지거나 보다 효과적으로 동작한다면 IOS는 업그레이드할 필요가 있다. IOS를 업그레이드 하기 위해서 CCO(Cisco Connect Online) Software Center로부터 Local Server로 새로운 Image의 사본을 취득하여 스위치로 Upload 한다.

4.9.1 패스워드 복구

① PC와 스위치의 콘솔포트를 연결하고 하이퍼터미널 윈도우를 오픈한다.

② 스위치의 전원을 껐다가 다시 켜면서 스위치 전면의 "MODE" 버튼을 "STAT LED"의 불이 나갈 때까지 누른다. 스위치 콘솔 화면에는 다음과 같은 Output이 나타난다.

```
C2950 Boot Loader (C2950-HBOOT-M) Version 12.1(11r)EA1, RELEASE
      SOFTWARE (fc1)
Compiled Mon 22-Jul-02 18:57 by antonino
WS-C2950-24 starting...
Base ethernet MAC Address: 00:0a:b7:72:2b:40
Xmodem file system is available.
The system has been interrupted prior to initializing the flash files system.
The following commands will initialize the flash files system, and finish loading
     the operating system software:

flash_init
load_helper
boot
```

③ 파일 시스템을 초기화하고 Operating System의 Loading을 종료하기 위하여 다음 명령어를 입력한다.

```
flash_init
load_helper
dir flash:
```

④ 관리자 모드에서 패스워드를 포함하고 있는 구성파일의 이름을 변경한다.

Switch#**rename flash:config.text flash:config.old**

⑤ 시스템을 부팅하기 위하여 "boot" 명령어를 입력한다.

Continue with the configuration dialog? [yes/no] : **N**

⑥ 관리자 모드에서 원래의 이름으로 구성파일의 이름을 변경한다.

Switch#rename flash:config.old flash:config.text

⑦ 구성파일을 메모리로 복사한다.

Switch#**copy flash:config.text system:running-config**
Source filename [config.text]?[**enter**]
Destination filename [running-config][**enter**]

⑧ 구성파일이 Reload되고 패스워드는 다음과 같이 변경한다.

Switch#**configure terminal**
Switch(config)#**no enable secret**
Switch(config)#**enable password Cisco**
Switch(config)#**enable secret class**
Switch(config)#**line console 0**
Switch(config-line)#**password cisco**
Switch(config-line)#**exit**
Switch(config)#**line vty 0 15**
Switch(config-line)#**password cisco**
Switch(config-line)#**exit**
Switch(config)#**exit**
Switch#**copy running-config startup-config**
Destination filename [startup-config]?[**enter**]
Building configuration...
[OK]
Switch#

4.9.2 IOS Upload 및 Download

(1) TFTP를 이용한 IOS BackUp(Download) 및 Upload 하기

이 방법은 가장 최근의 Running-configuration 파일이나 IOS를 Local Server(TFTP Server)에 다운로드(BackUp)하여 저장해 두었다가 구성파일이나 IOS가 손상을 입었거나 IOS 버전 업그레이드와 같이 필요 시 플래시 메모리로 Reload가 가능하다. 이 경우 스위치와 TFTP 서버는 IP 통신을 하기 때문에 반드시 스위치에 IP 주소를 부여하여야 한다.

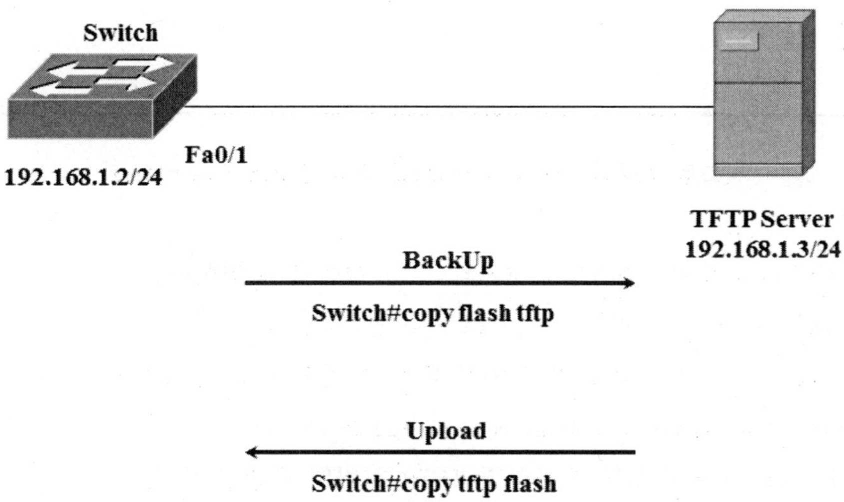

[그림 4-40] TFTP Server를 이용한 IOS Download 및 Upload

IOS Command Line Interface

```
Switch#
Switch#
Switch#show flash
Directory of flash:/

    1  -rw-      4414921           <no date>  c2960-lanbase-mz.122-25.FX.bin

64016384 bytes total (59601463 bytes free)
Switch#
Switch#
Switch#copy flash tftp
Source filename []? c2960-lanbase-mz.122-25.FX.bin
Address or name of remote host []? 192.168.1.3
Destination filename [c2960-lanbase-mz.122-25.FX.bin]?

Writing c2960-lanbase-mz.122-25.FX.bin...!!!!!!!!!!!!!!!!!!!!!!!!!!!!!!!!!!!!!!!!!
!!!!!!!!!!!!!!!!!!!!!!!!!!!!!!!!!!!!!!!!!!!!!!!!!
[OK - 4414921 bytes]

4414921 bytes copied in 0.35 secs (12614000 bytes/sec)
Switch#
Switch#
Switch#
Switch#
Switch#
```

[그림 4-41] TFTP Server를 이용한 IOS Download

① 먼저 "show flash" 명령어로 IOS의 파일 이름을 확인한다.

② "copy flash tftp" 명령어로 다운로드를 받는다.

③ Source 파일명을 물어오면 위에서 확인한 파일명을 입력한다.

Source File Name : c2960-lanbase-mz.122-25.FX.bin

④ 원격 호스트의 주소를 요구하면 TFTP 서버의 주소를 입력한다.

원격 호스트 주소 : 192.168.1.3

⑤ 마지막으로 TFTP 서버에 저장할 파일이름을 같은 것으로 할 것인지 확인하면 Enter를 키 인하면(다른 파일명 입력 가능) 다운로드를 진행한다.

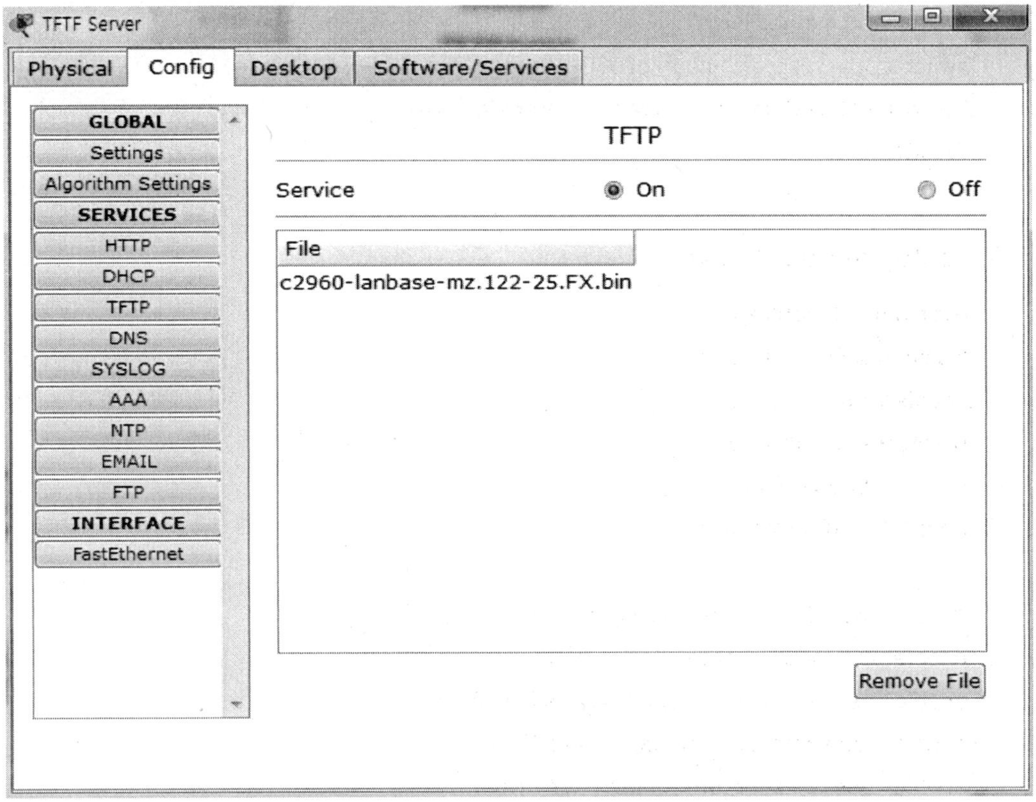

[그림 4-42] TFTP Server를 이용한 IOS Download 결과

① TFTP 서버에서 다운로드 된 파일 "c2960-lanbase-mz.122-25.FX.bin"을 확인할 수 있다.

(2) 스위치 부트 로드 모드에서 (라우터는 ROMMON에서) Xmodem으로 IOS 업로드하기

① 스위치 부트 로드 모드에서

```
Boot Process failed...

The system is unable to boot automatically. The BOOT
environment variable needs to be set to a bootable
image.
switch:
```

```
switch:load_helper
switch:copy xmodem: flash:c2960-lanbase-mz.122-25.FX.bin
Begin the Xmodem or Xmodem-1K transfer now....
CCCCCCC
```

② 라우터 ROMMON에서

```
rommom 1 > confreg
Configuration Summary
enabled are :
break/abort has effect
console baud : 9600
boot : the ROM Monitor

do you wish to change the configuration? y/n [n] : y
enable "diagnostic mode"? y/n [n] :
enable "use net in IP bcast address"? n/n [n] :
enable "load rom after netbook fails"? y/n [n] :
enable "use all zero broadcast"? y/n [n] :
disable "break/abort has effect"? y/n [n] :
enable "ignore system config info"? y/n [n] :
change console baud rate? y/n [n] : y
enter rate : 0 = 9600, 1 = 4800, 2 = 1200, 3 = 2400
4 = 19200, 5 = 38400, 6 = 57600, 7 = 115200 [0] : 7
change the boot characteristics? y/n [n]
(Baud Rate를 115200 bps로 변경, 선택사항, 속도증가)
Configuration Summary
enabled are :
break/abort has effect
console baud : 115200
boot : the ROM Monitor

do you wish to change the configuration? y/n [n] :

you must reset or power cycle for new config to take effect.
```

(Reboot)
rommon 2 〉

rommon 1 〉
rommon 1 〉 **xmodem -?**
xmodem : illegal option -- ?
usage : xmodem [-cyrx] 〈destination filename〉
-c CRC-16
-y ymodem-batch protocol
-r copy image to dram for launch
-x do not launch on download completion
rommon 2 〉
rommon 2 〉
rommon 2 〉 **xmodem -c c2600-is-mz.122-10a.bin**
(IOS 이미지 네임)
! ---Note that [-s datarate] is not available here since you are set for 115200 bps.

Do not start the sending program yet ...

File size	Checksum	File name
9939820 bytes (0x97ab6c)	0x4991	c2600-is-mz.122-7a.bin

Warning :

All existing data in bootflash will be lost!
Invoke this application only for disaster recovery. Do you wish to continue?
y/n [n] : **y** Ready to receive file c2600-is-mz.122-10a.bin ...

③ 하이퍼 터미널 (전송 〉 파일보내기 〉 Xmodem)

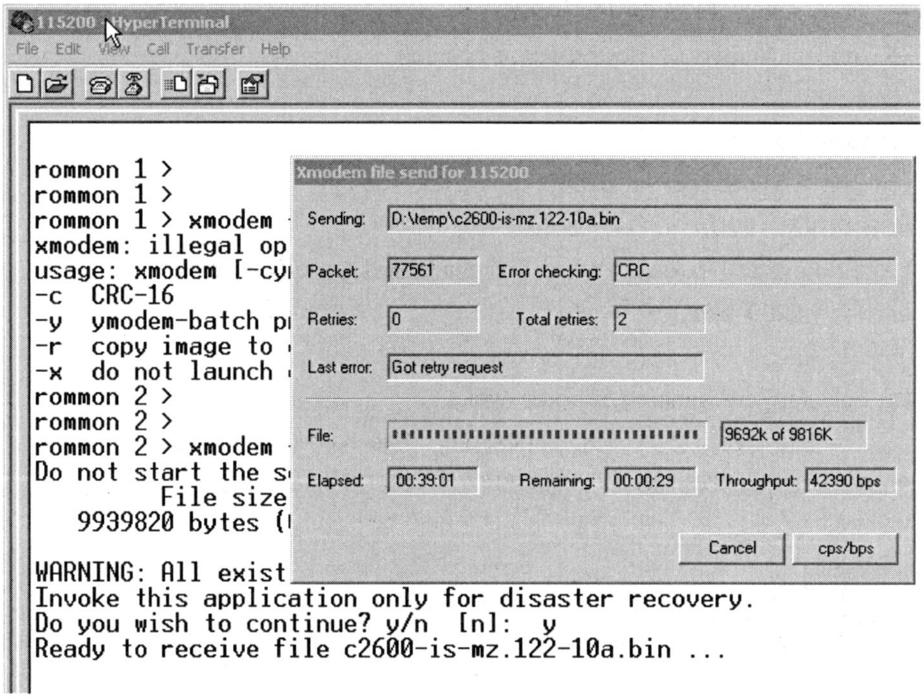

rommon 1 〉 confreg 0x2102

(레지스트리 변경)

You must reset or power cycle for new config to take effect

rommon 2 〉 **reset**

System Bootstrap, Version 11.3(2)XA4, RELEASE SOFTWARE (fc1)

Copyright (c) 1999 by cisco Systems, Inc.

TAC : Home : SW : IOS : Specials for info

C2600 platform with 65536 Kbytes of main memory

```
program load complete, entry point : 0x80008000, size : 0x995ec8
Self decompressing the image :
######################
############################################
####
############################################
####
################          [OK]

.................................................

Cisco Internetwork Operating System Software
IOS (tm) C2600 Software (C2600-IS-M), Version 12.2(10a),
RELEASE SOFTWARE (fc1)
Copyright (c) 1986-2002 by cisco Systems, Inc.
Compiled Tue 21-MAY-02 14:16 by pwade
Image text-base : 0x80008088, data-base : 0x810ABB08

cisco 2620 (MPC860) processor (revision 0x100) with
61440K/4096K bytes of memory.
Processor board ID JAB03110MUB (3691217154)
M860 processor : part number 0, mask 49
Bridging software.
X.25 software, Version 3.0.0.
1 FastEthernet/IEEE 802.3 interface(s)
2 Voice FXS interface(s)
32K bytes of non-volatile configuration memory.
16384K bytes of processor board System flash (Read/Write)

Press RETURN to get started!
Router > enable
Router # configure terminal
Enter configuration commands, one per line. End with CNTL/Z.
Router(config) # config-register 0x2102
Router(config) # line con 0
Router(config-line) # speed 9600
```

Chapter 5

VLAN(Virtual LAN)

5.1 VLAN의 개요

가상 LAN(VLAN)은 물리적인 위치나 토폴로지에 관계없이 마치 단일 네트워크인 것처럼 통신이 가능한 독립적인 커뮤니케이션 그룹이다. 즉, 가상 LAN은 분리된 논리적 네트워크 또는 브로드캐스트 도메인(Broadcast Domain)에서 호스트의 군집으로서 생각될 수 있다. 즉 VLAN은 물리적인 세그먼트(Segment) 혹은 LAN 스위치에 제한을 받지 않는 네트워크 서비스 그룹이라고 볼 수 있다.

VLAN은 물리적인 위치나 네트워크 연결에 상관없이 논리적으로 업무기능이나 부서, 프로젝트팀 기반의 Switched Network Segment를 구성할 수 있다. 물리적인 위치나 연결에 관계없이 특정 Workgroup이 사용하는 모든 워크스테이션과 서버는 동일한 VLAN을 공유한다. VLAN의 구성 혹은 재구성은 소프트웨어를 통해 수행되고 워크스테이션은 동일 VLAN 그룹 내의 파일서버와 통신하도록 제한된다.

VLAN은 단일 브리징 도메인에 의해 연결된 호스트 혹은 네트워크 장치로 구성되며 LAN 스위치는 각 VLAN을 위해 브리지 그룹을 분리하는 브리징 프로토콜이 동작한다. VLAN은 LAN 구성에서 라우터가 세그멘테이션 서비스를 제공함으로써 생성이 가능하며 VLAN은 확장성과 보안 및 네트워크 관리 기능을 제공한다.

VLAN에서 라우터는 브로드캐스트 필터링(Filtering), 보안 및 트래픽 흐름관리 등을 제공하며 스위치가 VLAN 사이의 트래픽을 브리지할 수 없기 때문에 라우터가 이 기능을 제공한다. 즉 VLAN은 하나 이상의 스위치에 의해 생성된 브로드캐스트 영역이며 3계층 라우팅은 라우터가 각 브로드캐스트 영역으로 패킷의 전송을 허용한다.

스위치는 브로드캐스트 프레임과 라우터상의 MAC 주소로 라우트되는 프레임을 라우터의 인터페이스로 프레임을 포워드(Forward) 한다. 스위치에서 VLAN을 구축하면 스위치는 각 VLAN에 대해 브리징 테이블을 유지한다. VLAN 1의 한 포트로 프레임이 들어오면 스위치는 VLAN 1을 위한 브리징 테이블을 검색하게 되는데 프레임 수신 시 모르는 주소일 경우 스위치는 브리징 테이블에 발신지 주소를 추가하고 포워딩 결정을 위해 목적지 주소를 체크한다. 스위치는 프레임 수신 시 학습과 포워딩을 위해 항상 VLAN에 대한 주소 테이블을 대조하게 된다.

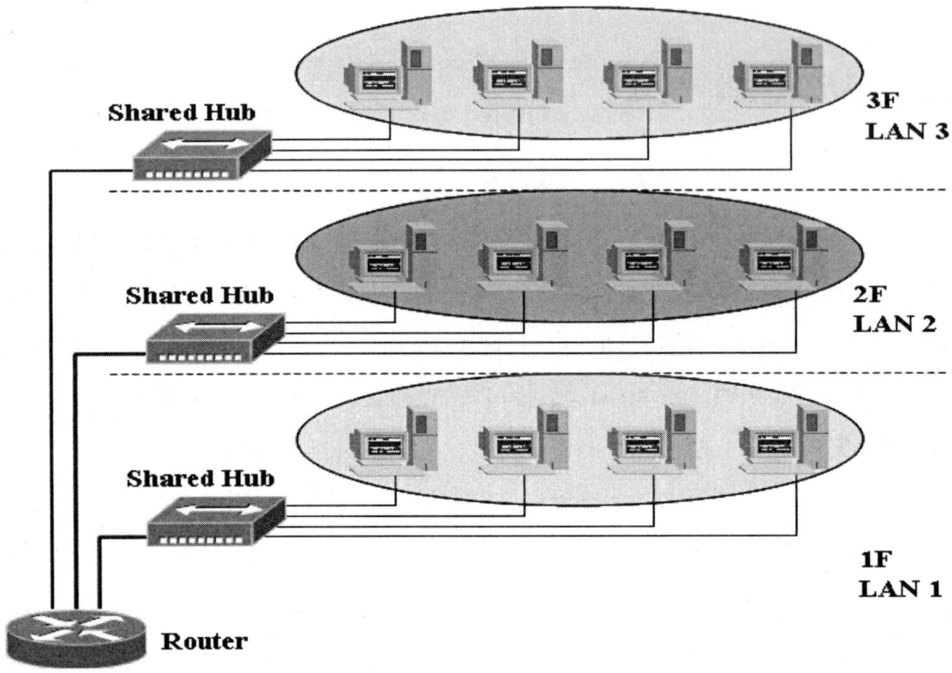

[그림 5-1] VLAN 적용 이전의 전통적인 Network Segmentation

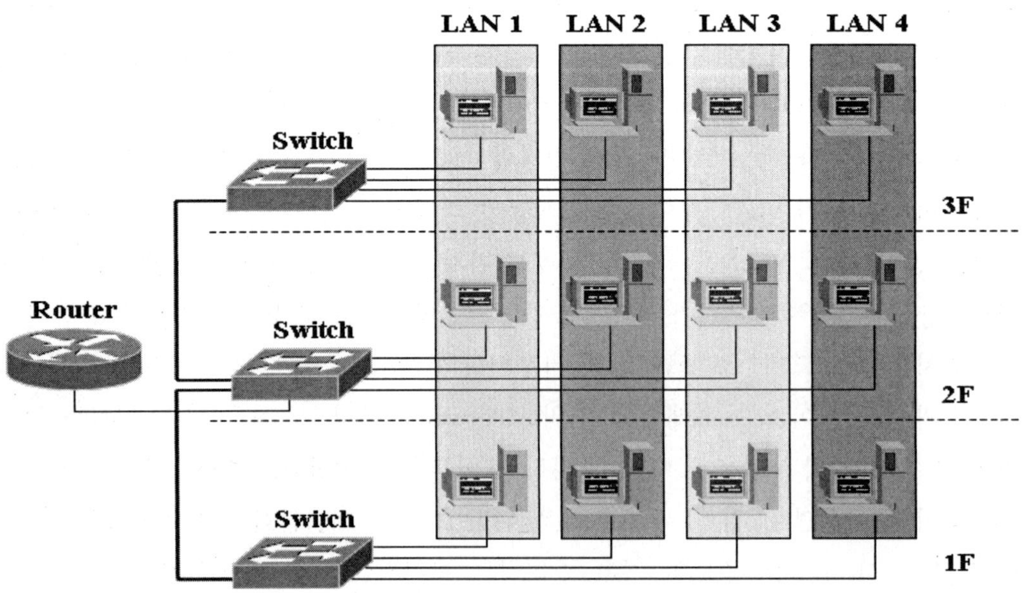

[그림 5-2] VLAN 적용 후 Network Segmentation

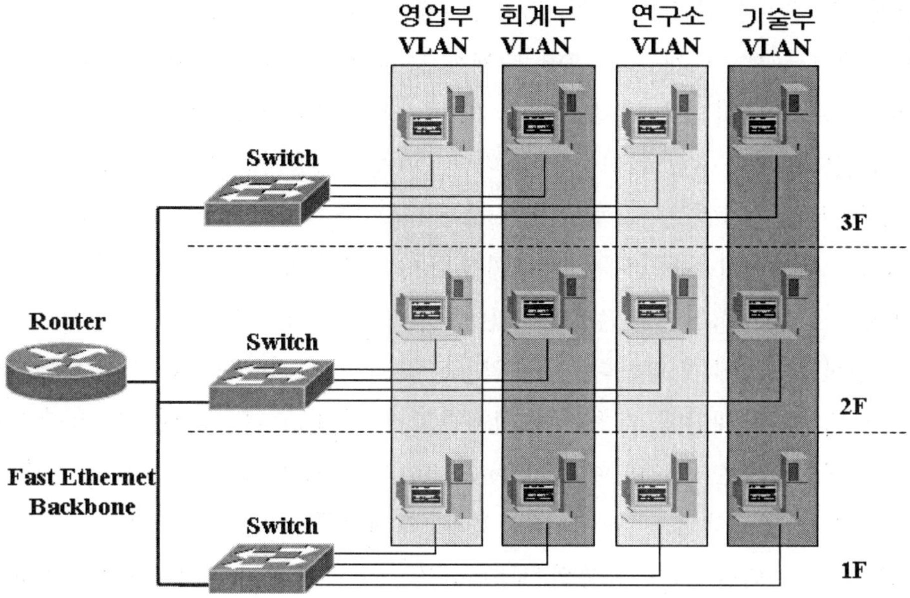

[그림 5-3] VLAN 적용 후 업무별 Network Segmentation

5.2 VLAN의 기능

VLAN의 주요 이득은 네트워크 관리자가 사용자나 장치의 물리적인 위치와 관계 없이 논리적으로 LAN을 구성하도록 허용한다는 것이다. 이에 따라 네트워크 관리자는 다음과 같은 일을 편리하게 수행할 수 있다.

① LAN상의 워크스테이션을 쉽게 이동
② LAN에 워크스테이션을 쉽게 추가
③ LAN의 구성을 쉽게 변동
④ 네트워크 트래픽을 쉽게 제어
⑤ 보안개선

스위치는 트래픽 필터링(Traffic Filtering)을 하므로 스위치 환경에서 워크스테이션은 데이터 송·수신 시 전체 대역폭을 모두 사용한다. 공유허브 시스템에서는 한 번에 한 스테이션만 전송이 가능하지만 스위치로 구성된 네트워크(Switched Network)에서는 브로드캐스트 영역 내에서 동시에 전송을 허용하기 때문이다.

각 VLAN들은 단일 3계층 네트워크 혹은 서브네트워크 주소를 가지며 VLAN 사이의 패킷은 라우터가 스위칭을 담당한다. VLAN 사용자들은 위치에 관계없이 부서나 업무기능에 기반하여 멤버십(Membership)을 가지며 VLAN의 모든 사용자는 내부(Local) 트래픽이 80%, 외부 트래픽이 20%의 트래픽 패턴(Pattern)을 가진다.

사용자는 2계층 스위칭의 성능을 최대화하고 트래픽을 Localize 시키기 위해 서버와 동일한 VLAN에 할당한다. 네트워크는 80%의 트래픽이 VLAN 내부에 포함되도록 트래픽 흐름 패턴에 기초하여 설계하고 나머지 20%의 트래픽은 라우터를 통과하여 엔터프라이즈 서버와 인터넷, WAN(Wide Area Network) 등으로 전달된다.

VLAN 멤버십은 캠퍼스 내에서 사용자 재배치 시 변경할 필요가 없으며 각 VLAN은 모든 멤버를 위한 공통의 보안요구를 가진다. 사용자의 재배치 때문에 각 스위치는 결국 모든 VLAN의 멤버가 될 것이다.

5.3 VLAN의 멤버십

스위치의 각 포트는 각각 다른 VLAN에 할당이 가능하고 동일한 VLAN에 할당된 포트는 브로드캐스트 영역(Broadcast Domain)을 공유하게 되며 VLAN 구성은 전체적인 네트워크 성능을 개선시킬 수 있다. VLAN의 멤버십(Membership)을 구성하는 방법은 정적인 멤버십 VLAN(Static Membership VLAN) 구성과 동적인 멤버십 VLAN(Dynamic Membership VLAN) 구성 두 가지가 있다.

5.3.1 정적인 멤버십 VLAN

정적인 멤버십 VLAN(Static Membership VLAN)은 포트 기반 혹은 포트 중심의 멤버십 VLAN(Port-based or Port-centric Membership VLAN)이라고도 하는데 장치가 연결된 포트의 VLAN 멤버십을 자동으로 취득하는 것이다.

동일한 공유 세그먼트에 접속된 사용자는 해당 세그먼트의 대역폭을 공유하게 되는데 VLAN이 적용된 네트워크는 공유 네트워크보다 많은 대역폭을 사용자에게 제공할 수 있다. 모든 포트를 위한 기본 VLAN(Default VLAN)을 관리 VLAN(Management VLAN)이라고 하며 관리 VLAN은 항상 VLAN 1이며 삭제되지 않는다.

포트 기반의 VLAN 멤버십에서 포트는 연결된 사용자나 시스템에 관계없이 특정 VLAN에 할당되며 동일 포트의 모든 사용자는 동일 VLAN에 속하게 된다. 개별 혹은 다수의 사용자가 포트에 접속할 수 있으며 이들은 VLAN의 존재 모르며 VLAN 세그멘테이션을 위한 테이블 검색이 필요 없어 관리가 용이하다.

5.3.2 동적인 멤버십 VLAN

동적인 멤버십 VLAN(Dynamic Membership VLAN)은 네트워크 관리 소프트웨어(Network Management Software)로 생성하며 NMS로는 시스코 제품의 경우 CiscoWorks 2000 혹은 CiscoWorks for Switch Internetworks가 있다.

동적인 멤버십 VLAN은 스위치 포트에 연결된 장치의 MAC 주소에 기반하여 구성하며 스위치는 VLAN 멤버십을 확인하기 위해 VLAN 구성 서버상의 데이터베이스(Database)를 조회한다.

5.4 VLAN의 유형

VLAN은 멤버십 할당을 결정하고 제어하는 방법에 따라 다음과 같은 3가지 유형이 있다.

① 포트 기반의 VLAN(Port-based VLAN)

② MAC 주소 기반의 VLAN(MAC Address Based VLAN)

③ 프로토콜 기반의 VLAN(Protocol-based VLAN)

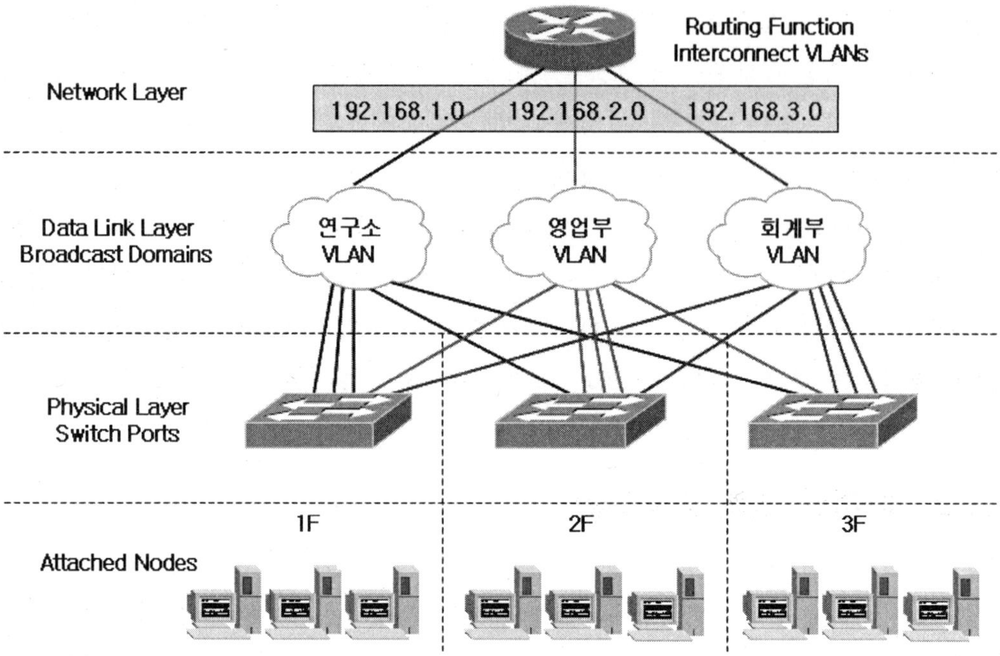

[그림 5-4] Port-Centric VLAN

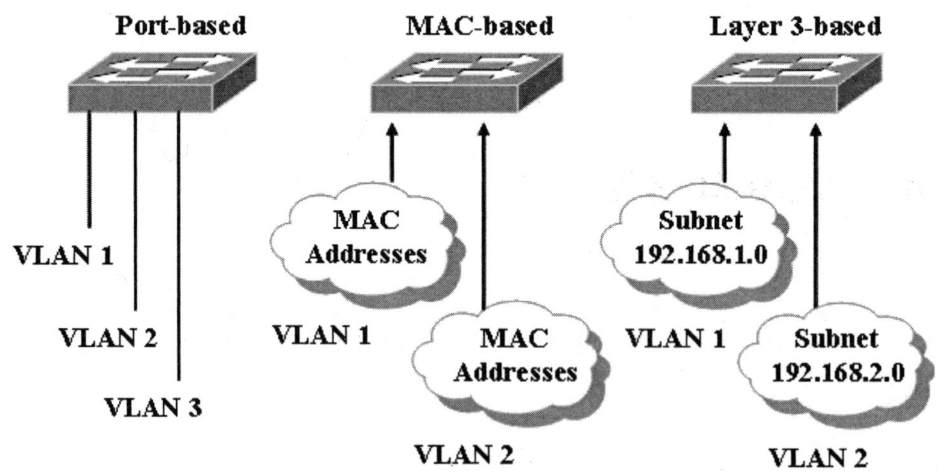

[그림 5-5] VLAN의 유형

그리고 스위치에서 VLAN의 수를 결정하는 요소는 다음과 같다.

① 트래픽 패턴(Traffic Pattern)
② 어플리케이션 유형(Application Type)
③ 네트워크 관리에 대한 요구(Network Management Needs)
④ 그룹의 공통성(Group Commonality)

IP의 주소체계 또한 VLAN의 수를 정의하는 또 다른 중요한 고려사항이다. 예를 들어 서브넷(Subnet)을 정의하기 위해 24비트 마스크를 사용하는 네트워크는 하나의 서브넷 상에 254개의 호스트 주소를 허용하기 때문에 그리고 VALN과 IP 서브넷 사이에는 1:1의 관계를 권장하므로 하나의 VLAN에 254개 이상의 장치는 있을 수 없다.

5.5 프레임 태깅

여러 VLAN 사이에 정보를 운반하기 위해 스위치는 스테이션으로부터 패킷을 수신하면 유일한 패킷 ID를 헤더(Header)에 추가하게 되는데 이것을 프레임 태깅(Frame Tagging)이라 한다.

헤더의 정보는 각 패킷의 VLAN 멤버십을 지시하고 패킷은 VLAN ID와 MAC 주소에 따라 적절한 스위치나 라우터로 전달되고 VLAN ID는 인접 스위치에 의해 제거되고 최종 목적지 장치로 전달된다.

프레임 태깅 방법에는 2가지가 있는데 ISL(Inter-Switch Link)과 IEEE 802.1Q가 그것이다.

ISL은 트래픽이 스위치와 라우터 사이를 흐르는 동안 VLAN 정보를 유지하는 시스코 고유의 프로토콜로서 시스코 스위치에서만 동작을 하며 현재는 IEEE 802.1Q가 표준 프레임 태깅의 표준으로 사용되고 있다. 시스코사의 Catalyst 2950 스위치는 ISL 트렁킹(Trunking)을 지원하지 않으며 IEEE 802.1Q가 기본(Default)이다.

5.6 VLAN의 구성

VLAN의 최대 수는 스위치 사양에 따라 좌우된다. Factory-default VLAN 중 하나는 VLAN 1이며 기본 이더넷(Default Ethernet) VLAN도 VLAN 1이다.

CDP(Cisco Discovery Protocol)와 VTP(VLAN Trunking Protocol) 광고는 VLAN 1 상으로 전송되며 스위치의 IP 주소는 기본적으로 VLAN 1의 브로드캐스트 영역 내에 있다. 스위치는 VLAN의 생성, 추가, 삭제하기 위하여 VTP 서버 모드(Server Mode)에 있어야 하며 스위치에서 VLAN의 생성은 매우 간단한 작업이다.

IOS 명령어 기반의 스위치를 사용할 경우 명령어 "vlan database"는 VLAN 구성 모드로 들어가기 위해 Privileged EXEC Mode에서 사용한다.

먼저 VLAN의 이름을 구성하고 삭제하기 위해 [그림 5-6]의 명령어를 사용해보자. 최근의 IOS에서는 VLAN을 구성하기 위해 VLAN Datebase 모드는 권하지 않으며 전역 구성 모드에서 바로 VLAN을 생성하는 방법을 권장하고 있다. [그림 5-7]은 전역 구성 모드에서 바로 VLAN을 생성하는 방법을 보여주고 있다. 생성된 VLAN은 "show vlan" 명령어로 확인한다.

명령어 형식	명령어 예	Description
Switch#vlan database Switch(vlan)#vlan *vlan_number* Switch(vlan)#exit	Switch#vlan database Switch(vlan)#vlan 100 Switch(vlan)#exit	100번 VLAN 생성
	Switch#vlan database Switch(vlan)#no vlan 100 Switch(vlan)#exit	100번 VLAN 삭제

[그림 5-6] VLAN 생성 및 삭제하기(1)

<table>
<tr><th>명령어 형식</th><th>명령어 예</th><th>Description</th></tr>
<tr><td rowspan="2">Switch(config)#vlan vlan_number
Switch(config-vlan)#exit</td><td>Switch(config)#vlan 100
Switch(config-vlan)#exit</td><td>100번 VLAN 생성</td></tr>
<tr><td>Switch(config)#no vlan 100
Switch(config)#</td><td>100번 VLAN 삭제</td></tr>
<tr><td rowspan="2">Switch(config)#vlan vlan_number
Switch(config-vlan)#name vlan_name
Switch(config-vlan)#exit</td><td>Switch(config)#vlan 100
Switch(config-vlan)#name Security
Switch(config-vlan)#exit</td><td>VLAN 이름 주기</td></tr>
<tr><td>Switch(config)#vlan 100
Switch(config-vlan)#no name Security
Switch(config-vlan)#exit</td><td>VLAN 이름 지우기</td></tr>
</table>

[그림 5-7] VLAN 생성 및 삭제하기(2)

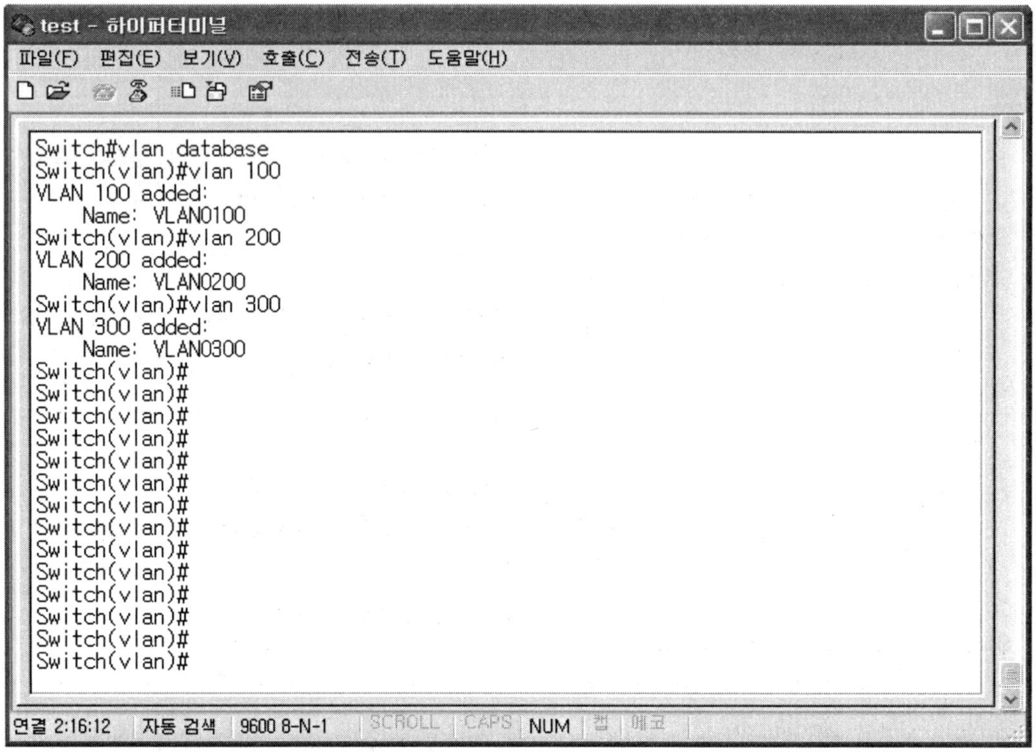

[그림 5-8] VLAN Database 모드로 VLAN 생성하기

① 관리자 모드에서 VLAN Database 모드로 설정

② VLAN 100, 200, 300 생성

③ VLAN 이름은 별도로 설정하지 않았기 때문에 자동으로 VLAN0100, VLAN0200, VLAN0300 생성됨

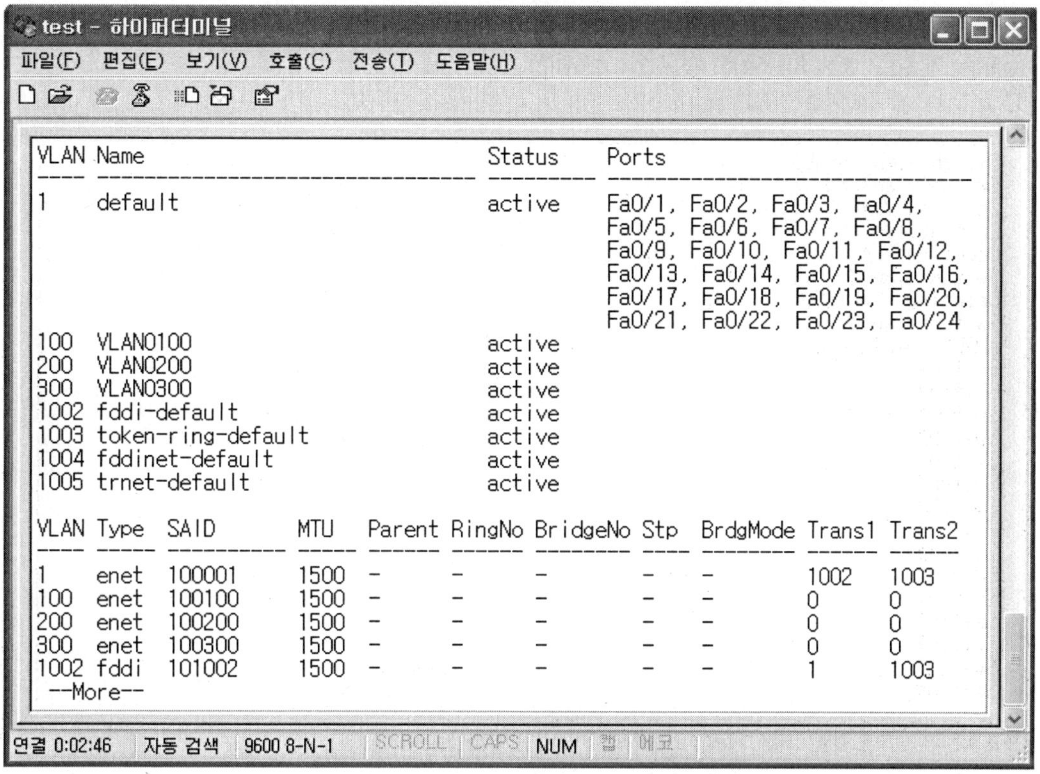

[그림 5-9] 생성된 VLAN 확인하기

① VLAN은 번호(ID)로 구분하며, 사용 가능한 VLAN 번호는 1~4094 (사용 가능한 VLAN의 수는 스위치 모델에 따라 다름)

② 1002~1005는 토큰링과 FDDI 용으로 사용

③ Factory Out(공장출하) 상태에서는 모든 포트가 Default VLAN인 VLAN 1에 할당

④ SAID(Security Association Identifier)는 사용자가 구성 가능한 4바이트 VLAN 식별자로 특정 VLAN에 속하는 트래픽을 식별하는 인자

⑤ MTU(Maximum Transmission Unit)는 최대 전송단위를 나타내며 여기서는 1500바이트

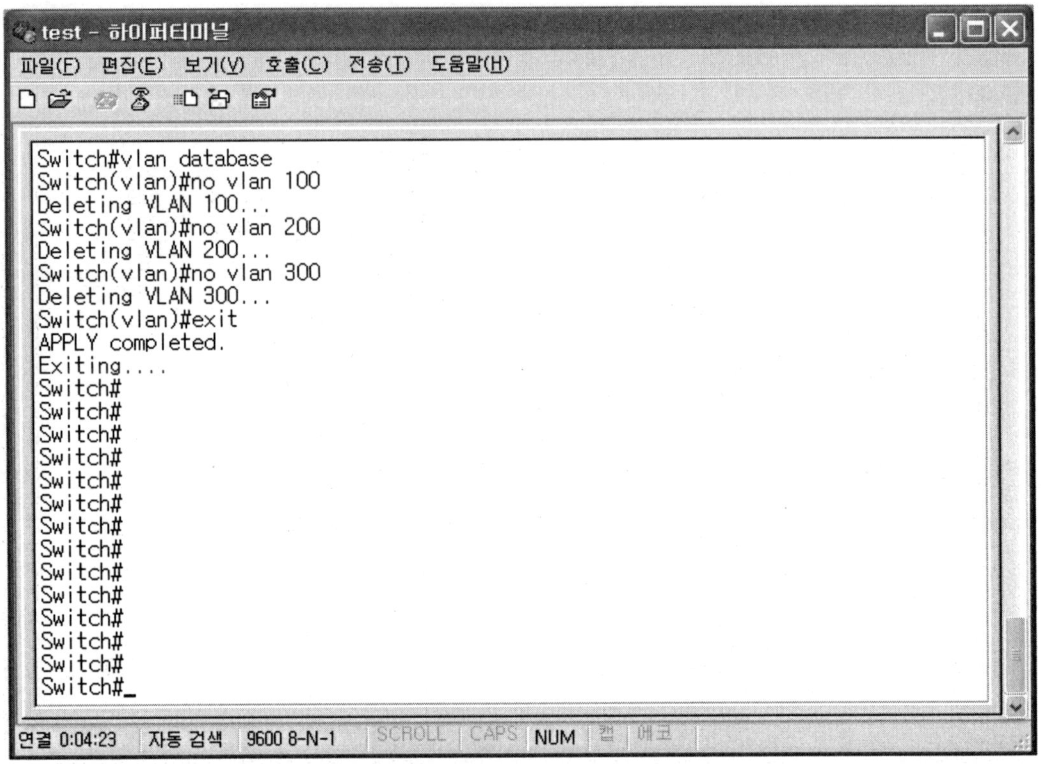

[그림 5-10] VLAN 삭제하기

① "*no vlan vlan_id*" 명령어로 VLAN 100, 200, 300을 차례로 삭제

② 시스코 IOS CLI에서 명령을 취소하고 싶을 때 대부분 명령어 앞에 "no"를 추가하여 취소하면 된다.

IOS Command Line Interface

```
Switch#
Switch#
Switch#vlan database
% Warning: It is recommended to configure VLAN from config mode,
  as VLAN database mode is being deprecated. Please consult user
  documentation for configuring VTP/VLAN in config mode.

Switch(vlan)#
Switch(vlan)#
Switch(vlan)#
Switch(vlan)#
Switch(vlan)#
Switch(vlan)#
Switch(vlan)#
Switch(vlan)#
Switch(vlan)#
Switch(vlan)#
Switch(vlan)#
Switch(vlan)#
Switch(vlan)#
Switch(vlan)#
Switch(vlan)#
Switch(vlan)#
Switch(vlan)#
```

[그림 5-11] VLAN Database 모드

IOS Command Line Interface

```
Switch(config)#
Switch(config)#vlan 100
Switch(config-vlan)#
Switch(config-vlan)#
Switch(config-vlan)#
Switch(config-vlan)#
Switch(config-vlan)#
Switch(config-vlan)#
Switch(config-vlan)#
Switch(config-vlan)#
Switch(config-vlan)#
Switch(config-vlan)#
Switch(config-vlan)#
Switch(config-vlan)#
Switch(config-vlan)#
Switch(config-vlan)#
Switch(config-vlan)#
Switch(config-vlan)#
Switch(config-vlan)#
Switch(config-vlan)#
Switch(config-vlan)#
Switch(config-vlan)#
Switch(config-vlan)#
Switch(config-vlan)#
```

[그림 5-12] Glabal Configuration Mode에서 VLAN 생성

IOS Command Line Interface

```
Switch(config)#
Switch(config)#vlan 100
Switch(config-vlan)#name security
Switch(config-vlan)#^Z
Switch#
%SYS-5-CONFIG_I: Configured from console by console

Switch#show vlan

VLAN Name                             Status    Ports
---- -------------------------------- --------- -------------------------------
1    default                          active    Fa0/1, Fa0/2, Fa0/3, Fa0/4
                                                Fa0/5, Fa0/6, Fa0/7, Fa0/8
                                                Fa0/9, Fa0/10, Fa0/11, Fa0/12
                                                Fa0/13, Fa0/14, Fa0/15, Fa0/16
                                                Fa0/17, Fa0/18, Fa0/19, Fa0/20
                                                Fa0/21, Fa0/22, Fa0/23, Fa0/24
                                                Gig1/1, Gig1/2
100  security                         active
1002 fddi-default                     act/unsup
1003 token-ring-default               act/unsup
1004 fddinet-default                  act/unsup
1005 trnet-default                    act/unsup

VLAN Type  SAID       MTU   Parent RingNo BridgeNo Stp  BrdgMode Trans1 Trans2
---- ----- ---------- ----- ------ ------ -------- ---- -------- ------ ------
1    enet  100001     1500  -      -      -        -    -        0      0
100  enet  100100     1500  -      -      -        -    -        0      0
1002 fddi  101002     1500  -      -      -        -    -        0      0
1003 tr    101003     1500  -      -      -        -    -        0      0
1004 fdnet 101004     1500  -      -      -        ieee -        0      0
1005 trnet 101005     1500  -      -      -        ibm  -        0      0
```

[그림 5-13] VLAN 이름부여 및 확인

① 전역 구성 모드에서 해당 VLAN으로 들어간 후 "name" 명령어로 이름 부여

② VLAN 100에 "Security"라는 이름을 부여

"*exit*"로 빠져 나오면 VLAN은 스위치에 바로 적용되며 생성된 VLAN은 스위치 포트에 Mapping 되기까지 사용되지 않는다. VLAN 삭제 시 해당 VLAN에 할당된 모든 포트는 비활성화 상태가 되고 해당 포트들은 새로운 VLAN에 할당되기까지 삭제된 VLAN과의 관계를 유지한다. 모든 이더넷 포트는 기본적으로 VLAN 1에 할당되어 있다. VLAN에 하나 이상의 인터페이스를 할당하기 위해서는 [그림 5-14]의 명령어를 써보자. [그림 5-14]의 명령어는 스위치의 9번 포트를 Access 모드로 설정하고 VLAN 100에 할당하는 명령어이다.

명령어 형식	Switch(config)#interface fastethernet *port_no* Switch(config–if)#switchport mode access Switch(config–if)#switchport access vlan *vlan_number* Switch(config–if)#exit
명령어 예	Switch(config)#interface fastethernet 0/9 Switch(config–if)#switchport mode access Switch(config–if)#switchport access vlan 100 Switch(config–if)#exit

[그림 5–14] 포트를 VLAN에 할당하기 위한 명령어

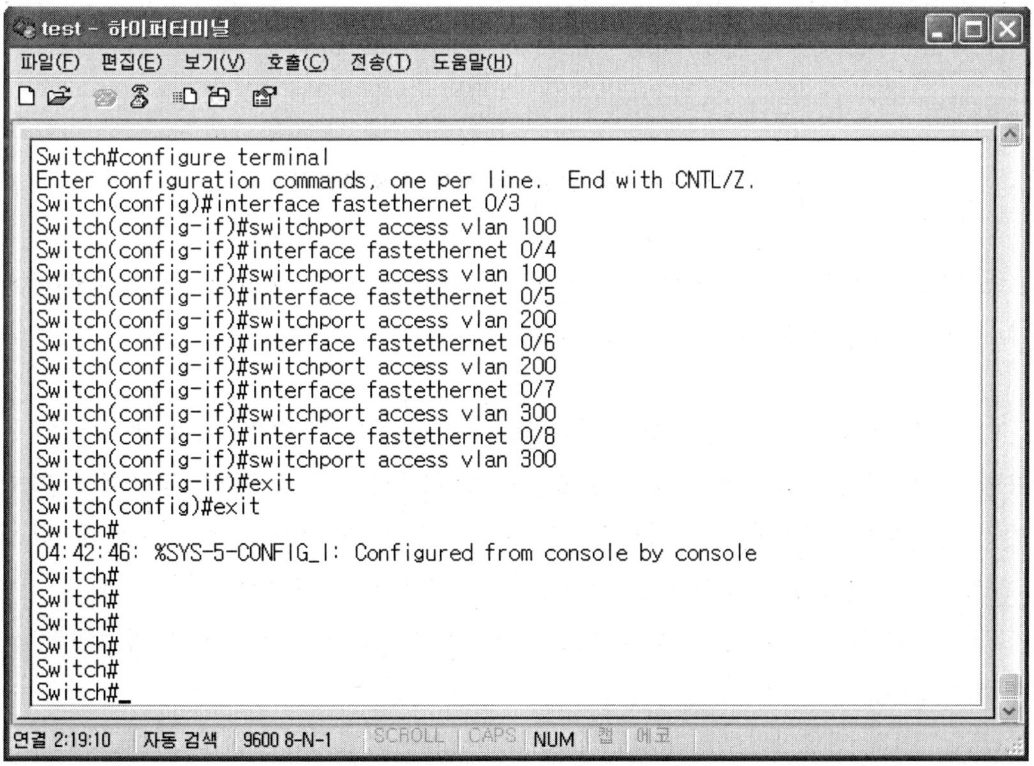

[그림 5–15] 포트를 VLAN에 할당하기

```
VLAN Name                             Status    Ports
---- -------------------------------- --------- -------------------------------
1    default                          active    Fa0/1, Fa0/2, Fa0/9, Fa0/10,
                                                Fa0/11, Fa0/12, Fa0/13, Fa0/14,
                                                Fa0/15, Fa0/16, Fa0/17, Fa0/18,
                                                Fa0/19, Fa0/20, Fa0/21, Fa0/22,
                                                Fa0/23, Fa0/24
100  VLAN0100                         active    Fa0/3, Fa0/4
200  VLAN0200                         active    Fa0/5, Fa0/6
300  VLAN0300                         active    Fa0/7, Fa0/8
1002 fddi-default                     active
1003 token-ring-default               active
1004 fddinet-default                  active
1005 trnet-default                    active

VLAN Type  SAID       MTU   Parent RingNo BridgeNo Stp  BrdgMode Trans1 Trans2
---- ----- ---------- ----- ------ ------ -------- ---- -------- ------ ------
1    enet  100001     1500  -      -      -        -    -        1002   1003
100  enet  100100     1500  -      -      -        -    -        0      0
200  enet  100200     1500  -      -      -        -    -        0      0
300  enet  100300     1500  -      -      -        -    -        0      0
1002 fddi  101002     1500  -      -      -        -    -        1      1003
1003 tr    101003     1500  1005   0      -        -    srb      1      1002
 --More--
```

[그림 5-16] VLAN에 할당된 포트보기

① VLAN 100에 스위치 포트 3, 4번, VLAN 200에 스위치 포트 5, 6번, VLAN 300에 스위치 포트 7, 8번을 할당

VLAN에 하나 이상의 인터페이스를 할당하기 위해서 [그림 5-14]의 명령어를 사용할 경우 각각의 포트마다 선언을 해주어야 하는데 포트가 많은 경우에는 아주 번거로운 일의 반복이 이루어진다. 이 경우 한꺼번에 여러 개의 포트를 같은 VLAN에 할당하도록 선언해줄 수 있는데 이때 사용하는 명령어는 다음과 같다.

[그림 5-17]에서는 5개의 포트를 한번에 VLAN 100에 할당을 해주는 명령어를 보여주고 있다.

[그림 5-17] 명령어의 예는 스위치 포트 1번에서 5번까지 5개의 포트를 한번에 VLAN 100에 할당하는 명령어를 보여주고 있다.

명령어 형식	Switch(config)#interface range fastethernet *port_no* – fastethernet *port_no* Switch(config–if–range)#switchport mode access Switch(config–if–range)#switchport access vlan *vlan_number* Switch(config–if–range)#exit
명령어 예	Switch(config)#interface range fastethernet 0/1 – fastethernet 0/5 Switch(config–if–range)#switchport mode access Switch(config–if–range)#switchport access vlan 100 Switch(config–if–range)#exit

[그림 5-17] 여러 개의 포트를 한번에 VLAN에 할당하기 위한 명령어

IOS Command Line Interface

```
Switch(config)#
Switch(config)#
Switch(config)#vlan 100
Switch(config-vlan)#name Security
Switch(config-vlan)#exit
Switch(config)#vlan 200
Switch(config-vlan)#name Chungkang
Switch(config-vlan)#exit
Switch(config)#interface range fastethernet 0/1 - fastethernet 0/5
Switch(config-if-range)#switchport mode access
Switch(config-if-range)#switchport access vlan 100
Switch(config-if-range)#exit
Switch(config)#interface range fastethernet 0/6 - fastethernet 0/10
Switch(config-if-range)#switchport mode access
Switch(config-if-range)#switchport access vlan 200
Switch(config-if-range)#exit
Switch(config)#
Switch(config)#
Switch(config)#
Switch(config)#
Switch(config)#
Switch(config)#
Switch(config)#
Switch(config)#
```

[그림 5-18] 여러 개의 포트를 한번에 VLAN에 할당하기

IOS Command Line Interface

```
Switch#
Switch#sh vlan

VLAN Name                             Status    Ports
---- -------------------------------- --------- -------------------------------
1    default                          active    Fa0/11, Fa0/12, Fa0/13, Fa0/14
                                                Fa0/15, Fa0/16, Fa0/17, Fa0/18
                                                Fa0/19, Fa0/20, Fa0/21, Fa0/22
                                                Fa0/23, Fa0/24
100  Security                         active    Fa0/1, Fa0/2, Fa0/3, Fa0/4
                                                Fa0/5
200  Chungkang                        active    Fa0/6, Fa0/7, Fa0/8, Fa0/9
                                                Fa0/10
1002 fddi-default                     act/unsup
1003 token-ring-default               act/unsup
1004 fddinet-default                  act/unsup
1005 trnet-default                    act/unsup

VLAN Type  SAID       MTU   Parent RingNo BridgeNo Stp  BrdgMode Trans1 Trans2
---- ----- ---------- ----- ------ ------ -------- ---- -------- ------ ------
1    enet  100001     1500  -      -      -        -    -        0      0
100  enet  100100     1500  -      -      -        -    -        0      0
200  enet  100200     1500  -      -      -        -    -        0      0
1002 fddi  101002     1500  -      -      -        -    -        0      0
1003 tr    101003     1500  -      -      -        -    -        0      0
1004 fdnet 101004     1500  -      -      -        ieee -        0      0
1005 trnet 101005     1500  -      -      -        ibm  -        0      0

Remote SPAN VLANs
------------------------------------------------------------------------------


Primary Secondary Type              Ports
------- --------- ----------------- ------------------------------------------
Switch#
Switch#
Switch#
Switch#
```

[그림 5-19] VLAN에 할당된 포트 확인하기

① 스위치 포트 1번에서 5번까지 5개의 포트를 "Security"라는 이름을 가진 VLAN 100에 할당

② 스위치 포트 6번에서 10번까지 5개의 포트를 "Chungkang"라는 이름을 가진 VLAN 200에 할당

VLAN 구성을 확인하기 위해 사용 가능한 명령어는 다음과 같다.

```
Switch#show vlan
Switch#show vlan brief
Switch#show vlan id id_number
```

[그림 5-20] VLAN 확인 명령어

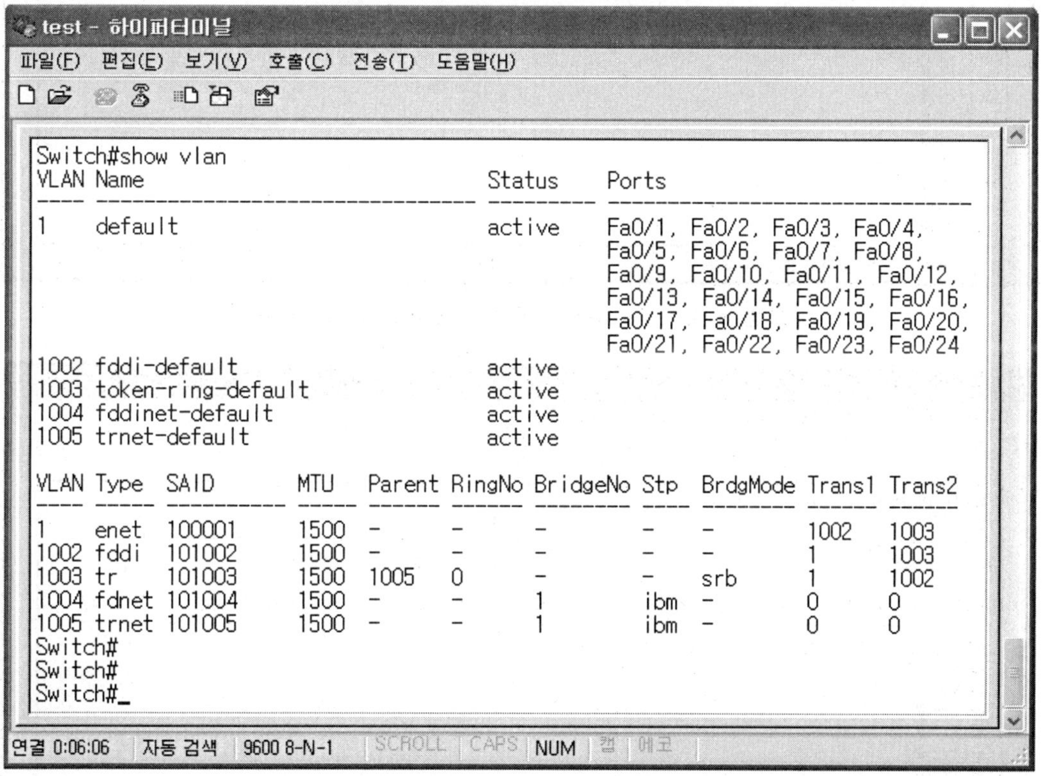

```
Switch#show vlan
VLAN Name                             Status    Ports
---- -------------------------------- --------- -------------------------------
1    default                          active    Fa0/1, Fa0/2, Fa0/3, Fa0/4,
                                                Fa0/5, Fa0/6, Fa0/7, Fa0/8,
                                                Fa0/9, Fa0/10, Fa0/11, Fa0/12,
                                                Fa0/13, Fa0/14, Fa0/15, Fa0/16,
                                                Fa0/17, Fa0/18, Fa0/19, Fa0/20,
                                                Fa0/21, Fa0/22, Fa0/23, Fa0/24
1002 fddi-default                     active
1003 token-ring-default               active
1004 fddinet-default                  active
1005 trnet-default                    active

VLAN Type  SAID       MTU   Parent RingNo BridgeNo Stp  BrdgMode Trans1 Trans2
---- ----- ---------- ----- ------ ------ -------- ---- -------- ------ ------
1    enet  100001     1500  -      -      -        -    -        1002   1003
1002 fddi  101002     1500  -      -      -        -    -        1      1003
1003 tr    101003     1500  1005   0      -        -    srb      1      1002
1004 fdnet 101004     1500  -      -      1        ibm  -        0      0
1005 trnet 101005     1500  -      -      1        ibm  -        0      0
Switch#
Switch#
Switch#_
```

[그림 5-21] VLAN 확인하기(show vlan)

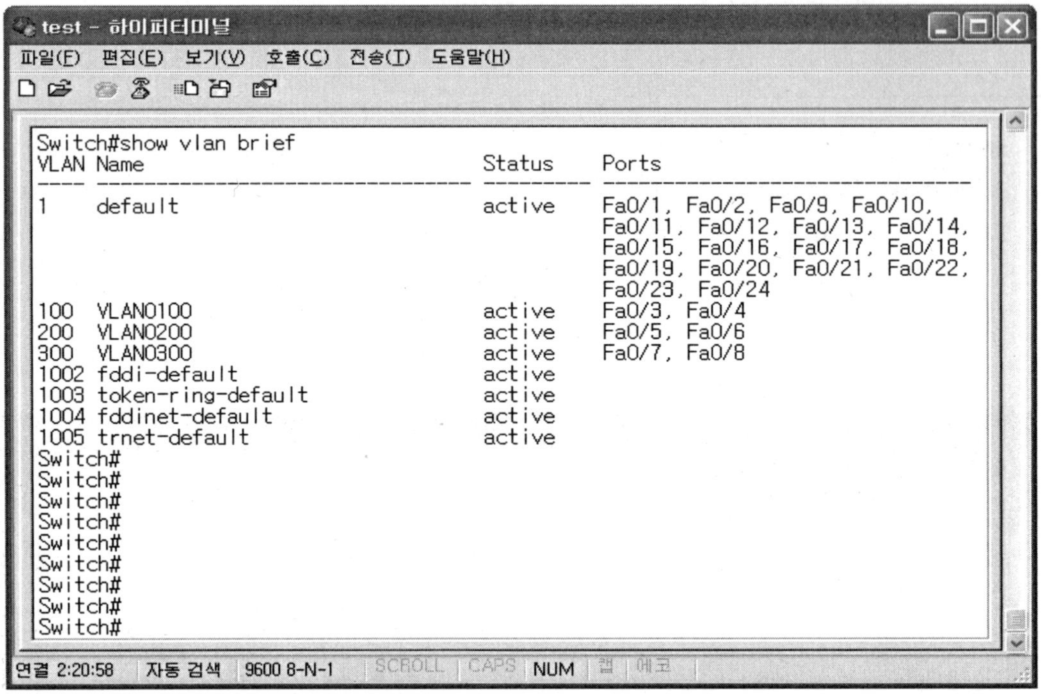

[그림 5-22] VLAN 확인하기(show vlan brief)

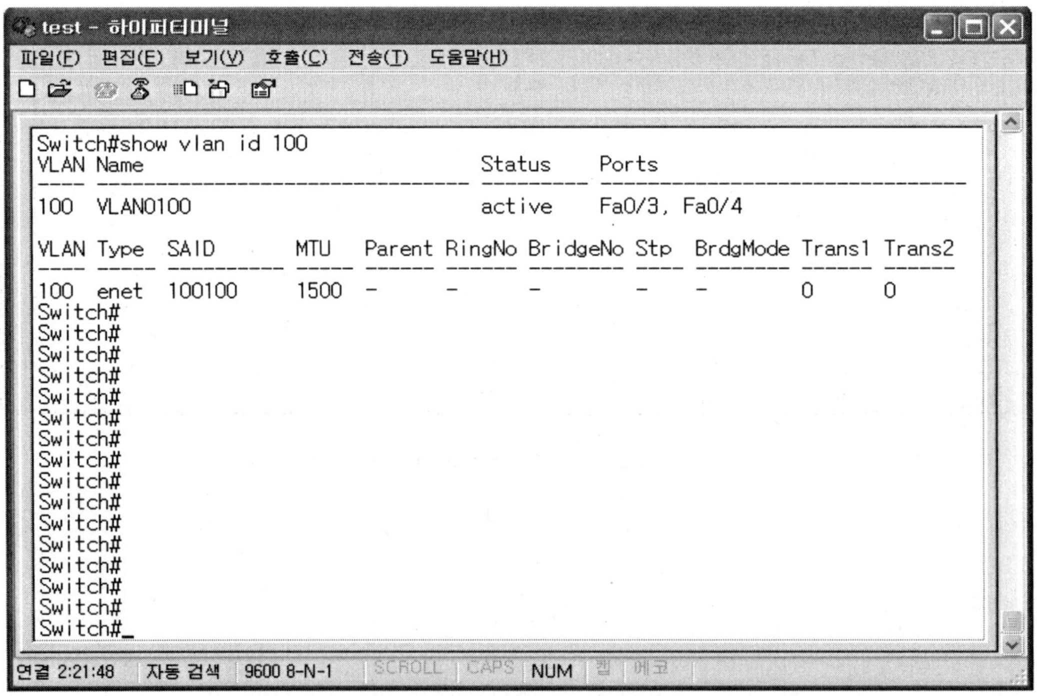

[그림 5-23] VLAN 확인하기(show vlan id id_number)

VLAN 구성 사본을 텍스트 파일(Text File)로 보관하면 구성 사본의 손상 시 Backup으로 활용할 수 있으며 신입직원의 교육용으로도 활용이 가능하다. 스위치 구성은 TFTP Server로 Backup을 받을 수 있으며 하이퍼터미널(Hyper Terminal)의 Text Capture 기능을 사용하여 Configuration Setting을 Capture할 수도 있다.

명령어	Description
Switch#copy running-config startup-config	현재 사용 중인 구성(Running Configuration)을 스위치 부팅 시 불러올 수 있는 구성(Startup Configuration)으로 저장
Switch#copy running-config tftp	현재 사용 중인 구성(Running Configuration)을 TFTP 서버로 Back Up 저장
Switch#show running-config	현재 사용 중인 구성(Running Configuration)을 Display
Switch#show vlan	VLAN 구성 Display

[그림 5-24] 설정 저장/백업 및 확인

5.7 VLAN의 트러블 슈팅

VLAN은 관리자에게 네트워크 설계 및 구축 시 유연성을 제공하고, 브로드캐스트(Broadcast) 억제, 보안, 지리적으로 다른 공동체 형성이 가능하다. 기본적인 LAN 스위칭과 마찬가지로 VLAN 구축 시에도 문제가 발생할 수 있는데 VLAN에서 발생할 수 있는 일반적인 문제와 문제 해결을 위한 몇 가지 툴(Tool) 및 테크닉을 제공할 것이다.

목적은 ① VLAN 트러블 슈팅(Trouble Shooting)에 체계적인 접근을 하는 것, ② Switched 네트워크에서 일반적인 트러블 슈팅단계를 제시하고, ③ 스패닝트리(Spanning-tree) 문제가 브로드캐스트 스톰(Broadcast Storm)의 원인이 되는 이유, ④ VLAN 문제해결을 위한 "show" 및 "debug" 명령어 사용 등이다.

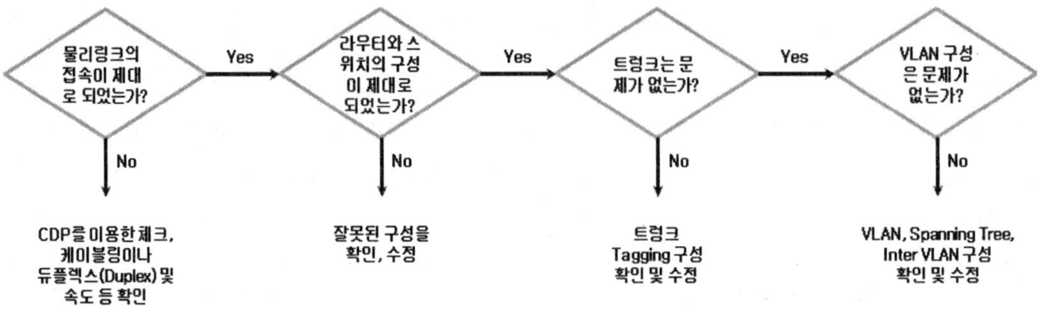

[그림 5-25] VLAN 트러블 슈팅 흐름도

5.7.1 VLAN 트러블 슈팅 프로세스

Switched 네트워크에서 문제를 차단시키는 데 도움을 줄 수 있는 5개의 단계는 다음과 같다.

① LED 상태와 같은 물리적인 징후 체크
② 단일 스위치의 단일 구성을 가지고 시작
③ 1계층 링크 체크
④ 2계층 링크 체크
⑤ 다중 스위치가 연결된 VLAN 트러블 슈팅

트러블 슈팅 시에는 문제가 재발한 것인지 우선 체크하여야 한다. 재발하는 문제의 일부는 워크스테이션 포트가 구성(Configuration), 트렁킹(Trunking) 혹은 서버 자원에 접근하는 용량(Capacity)보다 빠름으로 인해 서비스에 대한 요구의 증가가 원인이 되어 네트워크 용량보다 더 많은 트래픽(Traffic)이 발생함으로 인해 문제가 발생하는 경우가 있다.

많은 캠퍼스 LAN들은 예기치 못한 네트워크 트래픽 유형에 직면할 수 있는데 중앙 집중화가 덜 된 서버의 위치 때문에 발생하는 인트라넷 트래픽의 조합이나 멀티캐스트 어플리케이션(Multicast Application) 사용의 증가가 원인이 될 수 있다. 또한 네트워크 트래픽의 단지 20%만이 백본(Backbone)을 건너다닌다는 과거의 80/20 법칙(Rule)은 쓸모가 없어졌다.

내부의 웹 브라우징(Web Browsing)도 이제는 기업체 인트라넷상의 위치에 관계없이 정보의 접근이 가능하고 트래픽의 유형도 물리적인 워크그룹(Workgroup)의 구성이 아니라 서버의 위치에 의해 결정된다.

네트워크에 병목증상이 나타날 경우 초과 오버플로우(Excessive Overflow), 프레임 드롭(Frame Drop), 재전송(Retransmission) 등의 현상이 발생하며 단일 트렁크를 너무 많은 포트가 공유하는 경우나 전체 자원에 대한 너무 많은 요구, 인트라넷 서버에 너무 많은 접근 등이 원인이 될 수 있다.

병목증상은 대부분의 트래픽이 백본을 통과하는 경우에도 발생하며 Any-to-any Access가 빈번하거나 웹 기반의 자원(Web-based Resource), 멀티미디어 어플리케이션의 사용으로도 발생할 수 있으므로 수요에 맞게 네트워크 자원의 증가가 필요할 것이다.

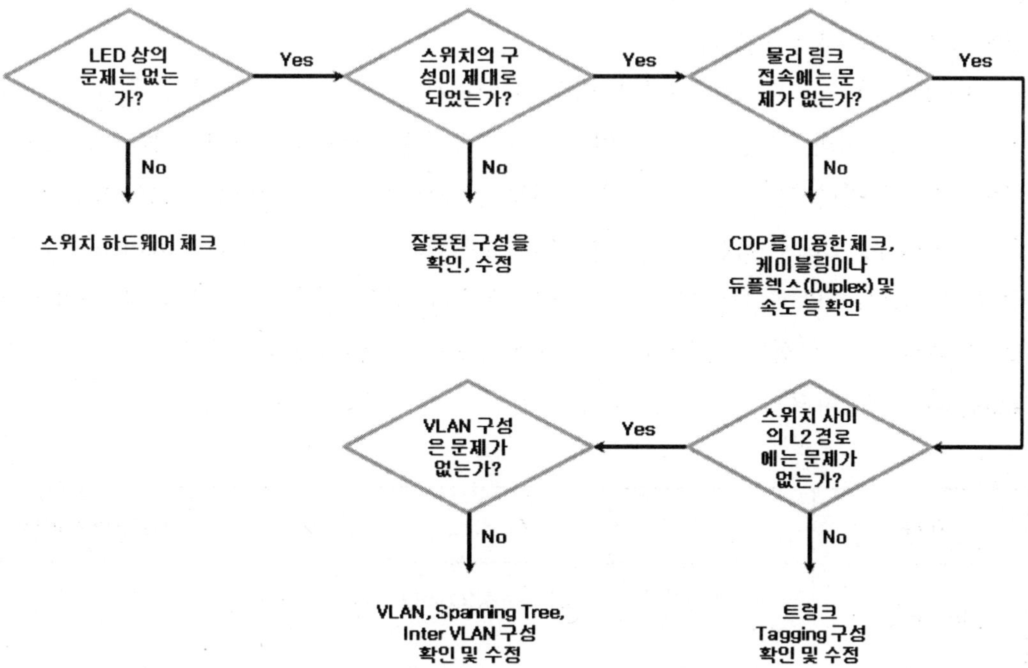

[그림 5-26] VLAN 트러블 슈팅 과정

5.7.2 브로드캐스트 스톰 방지

브로드캐스트 스톰(Broadcast Storm)은 엄청나게 많은 수의 브로드캐스트 패킷이 하나의 포트로 수신될 때 발생하며 네트워크의 Slow Down 혹은 Time Out을 유발하는 원인이 된다. 스톰 제어는 전체적인 스위치를 위해 구성되었지만 개별 포트 단위로 동작하며 제어의 기본은 포트를 Disable시키는 것이다.

초과 브로드캐스트, 멀티캐스트, 유니캐스트 MAC 트래픽을 버리는 상·하 임계값을 설정함으로써 브로드캐스트 스톰을 방지할 수 있다. 스위치의 임계값을 넘어가는 구성은 포트를 Shut Down 시키도록 구성한다.

다음 장에서 다룰 STP(Spanning Tree Protocol) 문제는 브로드캐스트, 루프(Loop), Drop된 BPDU(Bridge Protocol Data Unit)와 패킷도 포함한다. STP의 기능은 루트 브리지(Root Bridge)를 지정함으로써 네트워크 내에서 논리적인 루프가 발생하지 않도록 하는 것이다.

루트 브리지는 프로토콜 동작 방법을 제어하는 스패닝 트리 구성의 중심점이 되며 루트 브리지의 위치는 효과적인 트러블 슈팅을 위해 필요하다. 라우터와 스위치의 "show" 명령어는 루트 브리지의 정보를 보여주며 루트 브리지 타이머의 구성은 Forwarding Delay 혹은 STP 정보의 최대시간을 위한 파라미터(Parameter)를 설정할 수 있다. BPDU 트래픽을 감소시킬 필요가 있을 경우 루트 브리지의 타이머를 최대값으로 설정하면 된다. Forward Delay Parameter의 최대값은 30초이며 "max_age" 파라미터의 최대값은 40초이다.

Timer	정 의	기본(Default)값
Hello Time	루트 브리지가 전송하는 구성(Configuration) BPDU 사이의 시간	2초
Forward Delay	Listening과 Learning 상태의 기간	15초
Max_Age	BPDU를 저장하는 시간	20초

[그림 5-27] 타이머 파라미터 값

IOS Command Line Interface

```
Security#
Security#show spanning-tree
VLAN0001
  Spanning tree enabled protocol ieee
  Root ID    Priority    32769
             Address     0000.0C7C.2248
             This bridge is the root
             Hello Time  2 sec  Max Age 20 sec  Forward Delay 15 sec

  Bridge ID  Priority    32769  (priority 32768 sys-id-ext 1)
             Address     0000.0C7C.2248
             Hello Time  2 sec  Max Age 20 sec  Forward Delay 15 sec
             Aging Time  20

Interface        Role Sts Cost      Prio.Nbr Type
---------------- ---- --- --------- -------- --------------------------------
Fa0/2            Desg FWD 19        128.2    P2p
Fa0/1            Desg FWD 19        128.1    P2p
Fa0/3            Desg FWD 19        128.3    P2p

Security#
Security#
Security#
Security#
```

[그림 5-28] "show spanning-tree" Output

라우터나 스위치의 물리 포트는 트렁크일 경우 하나 이상의 스패닝 트리의 일부가 되며 STP는 시스코 카탈리스트(Catalyst) 스위치의 중요한 2계층 프로토콜이다. STP는 논리 루프를 예방함으로써 브로드캐스트 스톰 없이 2계층의 중복(Redundancy) 구성을 허용한다.

Chapter 6

STP(Spanning Tree Protocol)

6.1 중 복

많은 회사와 조직들은 점점 컴퓨터 네트워크에 대한 의존도가 높아지고 있다. 파일서버, 데이터베이스, 인터넷, 인트라넷(Intranet), 익스트라넷(Extranet)에 대한 접근은 성공적인 비즈니스를 위한 필수사항이 되었다.

네트워크가 다운될 경우 기업의 생산성을 떨어트리고 고객의 만족도는 감소하게 되기 때문에 기업들은 점점 연속적인 네트워크의 가용률을 요구하게 된다. 100%의 가용률을 유지하기는 불가능하지만 많은 조직들은 100%에 가까운 가용률을 달성하기 위해 노력하고 있다.

네트워크의 신뢰도는 신뢰할 수 있는 장비와 장애를 허용할 수 있는 네트워크의 설계를 통해서 달성할 수 있다. 네트워크는 빠른 재수렴으로 장애를 우회할 수 있도록 설계되어야 한다. 중복 토폴로지(Redundant Topology)는 장애의 단일 포인트(Single Point)에 의해 발생할 수 있는 네트워크의 중단사태를 제거할 수 있다.

모든 네트워크는 신뢰도를 향상시키기 위해 중복(Redundancy)이 필요하며 도로망은 중복 토폴로지의 일반적인 훌륭한 예가 될 수 있다. 하나의 도로가 보수를 위해 폐쇄될 경우나 상습적인 정체구역으로 통행에 치명적인 불편을 초래할 뿐 아니라 그 지역 주민의 생활에 불편을 가중시킬 경우 목적지까지 우회경로가 필요하다. 중복경로와 장비를 갖춘 네트워크는 더 많은 가동시간을 허용하게 되는데 그것은 중복 토폴로지는 장애의 싱글 포인트를 제거하기 때문이다. 경로나 장비의 장애 시 중복경로나 장비는 장애경로나 장치의 역할을 대신할 수 있다.

[그림 6-1]에서 스위치 A의 장애 시 트래픽은 스위치 B를 통하여 여전히 세그먼트 2에서 세그먼트 1로 전달된다.

스위치는 포트에 연결된 장치의 MAC 주소를 학습하여 적절하게 목적지까지 데이터를 전달하게 되는데 장치의 MAC 주소를 학습할 때까지 모르는 목적지에 대해서는 프레임을 브로드캐스트 한다. 중복 스위치 토폴로지(Redundant Switched Topology)는 브로드캐스트 스톰(Broadcast Storm), 다중 프레임 Copies 및 MAC 주소테이블의 불안정 문제 등을 유발할 수 있다.

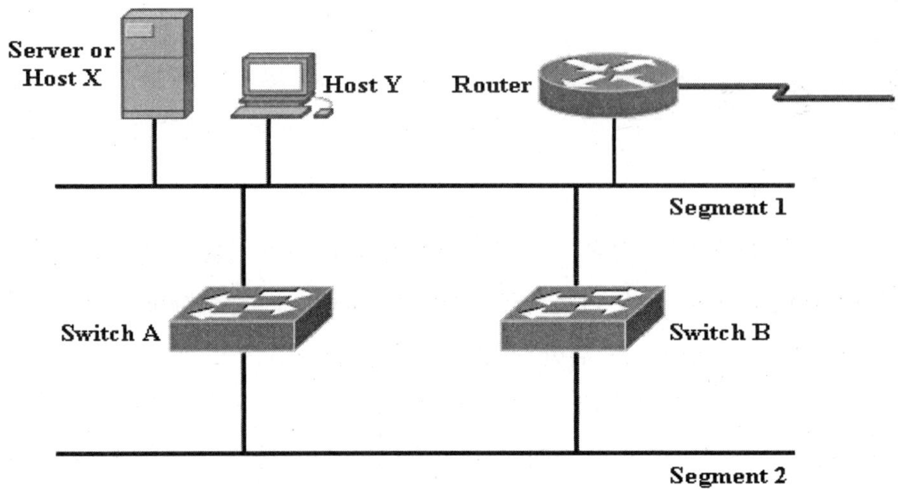

[그림 6-1] Redundant Switched Topology

6.2 중복 스위치 토폴로지의 문제점

6.2.1 브로드캐스트 스톰

브로드캐스트와 멀티캐스트는 스위치 네트워크에서 문제를 유발할 가능성이 있으며 멀티캐스트는 스위치에 의해 브로드캐스트로 간주된다. 브로드캐스트 프레임과 멀티캐스트 프레임은 그것을 수신한 포트를 제외한 모든 포트로 플루드(Flood) 한다.

[그림 6-2]에서 호스트 X가 라우터의 2계층 주소를 요청하는 ARP Request와 같은 브로드캐스트를 발송할 경우 스위치 A는 모든 포트로 전송하고 동일한 세그먼트 상에 있는 스위치 B 또한 모든 브로드캐스트를 전송한다. 그리고 스위치 B는 스위치 A가 전송한 모든 브로드캐스트를 수신하고 스위치 A는 스위치 B가 전송한 모든 브로드캐스트를 수신하게 된다. 결국 스위치 A는 스위치 B로부터 수신된 브로드캐스트를 전송하고 스위치 B는 스위치 A로부터 수신된 브로드캐스트를 전송하게 되어 스위치는 브로드캐스트 트래픽을 반복하여 계속 전파하게 되는데 이것을 브로드캐스트 스톰(Broadcast Storm)이라고 부른다.

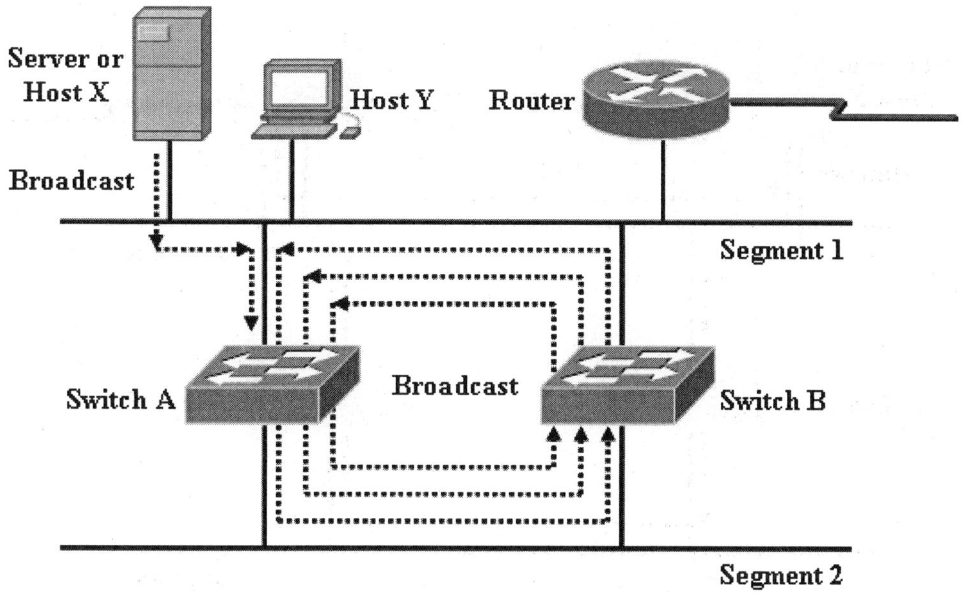

[그림 6-2] 브로드캐스트 스톰(Broadcast Storm)

브로드캐스트 스톰은 스위치 중 하나의 연결이 끊어질 때까지 계속되고 브로드캐스트는 시간과 네트워크 자원을 요구하기 때문에 결과적으로 사용자 트래픽의 흐름을 감소시켜 네트워크가 다운되거나 극도로 느려지는 현상이 발생하게 된다.

6.2.2 다중 프레임 수신

중복 스위칭 네트워크에서 장치는 동일한 다중 프레임을 수신할 수 있다. [그림 6-3]에서 라우터의 MAC 주소가 양쪽 스위치에서 소멸되었다고 가정하고 호스트 X는 ARP 캐시에 아직 라우터의 MAC 주소를 가지고 있으며 라우터에게 유니캐스트 프레임을 전송한다고 가정하면 라우터는 호스트 X와 동일한 세그먼트 상에 있기 때문에 프레임을 수신한다.

스위치 A는 라우터의 MAC 주소를 가지고 있지 않으므로 자신의 포트로 프레임을 브로드캐스트하고 스위치 B 또한 라우터가 어떤 포트상에 있는지 모르기 때문에 스위치 B는 수신한 프레임을 브로드캐스트하게 되어 결국 라우터는 동일한 프레임의 다중 Copy를 수신하게 되고 불필요한 네트워크 자원의 사용을 가져온다.

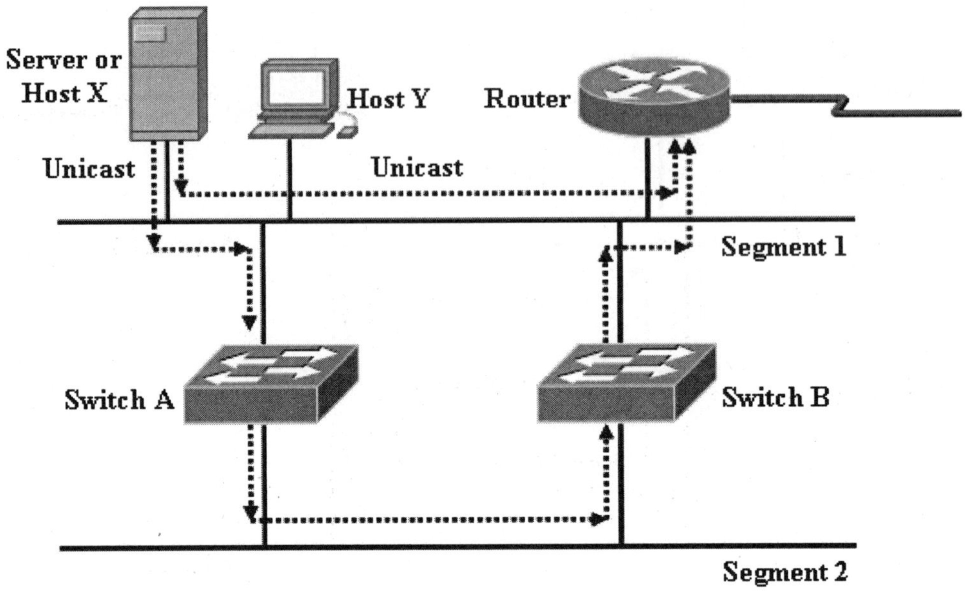

[그림 6-3] 다중 프레임 수신

6.2.3 MAC 주소 테이블의 불안정

중복 스위치 네트워크에서 스위치는 잘못된 정보를 학습할 가능성이 있다. 스위치는 실제로 다른 포트에 있는 MAC 주소를 틀리게 학습할 수도 있다. [그림 6-4]에서 라우터의 MAC 주소가 스위치의 MAC 주소 테이블에 없다고 가정하면 호스트 X는 라우터로 직접 프레임을 전송하게 되고 스위치 A와 B는 0번 포트로 호스트 X의 MAC 주소를 학습하게 된다.

라우터로 가는 프레임은 두 스위치의 1번 포트로 브로드캐스트되고 스위치 A와 B는 1번 포트로 정보를 수신하고 1번 포트로 호스트 X의 MAC 주소를 잘못 학습하게 될 것이다. 라우터가 호스트 X로 프레임을 송신할 때 스위치 A와 B는 프레임을 수신하고 1번 포트로 발송하게 되어 그림에서 라우터로부터 호스트 X로의 유니캐스트(Unicast) 프레임은 루핑(Looping)을 돌게 된다.

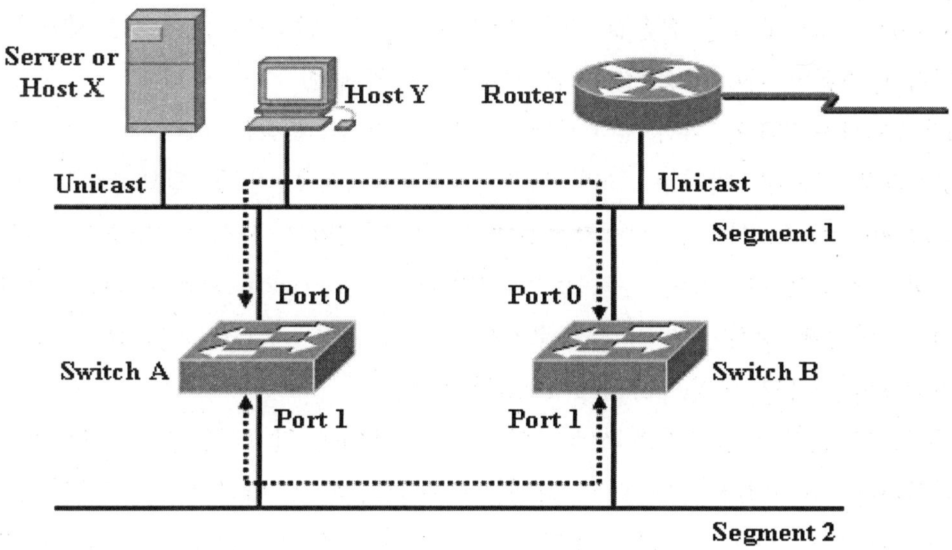

[그림 6-4] 불안정한 MAC 주소 테이블

6.3 중복 토폴로지와 스패닝 트리

중복 네트워크 토폴로지는 네트워크가 장애의 발생에도 계속 기능을 할 수 있도록 설계되어 있기 때문에 네트워크가 계속 기능을 하고 있으므로 사용자의 업무에 방해를 받지 않으며 장애에 의해 발생하는 업무의 방해는 가능한 짧게 유지한다.

신뢰도는 중복(Redundancy)에 의해 증가하며 스위치나 브리지 기반의 네트워크는 단일 링크의 장애를 극복하기 위해 스위치나 브리지 사이에 중복링크를 도입한다. 이러한 연결은 네트워크에 물리적인 루프가 발생할 수 있으며 루프는 하나의 링크가 장애가 나서 다른 링크가 트래픽 전송기능을 이어 받을 수 있는 경우에 발생한다.

스위치가 트래픽의 목적지를 모를 경우 트래픽이 수신된 포트를 제외한 모든 포트로 트래픽을 플루드(Flood)할 것이며 브로드캐스트와 멀티캐스트도 트래픽을 수신한 포트를 제외한 모든 포트로 발송한다. 이러한 트래픽이 루프를 만날 수 있으며 2계층 헤더에는 TTL(Time To Live) 값이 없으므로 프레임이 스위치의 2계층 루프(Looped) 토폴로지로 전송될 경우 영원한 루핑이 발생한다. 루핑은 네트워크의 대역폭 낭비뿐만 아니라 네트워크를 사용할 수 없게 할 수도 있다.

3계층에서는 TTL이 점점 감소하여 "0"에 도달하면 패킷은 버려진다. 스위칭 혹은 브리징 루프를 가지는 물리 토폴로지는 신뢰성을 위해 필요하지만 스위치(Switched) 네트워크는 루프를 가질 수 없다는 딜레마에 빠진다. 물리적인 루프를 허용하는 해법은 루프프리 논리 토폴로지(Loop Free Logical Topology)를 생성하는 것이다. 이렇게 생성된 논리 토폴로지를 트리(Tree)라 부르며 이러한 토폴로지를 네트워크의 스패닝 트리(Spanning Tree)라 한다.

루프프리 논리 토폴로지를 생성하기 위해 사용되는 알고리즘을 스패닝 트리 알고리즘(Algorithm)이라 하며 이 알고리즘은 수렴하는 데 비교적 긴 시간이 걸린다(IEEE 802.1d). 빠른 스패닝 트리 알고리즘으로 불리는 새로운 알고리즘(IEEE 802.1w)은 네트워크가 루프프리 논리 토폴로지를 계산하는 데 걸리는 시간을 감소시키도록 개발되었다.

6.4 스패닝 트리 프로토콜

이더넷 브리지와 스위치는 IEEE 802.1d 스패닝 트리 프로토콜(STP, Spanning-tree Protocol)의 구축이 가능하며 Loop Free Shortest Path 네트워크를 구축하기 위해 스패닝 트리 알고리즘을 사용한다. Shortest Path는 누적 링크 코스트에 기반하며 링크 코스트는 링크의 속도에 의존하여 계산된다. 속도에 기반한 링크 코스트는 다음 그림과 같다.

링크속도	Cost (수정된 IEEE 스펙)	Cost (수정전 IEEE 스펙)
10Gbps	2	1
1Gbps	4	1
100Mbps	19	10
10Mbps	100	100

[그림 6-5] 스패닝 트리 링크 코스트

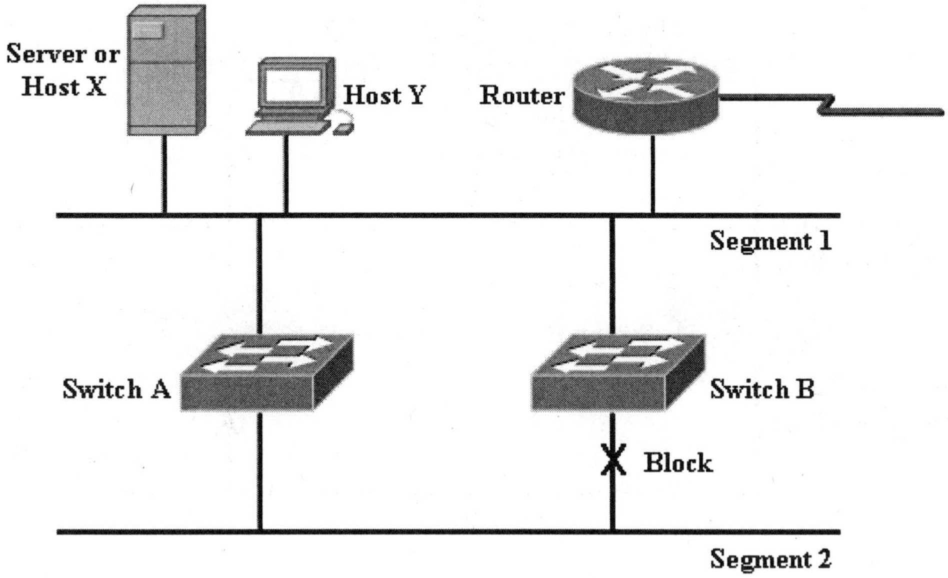

[그림 6-6] 스패닝 트리 프로토콜

스패닝 트리 프로토콜은 루트 브리지(Root Bridge)라 불리는 루트 노드를 설립하고, 네트워크의 모든 노드를 위해 하나의 경로를 가지는 토폴로지를 구축한다. 이 트리는 루트 브리지로부터 출발하며 Shortest Path Tree에 포함되지 않는 중복링크는 폐쇄(Blocked)된다. 루프 프리 토폴로지가 가능한 것은 어떤 경로가 폐쇄되기 때문인데 폐쇄된 링크상으로 수신되는 데이터 프레임은 버린다(Dropped).

스패닝 트리 프로토콜은 브리징 루프를 발견하기 위한 메시지를 교환할 수 있는 네트워크 장치를 필요로 한다. 그러한 장치들은 루프를 야기할 링크는 Blocking 상태로 둔다. 스위치는 Loop Free Logical Topology의 구성을 허용하기 위해 BPDU(Bridge Protocol Data Unit)라 불리는 메시지를 전송하는데 BPDU는 폐쇄된 포트로 계속 수신되며 Active 경로나 장치가 장애 시 새로운 스패닝 트리는 재계산될 수 있다.

BPDU는 스위치가 특정 기능을 수행하도록 하는 정보를 포함하고 있다. 이러한 BPDU를 통하여 스패닝 트리의 루트로 동작할 단일 스위치를 선택하고 루트 스위치까지 최단 경로를 계산한다.

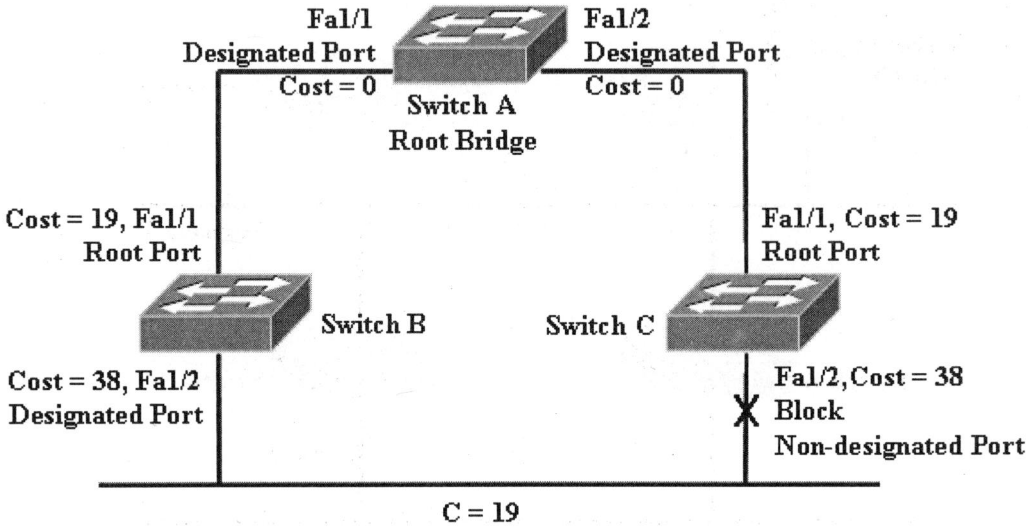

[그림 6-7] 스패닝 트리

각 LAN 세그먼트를 위해 루트까지 가장 가까운 스위치 중 하나를 지명하여 이 스위치를 Designated Switch라 부른다. Designated Switch는 LAN 세그먼트에서 루트 브리지까지 모든 통신을 관장한다.

각 Non-root Switch를 위해 포트 중 하나를 루트 포트로 선택하게 되는데 이것이 루트 스위치까지 최적경로를 제공하는 인터페이스이다. 그리고 스패닝 트리의 일부가 되는 포트를 선택하고 이 포트들을 Designated Port라 부르며 Non-designated Port 들은 폐쇄된다.

6.5 스패닝 트리의 동작

네트워크가 안정적인 경우 수렴이 되고 네트워크별 하나의 스패닝 트리가 존재한다. 그 결과 모든 스위치 네트워크를 위해 존재하는 요소는 다음과 같다.

• 네트워크별 하나의 루트 브리지

- Non-root 브리지별 하나의 루트 포트
- 세그먼트별 하나의 Designated Port
- 사용되지 않거나 Non-designated Ports

루트 포트와 Designated 포트는 Forwarding(F) 데이터 트래픽을 위해 사용하며 Non-designated 포트들은 데이터 트래픽을 버리는데 이러한 포트들을 Blocking(B) 혹은 Discarding 포트라 부른다.

네트워크 내 모든 스위치의 첫 번째 결정은 루트 브리지를 확인하는 것이다. 네트워크에서 루트 브리지의 위치는 트래픽의 흐름에 영향을 준다. 스위치를 켰을 때 스패닝 트리 알고리즘은 루트 브리지를 식별하기 위해 사용하며 BPDU는 브리지 ID(BID)와 함께 전송된다.

BID는 기본 브리지 Priority 32768과 스위치 MAC 주소로 구성되어 있으며 기본적으로 매 2초마다 전송한다. 스위치가 처음 시작할 때 자기가 루트 스위치라고 가정하고 루트 및 Sender BID 모두에 스위치의 MAC 주소를 포함한 BPDU를 전송한다.

Designated 스위치는 루트 브리지뿐만 아니라 Designated 브리지 정보와 함께 BPDU를 전송하며 이러한 BPDU들은 루트 및 Sender BID 모두에 스위치의 MAC 주소를 포함한다.

모든 스위치는 BID들을 수신하며 각 스위치는 전송할 BPDU에 더 높은 루트 BID를 낮은 루트 BID로 대체한다.

모든 스위치들은 BPDU를 수신하고 가장 낮은 루트 BID 값을 가진 스위치를 루트 브리지로 결정한다. 네트워크 관리자는 스위치 Priority를 기본값보다 작은 값으로 설정할 수 있는데 이것은 BID를 작게 만들어줌으로써 루트 브리지를 조작할 수 있다.

이것은 네트워크의 트래픽에 대한 흐름을 잘 이해하고 있을 때에만 실행하여야 한다.

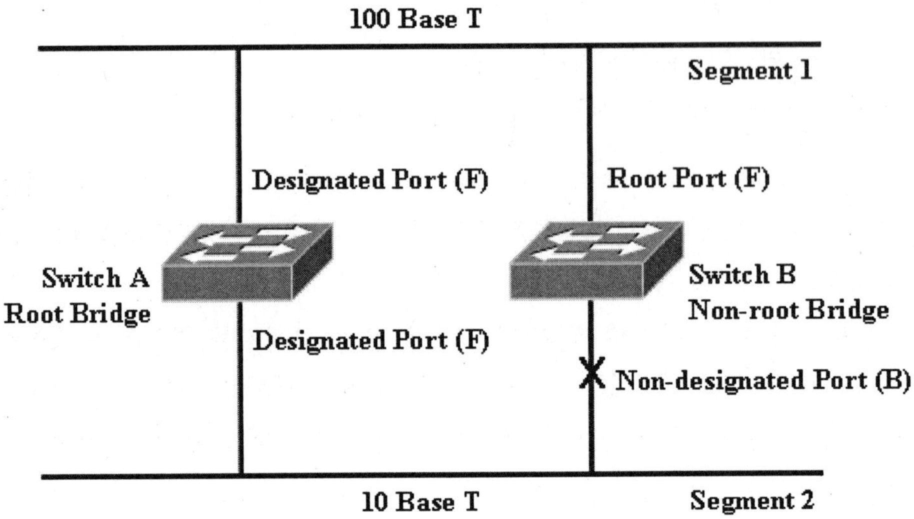

[그림 6-8] 스패닝 트리

BPDU 필드	설명
. . .	
Root BID	루트 브리지의 ID
Root Path Cost	루트 브리지로부터의 코스트
Sender BID	이 BPDU를 전송하는 브리지의 BID
Port ID	이 BPDU를 전송하는 브리지의 포트 ID
. . .	

[그림 6-9] BPDU(Bridge Protocol Data Unit)

Bridge Priority (2 bytes)	MAC Address (6 bytes)
범위 : 0~65,535 기본값 : 32,768	48 bits MAC Address

[그림 6-10] 브리지 BID (8bytes)

6.6 스패닝 트리 포트의 상태

Switched 네트워크를 통하여 프로토콜 정보가 전파되기 위해서는 시간이 필요하다. 네트워크의 일부분에서 토폴로지의 변경은 전파지연 때문에 네트워크의 다른 부분에 즉시 알려지지 않기 때문이다. 데이터 루프는 스위치 포트의 상태가 너무 빠르게 변할 때 발생할 수 있다.

스패닝 트리 프로토콜을 사용하는 스위치상의 각 포트는 5가지의 상태 중 하나를 가진다.

- Disabled
- Blocking
- Listening
- Learning
- Forwarding

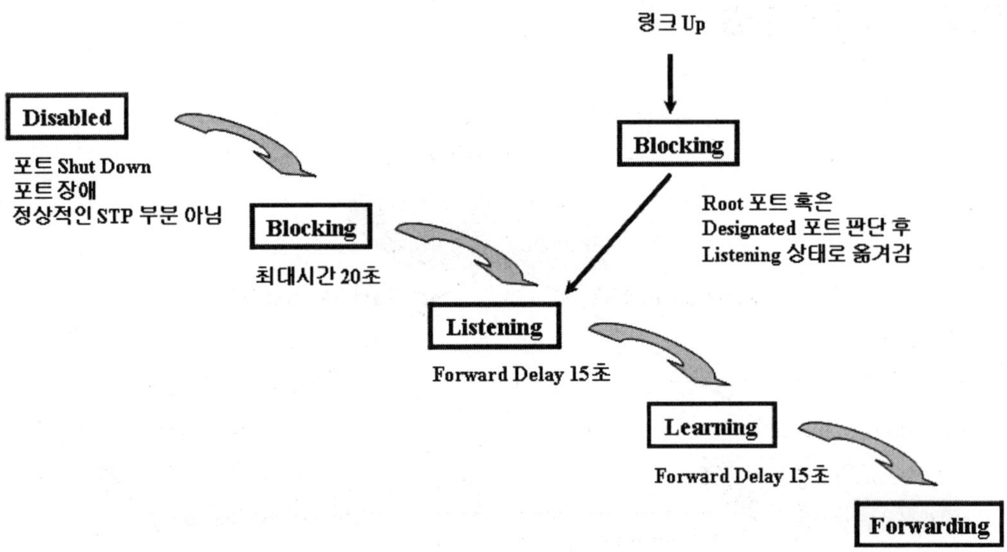

[그림 6-11] 스패닝 트리 포트 상태

포트가 Disabled 상태에 있을 경우 이 상태는 관리자가 포트를 Shut Down 시키거나 포트 장애 시 일어날 수 있다. Blocking 상태에서 포트는 BPDU 수신만 가능하며 데이터 프레임은 버려지고 주소는 학습할 수 없다. 이 상태로부터 변화하기 위해서는 20초의 시간이 소요된다.

Blocking 상태에서 Listening 상태로 포트가 변환되는 경우 스위치는 루트 브리지까지 다른 경로가 있는지 확인하게 되는데 루트브리지까지 가장 작은 코스트를 가진 경로가 아닌 경로는 Blocking 상태로 다시 되돌아간다.

Listening 주기는 Forward Delay라 부르며 15초 동안 계속되며 Listening 상태에서는 데이터를 전송하지 않으며 MAC 주소도 학습하지 않지만 BPDU는 아직 처리되고 있다. Listening 상태에서 Learning 상태로 포트가 변환되는 경우 이 상태에서는 데이터를 전송하지 않지만 수신되는 트래픽에서 MAC 주소는 학습을 한다. Learning 상태는 15초 동안 계속되며 Forward Delay라 부른다. BPDU는 아직 처리되고 있다. Learning 상태에서 Forwarding 상태로 포트가 변환되면 사용자 데이터가 전송되고 MAC 주소도 학습을 계속하며 BPDU는 아직 처리되고 있다.

6.7 STP 실습

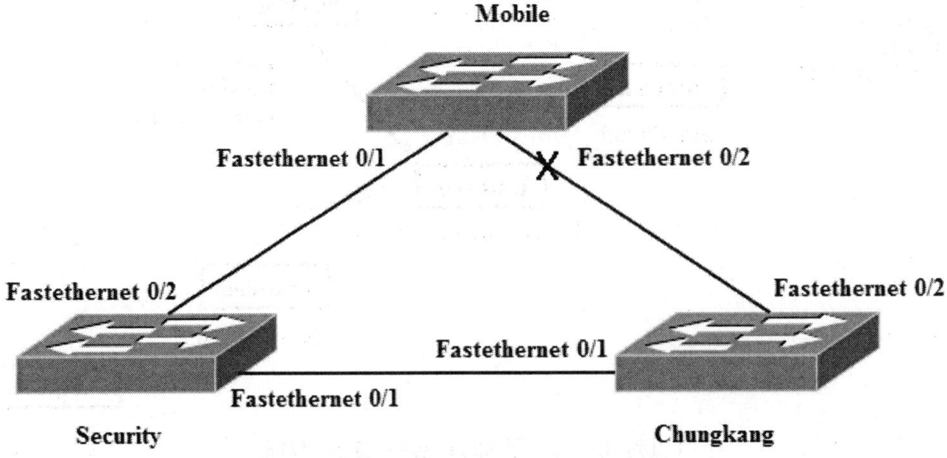

[그림 6-12] STP Lab 토폴로지 (1)

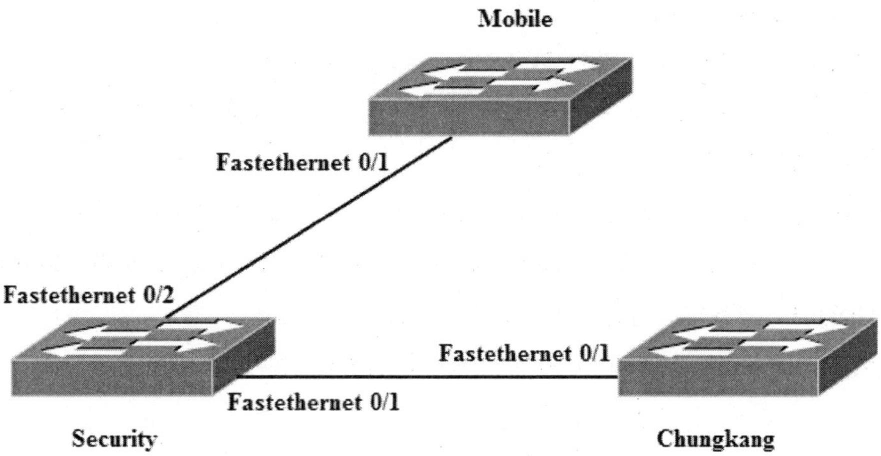

[그림 6-13] STP Lab 토폴로지 (1) 실제 토폴로지

IOS Command Line Interface

```
Security#
Security#show spanning-tree
VLAN0001
  Spanning tree enabled protocol ieee
  Root ID    Priority    32769
             Address     0000.0C7C.2248
             This bridge is the root
             Hello Time  2 sec  Max Age 20 sec  Forward Delay 15 sec

  Bridge ID  Priority    32769  (priority 32768 sys-id-ext 1)
             Address     0000.0C7C.2248
             Hello Time  2 sec  Max Age 20 sec  Forward Delay 15 sec
             Aging Time  20

Interface        Role Sts Cost      Prio.Nbr Type
---------------- ---- --- --------- -------- --------------------------------
Fa0/2            Desg FWD 19        128.2    P2p
Fa0/1            Desg FWD 19        128.1    P2p
Fa0/3            Desg FWD 19        128.3    P2p

Security#
Security#
Security#
Security#
```

[그림 6-14] Security 스위치의 "show spanning-tree" Output

① Priority : 32769 (Default Priority 32768 + 확장시스템 ID 1 = 32769)

② 확장 시스템 ID(sys-id-ext) : VLAN 값(VLAN0001, 1)

③ MAC Address : 0000.0C7C.2248

④ Bridge ID = Priority(2바이트) + MAC Address(6바이트)

→ 32769 + 0000.0C7C.2248 = 8001.0000.0C7C.2248(Hex)

⑤ 루트 브리지

⑥ 타이머는 Default 값 : Hello Time 2초, Max_Age 20초, Forward Delay 15초

⑦ 스위치 포트 1, 2, 3번은 Designated Port이며, Forwarding 상태, 100Mbps 속도이므로 코스트는 19, 접속 형태는 Point to Point

⑧ Prio.Nbr : Priority (8000).Port_Number = 128.1, 128.2, 128.3

Timer	정 의	기본(Default)값
Hello Time	루트 브리지가 전송하는 구성(Configuration) BPDU 사이의 시간	2초
Forward Delay	Listening과 Learning 상태의 기간	15초
Max_Age	BPDU를 저장하는 시간	20초

[그림 6-15] 타이머 파라미터 값

링크속도	Cost (수정된 IEEE 스펙)	Cost (수정전 IEEE 스펙)
10Gbps	2	1
1Gbps	4	1
100Mbps	19	10
10Mbps	100	100

[그림 6-16] 스패닝 트리 링크 코스트

IOS Command Line Interface

```
Mobile#
Mobile#show spanning-tree
VLAN0001
  Spanning tree enabled protocol ieee
  Root ID    Priority    32769
             Address     0000.0C7C.2248
             Cost        19
             Port        1(FastEthernet0/1)
             Hello Time  2 sec  Max Age 20 sec  Forward Delay 15 sec

  Bridge ID  Priority    32769  (priority 32768 sys-id-ext 1)
             Address     00E0.8F2D.B459
             Hello Time  2 sec  Max Age 20 sec  Forward Delay 15 sec
             Aging Time  20

Interface        Role Sts Cost      Prio.Nbr Type
---------------- ---- --- --------- -------- --------------------------------
Fa0/1            Root FWD 19        128.1    P2p
Fa0/2            Altn BLK 19        128.2    P2p

Mobile#
Mobile#
Mobile#
Mobile#
```

[그림 6-17] Mobile 스위치의 "show spanning-tree" Output

IOS Command Line Interface

```
Chungkang#
Chungkang#show spanning-tree
VLAN0001
  Spanning tree enabled protocol ieee
  Root ID    Priority    32769
             Address     0000.0C7C.2248
             Cost        19
             Port        1(FastEthernet0/1)
             Hello Time  2 sec  Max Age 20 sec  Forward Delay 15 sec

  Bridge ID  Priority    32769  (priority 32768 sys-id-ext 1)
             Address     0090.0C58.C75D
             Hello Time  2 sec  Max Age 20 sec  Forward Delay 15 sec
             Aging Time  20

Interface        Role Sts Cost      Prio.Nbr Type
---------------- ---- --- --------- -------- --------------------------------
Fa0/1            Root FWD 19        128.1    P2p
Fa0/2            Desg FWD 19        128.2    P2p

Chungkang#
Chungkang#
Chungkang#
Chungkang#
```

[그림 6-18] Chungkang 스위치의 "show spanning-tree" Output

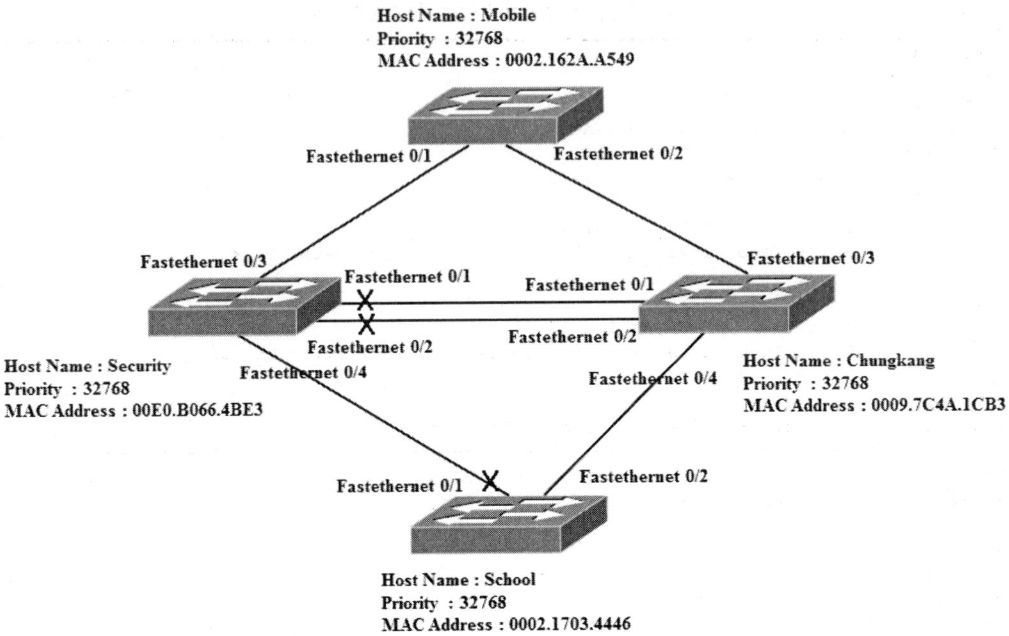

[그림 6-19] STP Lab 토폴로지 (2)

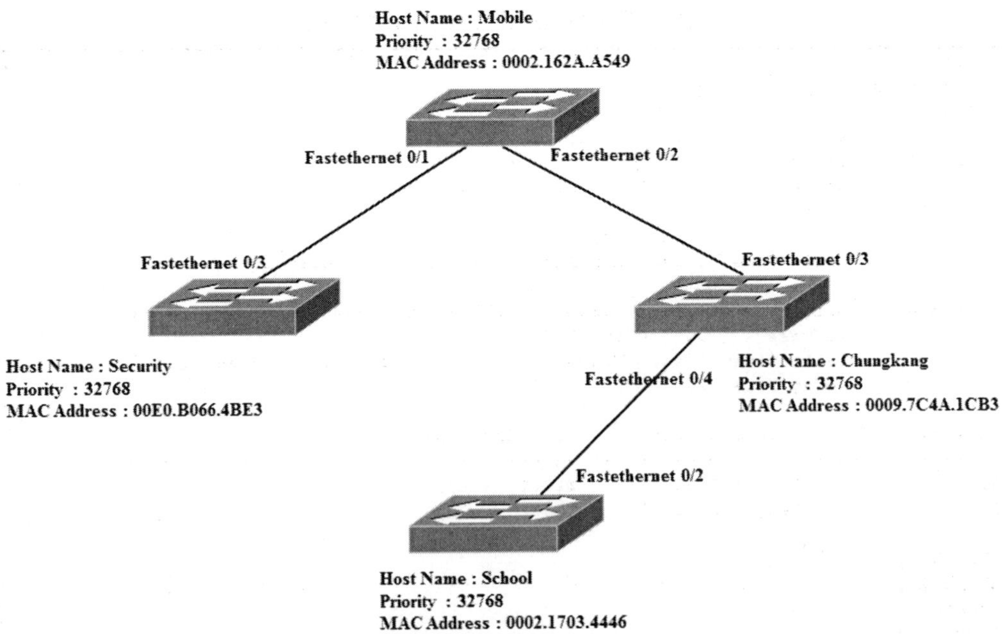

[그림 6-20] STP Lab 토폴로지 (2) 실제 토폴로지

IOS Command Line Interface

```
Security#
Security#
Security#show spanning-tree vlan 1
VLAN0001
  Spanning tree enabled protocol ieee
  Root ID    Priority    32769
             Address     0002.162A.A549
             Cost        19
             Port        3(FastEthernet0/3)
             Hello Time  2 sec  Max Age 20 sec  Forward Delay 15 sec

  Bridge ID  Priority    32769  (priority 32768 sys-id-ext 1)
             Address     00E0.B066.4BE3
             Hello Time  2 sec  Max Age 20 sec  Forward Delay 15 sec
             Aging Time  20

Interface        Role Sts Cost      Prio.Nbr Type
---------------- ---- --- --------- -------- --------------------------------
Fa0/3            Root FWD 19        128.3    P2p
Fa0/2            Altn BLK 19        128.2    P2p
Fa0/1            Altn BLK 19        128.1    P2p
Fa0/4            Desg FWD 19        128.4    P2p

Security#
```

[그림 6-21] Security 스위치의 "show spanning-tree vlan 1" Output

IOS Command Line Interface

```
Mobile#
Mobile#
Mobile#show spanning-tree vlan 1
VLAN0001
  Spanning tree enabled protocol ieee
  Root ID    Priority    32769
             Address     0002.162A.A549
             This bridge is the root
             Hello Time  2 sec  Max Age 20 sec  Forward Delay 15 sec

  Bridge ID  Priority    32769  (priority 32768 sys-id-ext 1)
             Address     0002.162A.A549
             Hello Time  2 sec  Max Age 20 sec  Forward Delay 15 sec
             Aging Time  20

Interface        Role Sts Cost      Prio.Nbr Type
---------------- ---- --- --------- -------- --------------------------------
Fa0/1            Desg FWD 19        128.1    P2p
Fa0/2            Desg FWD 19        128.2    P2p

Mobile#
Mobile#
Mobile#
Mobile#
```

[그림 6-22] Mobile 스위치의 "show spanning-tree vlan 1" Output

IOS Command Line Interface

```
Chungkang#
Chungkang#show spanning-tree vlan 1
VLAN0001
  Spanning tree enabled protocol ieee
  Root ID    Priority    32769
             Address     0002.162A.A549
             Cost        19
             Port        3(FastEthernet0/3)
             Hello Time  2 sec  Max Age 20 sec  Forward Delay 15 sec

  Bridge ID  Priority    32769  (priority 32768 sys-id-ext 1)
             Address     0009.7C4A.1CB3
             Hello Time  2 sec  Max Age 20 sec  Forward Delay 15 sec
             Aging Time  20

Interface        Role Sts Cost      Prio.Nbr Type
---------------- ---- --- --------- -------- --------------------------------
Fa0/1            Desg FWD 19        128.1    P2p
Fa0/2            Desg FWD 19        128.2    P2p
Fa0/3            Root FWD 19        128.3    P2p
Fa0/4            Desg FWD 19        128.4    P2p

Chungkang#
Chungkang#
```

[그림 6-23] Chungkang 스위치의 "show spanning-tree vlan 1" Output

IOS Command Line Interface

```
School#
School#show spanning-tree vlan 1
VLAN0001
  Spanning tree enabled protocol ieee
  Root ID    Priority    32769
             Address     0002.162A.A549
             Cost        19
             Port        2(FastEthernet0/2)
             Hello Time  2 sec  Max Age 20 sec  Forward Delay 15 sec

  Bridge ID  Priority    32769  (priority 32768 sys-id-ext 1)
             Address     0002.1703.4446
             Hello Time  2 sec  Max Age 20 sec  Forward Delay 15 sec
             Aging Time  20

Interface        Role Sts Cost      Prio.Nbr Type
---------------- ---- --- --------- -------- --------------------------------
Fa0/1            Altn BLK 19        128.1    P2p
Fa0/2            Root FWD 19        128.2    P2p

School#
School#
School#
School#
```

[그림 6-24] School 스위치의 "show spanning-tree vlan 1" Output

6.8 Spanning-Tree Recalculation

Switched 인터네트워크에서는 모든 스위치와 브리지 포트들이 Forwarding 혹은 Blocking 상태 중 하나일 때 수렴(Convergence)되었다고 한다. Forwarding 포트는 데이터 트래픽과 BPDU를 송·수신하며 Blocking 포트는 단지 BPDU만 수신한다. 네트워크 토폴로지가 변경되었을 경우 스위치와 브리지는 스패닝 트리를 재계산하고 이것은 네트워크 트래픽의 흐름을 방해하게 된다. IEEE 802.1d 표준을 사용하는 새로운 스패닝 트리 토폴로지상의 수렴은 50초까지 소요되며 이러한 수렴은 Blocking 상태 최대 20초+Listening Forward Delay 15초+Learning Forward Delay 15초로 구성된다.

[그림 6-25]는 네트워크 토폴로지의 변경에 따라 스패닝 트리를 재계산한 결과를 보여주고 있다.

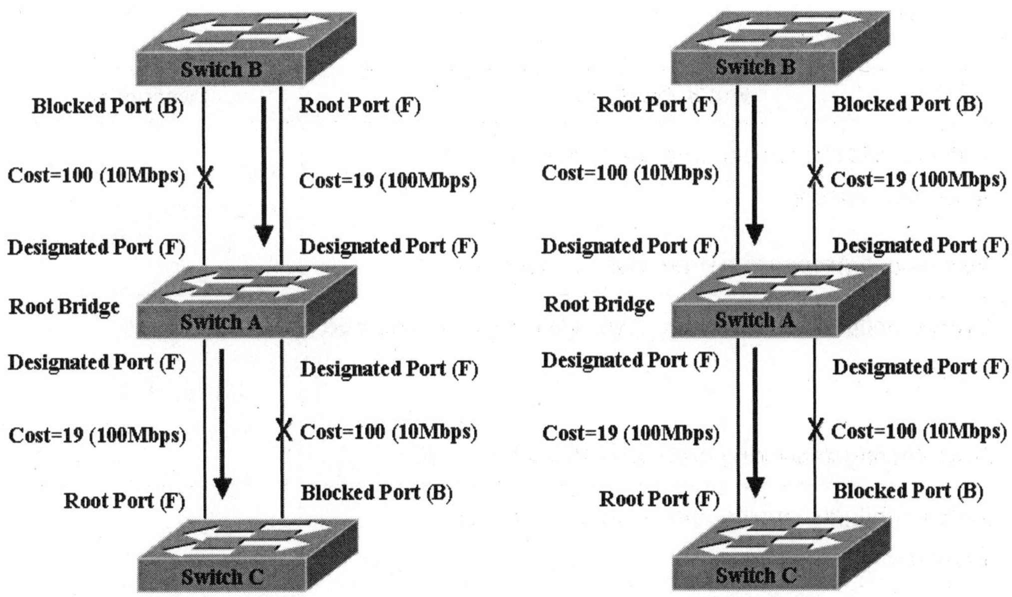

[그림 6-25] 스패닝 트리 재계산(Recalculation)

6.9 타이머 조정

수렴(Convergence) 시간이란 네트워크에 토폴로지의 변화가 발생했을 때 이를 반영하여 네트워크가 재구성될 때까지 소요되는 시간을 지칭한다. Switched Network의 루프를 방지하기 위하여 사용하는 스패닝 트리 프로토콜이 가지는 단점 중의 하나는 네트워크 수렴 시간이 너무 길다는 것이다.

수렴 시간을 줄이는 방법은 포트 패스트(Port Fast), 업 링크 패스트(Up Link Fast), 백본 패스트(Backbone Fast) 등의 기술을 사용하거나 네트워크 수렴 시간에 영향을 주는 헬로 타임(Hello Time), 맥스 에이지(Max_Age), 전송 지연(Forwarding Delay) 시간을 조정하는 것이다.

여기서는 두 번째 방법인 타이머 조정에 대해서 알아보자. 레이어 2 루프가 발생하지 않는다고 가정하면 각 타이머의 기본값은 헬로 타임 2초, 맥스 에이지 20초, 전송 지연 시간 15초이다.

명령어 형식과 예	Description
Switch(config)#spanning-tree vlan *vlan_number* hello-time *second* Switch(config)#spanning-tree vlan 10 hello-time 5	• 범위 : 1~10초 • 기본값보다 작을 경우 스위치에 부하만 증가
Switch(config)#spanning-tree vlan *vlan_number* max_age *second* Switch(config)#spanning-tree vlan 10 max_age 25	• 범위 : 6~40초
Switch(config)#spanning-tree vlan *vlan_number* forward-time *second* Switch(config)#spanning-tree vlan 10 forward-time 20	• 범위 : 4~30초

[그림 6-26] 스위치 타이머를 조정하기 위한 명령어

이러한 타이머 값들은 루트 스위치에서 설정된 것들이 사용되기 때문에 반드시 타이머 설정은 루트 스위치에서 조정해주어야만 전체 네트워크에 적용될 것이다. 만약 루트 스위치가 아닌 스위치에서 설정을 하였다면 그 스위치가 루트 스위치의 자격을 얻었을 때만 적용된다. [그림 6-26]의 명령어를 사용하여 스위치의 타이머를 조정해보자.

6.10 RSTP

RSTP(Rapid Spanning-Tree Protocol)는 IEEE 802.1d Spanning-tree 프로토콜에 비해서 재계산의 시간이 빠른 확장 스패닝 트리 프로토콜로서 IEEE 802.1w LAN 표준에 정의되어 있다.

네트워크 토폴로지 변경 시 스패닝 트리 재계산 시간이 빠른 이유는 포트상태의 변화가 신속하게 진행되는 것인데 가장 중요한 특징은 Forwarding 상태로의 빠른 이전이다.

STP에서의 포트의 Blocking 상태는 Discard 상태로 이름을 변경하였으며 Discarding 포트의 역할은 대체 포트이며 Discarding 포트는 Segment의 Designated 포트장애 시 Designated 포트가 될 수 있다.

RSTP에서는 Forwarding 상태로 빠르게 옮겨갈 수 있는 링크의 유형을 정의하는데, RSTP의 링크유형은 연결되어 있는 포트의 Duplex Mode를 기반으로 결정하며 RSTP 링크의 종류는 다음과 같다.

- Edge Type Link : PC나 서버 등 BPDU를 발생시키지 않는 종단장치가 접속된 포트를 가리키며 시스코사의 카탈리스트 스위치에서는 Portfast를 설정하여야만 에지타입 링크로 동작한다. Portfast를 설정하지 않을 경우 Point-to-Point Link나 Shared Link로 동작한다.

- Point-to-Point Link : Full Duplex Mode로 동작

• Shared Link : Half Duplex Mode로 동작하며 허브에 연결되어 있는 경우 RSTP는 STP(IEEE802.1d)와 같은 컨버전스(Convergence) 시간을 가진다.

RSTP의 포트 상태는 Discarding, Learning, Forwarding 3단계이며 RSTP의 Discarding 상태는 STP의 Disabled, Blocking, Listening의 병합이다. 이러한 변화는 Switched 네트워크에서 링크장애의 빠른 발견을 허용하며 Point-to-Point 및 Edge-type 링크는 즉시 Forwarding 상태로 갈 수 있다.

네트워크 수렴은 이러한 변화에 15초 이상 소요되지 않으며 빠른 Spanning-tree Protocol인 IEEE 802.1w는 결국 Spanning-tree Protocol인 IEEE 802.1d를 대체할 것이다.

IEEE 802.1d STP	IEEE 802.1w RSTP
Disabled	Discarding
Blocking	Discarding
Listening	Discarding
Learning	Learning
Forwarding	Forwarding

[그림 6-27] STP와 RSTP 포트 상태 비교

Chapter 7

VTP (VLAN Trunking Protocol)

7.1 트 렁 킹

트렁킹(Trunking)의 역사는 라디오와 전화기술의 근원으로 돌아간다. 라디오 기술에서 트렁크는 라디오 신호의 다중 채널을 전달하는 단일 통신회선을 말하며 전화회사에서 트렁킹의 개념은 두 지점 사이 통신경로나 채널과 관련되어 있다. 각 지점은 CO(Central Office)가 되고 공유 트렁크로 연결되어 있다.

트렁킹 기술의 일반적인 예는 다수의 트렁크로 구성된 백본을 들 수 있다. 트렁크는 네트워크 트래픽이 통과하는 두 스위치 사이의 물리적·논리적인 접속으로서 트렁크는 두 지점(Switching Center) 사이의 단일 전송채널을 말한다. 스위치 네트워크(Switched Network)에서 트렁크는 다수의 VLAN을 지원하는 Point-to-point Link가 된다.

트렁크의 목적은 VLAN이 구축된 장비 사이의 포트의 소비를 절약하는 데 있다. 트렁킹이 적용되지 않은 스위치 네트워크에서 VLAN의 추가는 각 스위치에 하나씩 두 개의 포트가 필요하다. 이러한 설계는 부하의 공유(Load Sharing)에도 효과적이지 못하다.

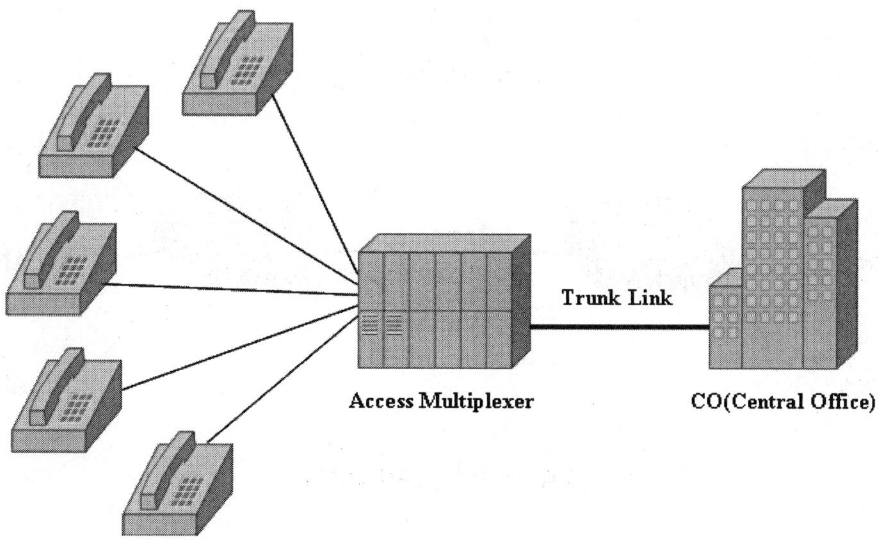

[그림 7-1] 트렁크 링크

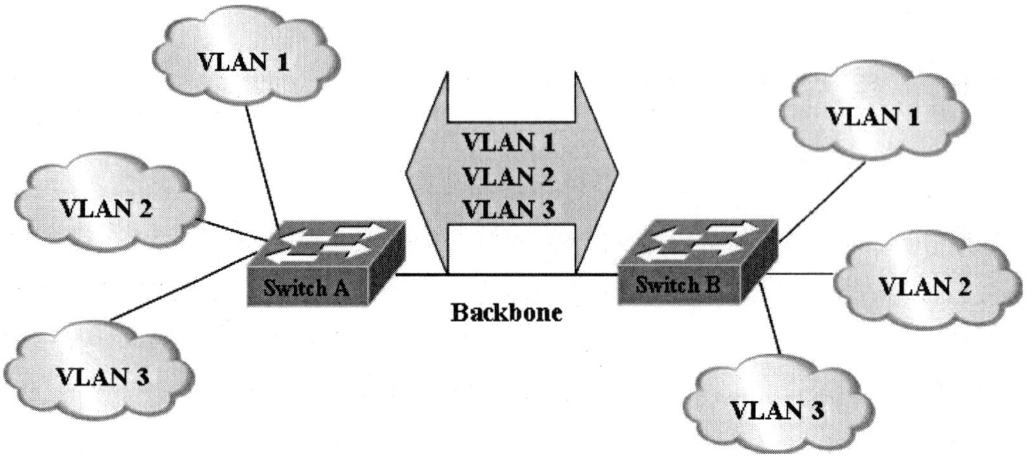

[그림 7-2] VLAN 트렁크

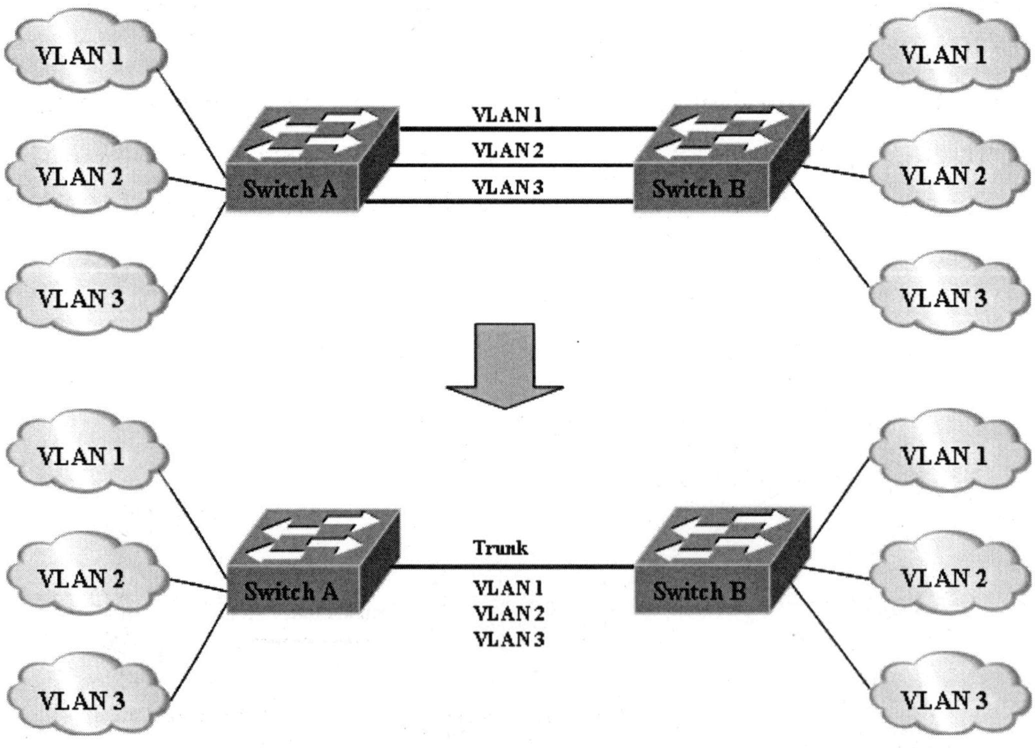

[그림 7-3] VLAN 트렁킹

7.2 트렁크의 동작

트렁크 양단의 스위칭 테이블은 프레임의 목적지 MAC 주소 기반의 Forwarding 결정에 사용된다. 트렁크를 통과하는 VLAN의 수가 증가함에 따라 스위칭 테이블이 커지기 때문에 Forwarding의 결정은 느려지고 관리하기에 어려움이 발생한다.

트렁킹 프로토콜은 단일 물리회선을 통해 여러 VLAN 프레임의 전송을 효과적으로 관리하기 위하여 개발되었다. 트렁킹 프로토콜은 관련 포트에게 프레임의 전달을 위한 동의를 구한다.

트렁킹 메커니즘(Trunking Mechanism)은 프레임 필터링(Frame Filtering)과 프레임 태깅(Frame Tagging) 2가지 유형이 있다. 이 중 프레임 태깅은 IEEE에 의해 표준 트렁킹 메커니즘으로 채택되어 있다. 프레임 태깅을 사용하는 트렁킹 프로토콜은 보다 빠른 프레임의 전달과 보다 쉬운 관리가 가능하다. 두 스위치 사이의 유일한 물리 링크는 어떤 VLAN 트래픽도 전달이 가능한데 링크상으로 전송되는 각 프레임은 소속 VLAN을 알려주는 태깅(Tagging)이 필요하다.

이더넷(Ethernet) 세그먼트를 위한 태깅스킴(Tagging Scheme)은 시스코 고유의 프로토콜인 ISL(Inter-switch Link)과 IEEE의 표준인 802.1Q 2가지가 있다.

7.3 VLAN과 트렁킹

트렁킹(Trunking)을 구축하기 위해 특정 프로토콜 및 규정을 사용한다. 트렁킹은 VLAN ID를 다른 스위치에게 뿌려주는 데 효과적인 방법으로 표준 트렁킹 메커니즘(Mechanism)에는 프레임 태깅과 프레임 필터링 2가지가 있다.

프레임 태깅의 표준으로는 IEEE 802.1Q가 지정되어 있으며 VLAN 프레임 태깅은 Switched Communication을 위해 개발되었다.

프레임 태깅은 네트워크 백본(Backbone)을 통하여 전달되는 각 프레임의 헤더에 유일한 ID를 위치시킨다. 각 스위치는 다른 스위치나 라우터, 혹은 단말로 전송하기 전에 ID를 체크하고 프레임이 네트워크 백본을 빠져 나와서 목적지 스테이션으로 전송되기 전에 스위치는 ID를 제거한다.

프레임 태깅은 2계층에서 수행되며 트렁크 링크는 특정 VLAN에 속하지 않는다. 트렁크 링크는 스위치와 라우터 사이의 VLAN을 위한 통로이다. ISL은 트래픽이 스위치 사이를 흘러다니는 것과 같은 방법으로 VLAN 정보를 유지하는 프로토콜이다. ISL을 사용하는 경우 이더넷 프레임은 VLAN ID가 포함된 헤더로 캡슐레이션(Capsulation)한다.

7.4 트렁킹의 구성

시스코 IOS Command-based 스위치 상에서 VLAN 트렁크를 생성하고 구성하는 방법은 다음과 같다.

명령어	Description
Switch(config-if)#switchport mode trunk	인터페이스를 트렁크 포트로 선언
Switch(config-if)#switchport trunk encapsulation dot1q	트렁크 포트의 인캡슐레이션 방식을 IEEE 802.1Q로 지정

[그림 7-4] 트렁크 포트를 구성하는 명령어

<table>
<tr><th>명령어 형식 및 예</th><th>Option</th><th>Description</th></tr>
<tr><td rowspan="2">Switch(config-if)#switchport trunk allowed vlan {word | add | all | except | none | remove} vlan id</td><td>word</td><td>VLAN ID</td></tr>
<tr><td>add</td><td>현재 리스트에 VLAN 추가</td></tr>
<tr><td rowspan="2">Switch(config-if)#switchport trunk allowed vlan 10-15,20</td><td>all</td><td>모든 VLAN</td></tr>
<tr><td>except</td><td>VLAN 제외</td></tr>
<tr><td rowspan="2">Switch(config-if)#switchport trunk allowed vlan add 30-33,50</td><td>none</td><td>no VLAN</td></tr>
<tr><td>remove</td><td>현재 리스트에서 VLAN 제거</td></tr>
</table>

[그림 7-5] 트렁크를 사용할 수 있는 VLAN을 지정하는 명령어

트렁크 포트를 구성하고 Privileged EXEC Mode에서 확인하는 명령어는 다음과 같다.

명령어	Description
Switch#show interface Fastethernet slot_num/port_num	인터페이스 정보 확인
Switch#show interface trunk	트렁크 정보 확인

[그림 7-6] 트렁크 포트 정보를 확인하는 명령어

7.5 VTP의 역사

VTP는 VLAN을 가진 Switched 네트워크에서 동작상의 문제점을 해결하기 위해 시스코에 의해 개발된 시스코 고유의 프로토콜이다. 다수의 VLAN을 지원하는 서로 연결된 스위치를 가진 도메인[Domain, 도메인은 단일 서버의 관리 하에 있는 자원과 사용자의 논리적인 그룹을 말하며, PDC(Primary Domain Controller)라 부름]

의 경우 VLAN 내에서 연결성을 유지하기 위하여 각 VLAN은 스위치에 수동으로 구성하여야 한다. 조직이 성장하고 추가적인 스위치가 네트워크에 추가됨에 따라 새로운 각 스위치는 수동으로 VLAN 정보가 구성될 필요가 있다.

VTP를 포함한 VLAN 구성은 공통관리 도메인을 통하여 유지하며 VTP는 VLAN을 가진 네트워크의 관리 및 감시의 복잡성을 감소시킬 수 있다. VTP 역할은 공통의 네트워크 관리 도메인 내 VLAN 구성의 일관성을 유지하는 것이다. VTP는 단일 도메인 상에서 VLAN을 추가, 삭제, 변경하기 위해 2계층 트렁크 프레임을 사용하는 메시징(Messaging) 프로토콜이며 VTP는 네트워크 내의 모든 스위치들과 통신할 수 있도록 중앙에서 변경을 할 수 있게 한다.

VTP 메시지는 ISL이나 IEEE 802.1Q 프로토콜 프레임으로 캡슐레이션되어 다른 장치로 트렁크 링크를 통하여 전달된다. IEEE 802.1Q 프레임에서는 태깅을 위하여 4바이트 필드를 사용한다. 스위치 포트는 단일 VLAN에 할당되는 반면 트렁크 포트는 기본적으로 모든 VLAN으로부터 프레임을 전달한다.

7.6 VTP의 동작

VTP 도메인은 동일한 VTP 도메인 네임을 공유하는 하나 이상의 서로 연결된 장치로 구성된다. 하나의 스위치는 하나의 VTP 도메인에만 속할 수 있고 네트워크 내의 다른 스위치로 VTP 메시지를 전송할 경우 메시지는 ISL이나 IEEE 802.1Q와 같은 트렁킹 프로토콜 프레임으로 캡슐레이션 된다.

VTP 스위치는 3가지 모드(Mode) 중 하나로 동작하는데 3가지 모드는 다음과 같다.

① Server
② Client
③ Transparent

VTP 서버 모드는 전체 네트워크의 VLAN 관련 정보를 가지며 VTP 도메인 내 VLAN의 설정, 변경, 삭제가 가능하다.

VTP 클라이언트 모드는 VLAN 관련 정보를 가지고 있지 않으며 VLAN 관련 정보는 VTP 도메인 내의 서버로부터 받는다. VTP 도메인 내의 VLAN을 설정하거나 변경할 수 없다.

VTP 트랜스페어런트(Transparent) 모드는 VTP 관련 메시지를 무시하며 메시지 수신 시 다른 스위치로 포워드(Forward) 한다. VLAN의 설정 및 변경이 가능하지만 다른 스위치에 영향을 주지는 않는다. 새로이 정의된 VLAN ID를 가진 트래픽이라고 추측되는 경우 스위치에게 통지하는 대신 광고 내에서 VLAN을 탐지할 수 있도록 한다.

[그림 7-8]에서 스위치 C는 스위치 A와 스위치 B에 대한 추가 및 삭제를 포함한 VTP 데이터베이스 엔트리(Entry)를 전송한다.

구성 데이터베이스(Configuration Database)는 1씩 증가되는 수정(Revision) 번호를 가지는데 구성수정번호(Configuration Revision Number)가 높을수록 수신된 VLAN 정보는 최근 정보이며 더 높은 구성수정번호를 가진 갱신정보를 수신하면 스위치는 저장된 정보를 VTP Update 내에 송신된 새로운 정보로 덮어쓰게(Overwrite) 된다. 스위치 F는 도메인이 다르기 때문에 수정하지 않으며 이러한 Overwrite 과정은 새로운 데이터베이스 내에 VLAN이 존재하지 않을 경우 스위치로부터 삭제되었음을 의미한다.

VTP는 자신의 NVRAM을 유지하는데 “erase startup-configuration” 명령어는 NVRAM 내의 구성을 지워버린다. 이때 VTP 데이터베이스 수정번호는 지우지 않는다.

시스코 카탈리스트 스위치는 NVRAM에 스위치 설정내용을 저장하며 VLAN과 VTP 관련 정보는 플래시 메모리에 “vlan.dat”라는 이름으로 저장된다. “show flash” 명령어를 사용하여 확인할 수 있으며 VTP 구성수정번호, VTP 도메인 이름, 서버 스위치에서 설정한 VLAN 번호를 비롯한 모든 VTP 관련 정보들이 서버 모드 스위치에 저장되며 스위치를 재부팅해도 지워지지 않는다. 따라서 서버 모드 스위치가 다운되었다가 다시 복구되었을 때 VLAN을 그대로 사용할 수 있다. 구성수정번호를 0으로 만들기 위해서는 플래시 메모리에 저장되어 있는 “vlan.dat” 파일을 지우고 스위치를 재부팅(Rebooting)하면 된다.

기본적으로 관리 도메인은 비보안 모드로 세팅이 되는데 이것은 스위치가 패스워드(Password)를 사용하지 않고 상호작용을 할 수 있음을 의미한다. 관리 도메인을 자동적으로 보안 모드로 세팅하기 위하여 패스워드를 추가하면 되는데 보안 모드를 사용하는 관리 도메인 내의 모든 스위치는 동일한 패스워드를 가지도록 구성할 필요가 있다.

모드 종류 및 기능	서버 모드	클라이언트 모드	트랜스페어런트 모드
Source VTP Messages (VTP 정보를 다른 스위치에게 전달하는가?)	O	O	O (처리는 하지 않음)
Listen to VTP Messages (다른 VTP 서버가 보낸 정보를 받아서 사용하는가?)	O	O	X
Creat VLANs (VLAN 생성, 수정, 삭제가 가능한가?)	O	X	O (Local Only)
Remember VLANs (자신이 생성, 수정한 VLAN 정보를 보관하는가?)	O	X	O

[그림 7-7] VTP 모드 비교

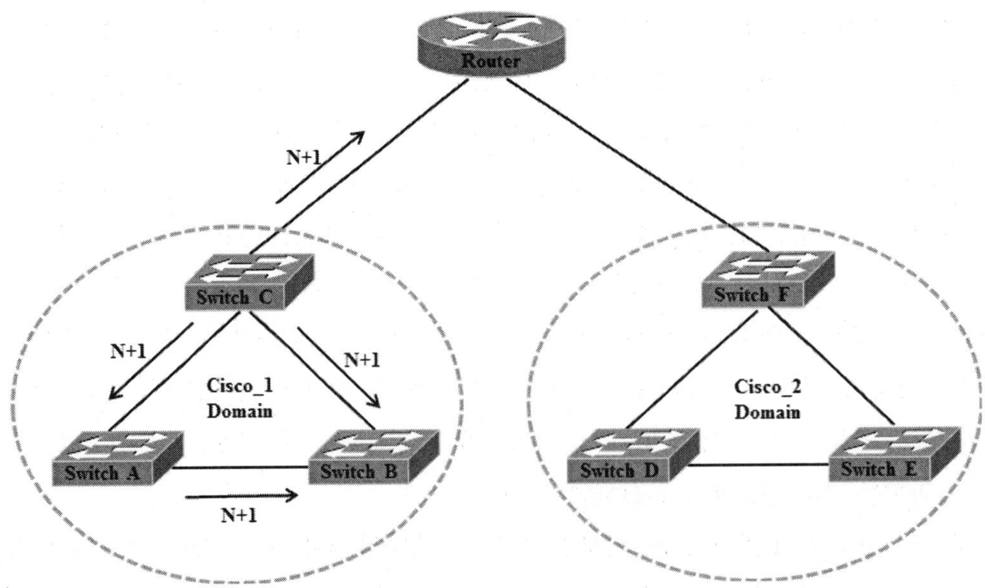

[그림 7-8] Cisco_1 Domain Config Rev# N+1

7.7 VTP의 실행

VTP와 함께 각 스위치는 관리 도메인과 구성수정번호 그리고 알고 있는 VLAN 및 알려진 각 VLAN을 위한 파라미터(Parameter) 등을 트렁크 포트 상으로 광고를 한다.

광고 프레임은 모든 이웃 장치들이 수신할 수 있도록 멀티캐스트 주소로 전송을 하게 되며 동일한 관리 도메인에 있는 모든 장치는 전송장치에 구성된 새로운 VLAN에 대해 학습을 한다. 새로운 VLAN은 관리 도메인에 있는 하나의 장치 상에서 생성되고 구성되어야 하며 동일한 관리 도메인에 있는 모든 다른 장치들은 자동으로 정보를 학습하게 된다.

각 광고는 구성수정번호가 "0"으로 시작하여 변화가 발생함에 따라 구성수정번호는 "1"씩(혹은 "n+1") 증가하게 된다. 구성수정번호는 2,147,438,648까지 계속 증가하며 이후 리셋(Reset, "0"으로 돌아감)된다.

VTP 광고는 두 가지의 유형이 있는데 하나는 시동 시 정보를 원하는 클라이언트로부터 요청하는 것과 다음은 서버로부터의 응답이 그것이다. VTP 메시지는 세 가지의 유형이 있는데 광고요청(Advertisement Request), 요약광고(Summary Advertisement) 및 상세광고(Subset Advertisement) 등이다. 광고요청과 함께 클라이언트는 VLAN 정보를 요청하고 서버는 요약 및 부분광고로 응답하게 된다.

기본적으로 서버와 클라이언트 스위치는 매 5분(300초)마다 요약광고를 발생하는데 서버는 이웃 스위치에게 현재 VTP 수정번호라고 믿는 것을 알려주며 도메인 이름이 일치하면 서버 혹은 클라이언트는 수신된 구성수정번호를 비교하여 스위치는 현재 스위치 내의 수정번호보다 높은 수정번호를 수신할 경우 새로운 VLAN 정보를 위한 광고를 요청하게 된다.

부분광고는 VTP 버전, 도메인 네임, 구성수정번호와 같은 VLAN에 대한 상세정보를 포함한다. 부분광고를 유발할 수 있는 경우는 VLAN의 생성 혹은 삭제, VLAN의 중지 혹은 활성화, VLAN의 이름 변경 및 VLAN의 MTU(Maximum Transmission Unit) 변경 등이다.

광고가 포함하는 일부 정보는 먼저 관리 도메인 네임(Management Domain Name)으로 다른 이름을 가진 광고는 무시한다. 다음은 구성수정번호(Configuration Revision Number)로 번호가 높을수록 최근 구성을 지시한다. 다음은 MD5(Message Digest 5)가 있는데 MD5는 패스워드가 부여되었을 때 VTP와 함께 전송되는 키(Key)로서 키가 일치하지 않을 경우 Update는 무시된다. 마지막으로 Updater Identity인데 이것은 VTP 요약광고를 전송하는 스위치의 정체를 나타낸다.

발신	Advertisement	Description
클라이언트	Advertisement Request (광고요청)	클라이언트 스위치가 부팅을 하거나 서버 스위치가 요약광고를 보내 왔을 때 클라이언트 스위치가 서버 스위치에게 보내는 VLAN 정보(Summary or Subset) 요청
서버	Summary Advertisement (요약광고)	Default VLAN(VLAN 1) 인터페이스를 통해 매 300초마다 혹은 서버 스위치가 VLAN 설정을 변경했을 때, 클라이언트 스위치로부터 광고요청을 받았을 때 서버 스위치가 보내는 것으로 VLAN에 대한 상세 정보는 포함하지 않음
서버	Subset Advertisement (상세광고)	광고요청을 받았을 때 서버 스위치가 보내는 VLAN에 대한 상세정보를 포함한 광고

[그림 7-9] VTP Advertisement

버전 (1byte)	코드 (1byte)	Reserved (1byte)	도메인 이름 길이 (1byte)
VTP 도메인 이름 (32byte)			
요청에 대해 서버 스위치가 보내야 할 광고번호			

[그림 7-10] Advertisement Request Format

① 버전 : VTP 버전 번호

② 코드 : 광고요청을 표시하는 번호

③ Reversed : 나중에 쓰기 위해 예약된 필드

버전 (1byte)	요약 (1byte)	뒤따라 올 상세광고 번호 (1byte)	도메인 이름 길이 (1byte)
VTP 도메인 이름 (32byte)			
Configuration Revision Number (4byte)			
VTP 서버 스위치 주소 (4byte)			
VTP 정보 수정 시간 (12byte)			
MD5 방식으로 암호화된 패스워드 (16byte)			

[그림 7-11] Summary Advertisement Format

① 요약 : 요약광고를 표시

② 뒤따라 올 상세광고 번호 : 요약광고 뒤에 보낼 상세광고 번호

③ VTP 서버 스위치 주소 : VTP 정보를 보낸 서버 스위치의 IP 주소

④ VTP 정보 수정 시간 : VTP 정보를 보낸 시간, 타임스탬프

⑤ MD5 방식으로 암호화된 패스워드 : MD5 방식으로 암호화된 VTP 도메인 패스워드, 스위치들 간 암호가 일치하지 않으면 삭제

<table>
<tr><td>버전
(1byte)</td><td>코드
(1byte)</td><td>순서
(1byte)</td><td>도메인 이름 길이
(1byte)</td></tr>
<tr><td colspan="4">VTP 도메인 이름 (32byte)</td></tr>
<tr><td colspan="4">Configuration Revision Number (4byte)</td></tr>
<tr><td>정보길이
(1byte)</td><td>VLAN 상태
(1byte)</td><td>VLAN 유형
(1byte)</td><td>VLAN 이름 길이
(1byte)</td></tr>
<tr><td colspan="2">VLAN 번호
(2byte)</td><td colspan="2">MTU 크기
(2byte)</td></tr>
<tr><td colspan="4">802.10에서 사용하는 번호 (4byte)</td></tr>
<tr><td colspan="4">VLAN 이름</td></tr>
</table>

[그림 7-12] Subset Advertisement Format

① 요약광고 구성수정번호 필드 다음에 VLAN의 수 만큼 추가

② 코드 : 상세광고임을 표시

③ 순서 : 상세광고의 순서번호

④ 정보길이 : VLAN 관련 정보의 길이

⑤ VLAN 상태 : VLAN을 생성한 것인지 삭제한 것인지 표시

⑥ VLAN 유형 : 이더넷 VLAN인지 토큰링 VLAN인지 표시

⑦ VLAN 번호 : 생성 혹은 삭제된 VLAN 번호

⑧ MTU 크기 : Maximum Transmission Unit, 처리할 수 있는 최대 전송 단위

⑨ 802.10에서 사용하는 번호 : FDDI-IEEE802.10에서 VLAN 번호 대신 사용하는 번호

7.8 VTP의 구성

네트워크상에 VTP와 VLAN을 구성하기 전에 고려해야 할 단계는 우선 사용될 VTP의 버전번호를 결정하고 다음은 스위치가 이미 존재하는 관리 도메인의 멤버인지 새로운 도메인이 생성되어야 하는지를 판단하고 관리 도메인이 존재한다면 도메인의 이름과 패스워드를 결정해야 할 것이다.

마지막으로 스위치를 위한 VTP 모드를 선택하면 되는데 이때 유의하여야 할 것은 두 개의 다른 VTP 버전(버전1, 버전2)은 서로 호환이 되지 않는다는 것이다. VTP 버전1이 기본이고 스위치가 VTP 버전2 도메인에서 구성될 경우 관리 도메인에 있는 모든 스위치는 VTP 버전2로 구성되어야 한다. VTP 버전2는 요구되는 기능이 버전1에 없을 경우 구축이 가능한데 필요한 가장 일반적인 기능은 Token Ring VLAN을 지원하는 것이다.

먼저 VTP를 구성하기 위해 [그림 7-13]의 명령어를 사용해보자.

<table>
<tr><th>명령어</th><th>Option</th><th>Description</th></tr>
<tr><td rowspan="6">Switch#vlan database
Switch(vlan)#vtp {Option}</td><td>Client</td><td>디바이스를 클라이언트 모드로 설정</td></tr>
<tr><td>Domain</td><td>VTP 관리 도메인 이름을 설정</td></tr>
<tr><td>Password</td><td>VTP 관리 도메인을 위한 패스워드 설정</td></tr>
<tr><td>Server</td><td>디바이스를 서버 모드로 설정</td></tr>
<tr><td>Transparent</td><td>디바이스를 트랜스페어런트 모드로 설정</td></tr>
<tr><td>v2-mode</td><td>VTP 버전(버전 2) 설정</td></tr>
<tr><td rowspan="4">Switch(config)#vtp {Option}</td><td>Domain</td><td>VTP 관리 도메인 이름을 설정</td></tr>
<tr><td>Mode</td><td>VTP 디바이스 모드 구성 (Server, Client, Transparent Mode 구성)</td></tr>
<tr><td>Password</td><td>VTP 관리 도메인을 위한 패스워드 설정</td></tr>
<tr><td>Version</td><td>VTP 버전 설정 (1 or 2)</td></tr>
</table>

[그림 7-13] VTP를 구성하는 명령어

최근의 IOS에서는 VTP를 구성하기 위해 VLAN Datebase 모드는 권하지 않으며 전역 구성 모드에서 바로 VTP를 생성하는 방법을 권장하고 있다. 생성된 VLAN은 "show vtp status" 명령어로 확인한다. 시스코 IOS 명령어 기반의 스위치 상에서 VTP 버전 및 여러 가지 Option을 설정하기 위하여 VLAN 데이터베이스 모드와 전역 구성 모드에서 사용하는 명령어는 [그림 7-13]과 같다.

스위치가 네트워크에서 첫 번째 스위치일 경우 관리 도메인을 생성해야 하며 관리 도메인을 보호해야 할 경우 도메인을 위한 패스워드를 구성한다. 관리 도메인을 생성하기 위한 명령어는 다음과 같으며 도메인 이름은 1~32 사이의 길이를 가진 문자, 패스워드는 8~64 사이의 길이를 가진 문자로 구성할 수 있다.

이미 존재하는 VTP 도메인에 VTP 클라이언트를 추가하기 위하여 VTP 구성수정번호가 VTP 도메인 내에 있는 다른 스위치의 구성수정번호보다 작다는 것을 확인하여야 하는데 "show" 명령어를 사용하여 확인한다. VTP에서 사용할 수 있는 "show" 명령어는 다음과 같다.

명령어	Description
Switch#show vtp status	Cisco IOS Command-based Switch에서 설정하는 VTP 구성을 확인
Switch#show vtp counters	스위치 상에서 송·수신되는 광고에 대한 상태를 Display
Switch#show vtp password	VTP 도메인 패스워드를 Display

[그림 7-14] VTP "show" 명령어

VTP 도메인 내의 스위치들은 항상 가장 높은 VTP 구성수정번호를 가진 VLAN 구성을 사용하며 스위치가 현재 VTP 도메인 내에 있는 것보다 더 높은 수정번호를 가지고 추가될 경우 VTP 서버와 VTP 도메인에서 모든 VLAN 정보를 삭제할 수 있다는 것에 주의하여야 한다.

스위치를 위해 사용할 수 있는 3개의 VTP 모드 중 하나를 선택해야 하는데 관리 도메인에서 첫 번째 스위치이며 스위치가 추가될 경우 서버 모드로 설정하여야 한다. 추가되는 스위치는 이 스위치로부터 VLAN 정보를 학습이 가능하고 도메인 내에 적어도 하나의 서버는 반드시 존재해야 한다. 다른 스위치에게 변경을 전파하지 않고 VLAN을 생성, 삭제 및 개명이 가능하기 때문에 VLAN은 몇 사람이 네트워크 내의 장치를 구성할 경우 중복이 가능하고 동일한 VLAN ID는 다른 목적을 가진 VLAN을 위해 사용될 수도 있다. 스위치의 모드를 설정하기 위한 명령어는 다음과 같다.

명령어	Description
Switch(vlan)#vtp {client | server | transparent}	스위치 모드 설정 (VLAN Database 모드)
Switch(config)#vtp mode {client | server | transparent}	스위치 모드 설정 (전역 구성 모드)

[그림 7-15] 스위치 모드 설정 명령어

IOS Command Line Interface

```
Switch#
Switch#
Switch#show vtp status
VTP Version                     : 2
Configuration Revision          : 1
Maximum VLANs supported locally : 255
Number of existing VLANs        : 10
VTP Operating Mode              : Server
VTP Domain Name                 : cisco
VTP Pruning Mode                : Disabled
VTP V2 Mode                     : Enabled
VTP Traps Generation            : Disabled
MD5 digest                      : 0xFD 0xFD 0x73 0x50 0xA5 0xCB 0x5F 0x9C
Configuration last modified by 0.0.0.0 at 3-1-93 00:15:01
Local updater ID is 0.0.0.0 (no valid interface found)
Switch#
Switch#
Switch#
Switch#
Switch#
Switch#
Switch#
Switch#
Switch#
```

[그림 7-16] VTP 정보 확인하기

① VTP 버전은 2를 지원하고 현재 버전 2로 구현

② VTP 구성수정번호는 1

③ 현재 스위치에 설정할 수 있는 최대 VLAN의 수는 255개

④ 현재 설정되어 있는 VLAN의 수는 10개

⑤ VTP 동작 모드는 서버 모드

⑥ VTP 도메인 이름은 cisco

⑦ VTP Pruning은 비활성

⑧ VTP 버전 2 활성화

⑨ VTP 관련 정보를 NMS 서버에게 보낼 것인지를 결정하는 SNMP용 VTP 트랩 전송은 비활성화

⑩ 패스워드는 암호화해서 나타낸다.

⑪ 가장 최근에 VTP 정보를 전송한 스위치의 IP 주소는 0.0.0.0이며 전송시간 및 날짜는 3-1-93, 00:15:01

⑫ 스위치가 VTP 정보를 전송할 때 사용하는 IP 주소는 0.0.0.0이며 인터페이스는 발견하지 못함

7.9 VTP 프루닝

[그림 7-17]에서와 같이 스위치 A는 VLAN 1과 VLAN 10, 스위치 B는 VLAN 1로 구성되어 있는 네트워크에서 스위치 B는 VLAN 10에 속하는 포트가 없다. 이러한 경우 스위치 A는 VLAN 10으로 보내는 브로드캐스트 트래픽을 스위치 B로 보낼 필요가 없다.

이와 같이 필요 없는 브로드캐스트 트래픽이 트렁크 포트를 통해 전송되는 것을 차단하여 트렁크의 부하를 감소시켜 주는 것을 VTP 프루닝(Pruning, 가지치기)이라고 한다.

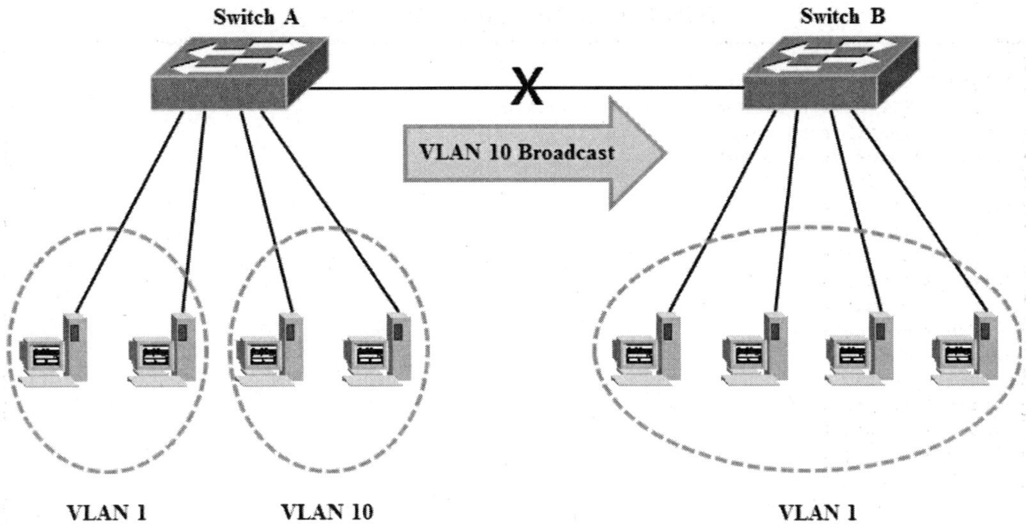

[그림 7-17] VTP 프루닝

7.10 VTP 실습

스위치 A(Switch_A)와 스위치 B(Switch_B)는 각각 1번 포트를 통하여 연결되어 있으며 각 포트는 모두 트렁크 모드로 설정되어 있다. [그림 7-18]에서 주어진 조건대로 각 스위치에 VTP 정보를 설정하고 각각의 설정명령과 VTP 정보를 확인해 보자.

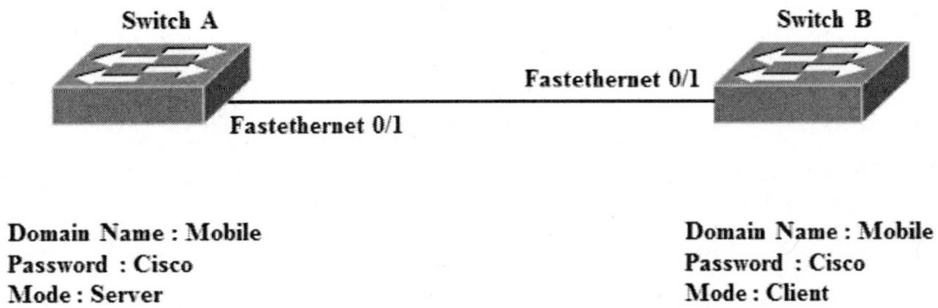

[그림 7-18] VTP 실습 구성도

IOS Command Line Interface

```
Switch_A(config)#
Switch_A(config)#vtp domain Mobile
Changing VTP domain name from NULL to Mobile
Switch_A(config)#vtp password Cisco
Setting device VLAN database password to Cisco
Switch_A(config)#
Switch_A(config)#
Switch_A(config)#
Switch_A(config)#
Switch_A(config)#
Switch_A(config)#
Switch_A(config)#
Switch_A(config)#
Switch_A(config)#
Switch_A(config)#
Switch_A(config)#
Switch_A(config)#
Switch_A(config)#
Switch_A(config)#
Switch_A(config)#
Switch_A(config)#
Switch_A(config)#
```

[그림 7-19] Switch A의 VTP 정보 설정

① "vtp domain" 명령어를 사용하여 VTP 도메인 이름을 설정(NULL 값 → Mobile)

② 스위치 A에서만 VTP 도메인 이름을 지정하면 스위치 B는 자동으로 동일한 도메인 이름으로 지정

③ VTP 모드는 Default로 서버 모드이므로 별도로 설정할 필요가 없음

④ "vtp password" 명령어를 사용하여 패스워드 설정

⑤ 도메인 내의 스위치들은 VTP 패스워드가 동일해야 함

IOS Command Line Interface

```
Switch_A#
Switch_A#show vtp status
VTP Version                     : 2
Configuration Revision          : 0
Maximum VLANs supported locally : 255
Number of existing VLANs        : 5
VTP Operating Mode              : Server
VTP Domain Name                 : Mobile
VTP Pruning Mode                : Disabled
VTP V2 Mode                     : Disabled
VTP Traps Generation            : Disabled
MD5 digest                      : 0xE9 0xE1 0xCB 0xCD 0x64 0x17 0x0C 0xD1
Configuration last modified by 0.0.0.0 at 0-0-00 00:00:00
Local updater ID is 0.0.0.0 (no valid interface found)
Switch_A#
Switch_A#
Switch_A#
Switch_A#
Switch_A#
Switch_A#
Switch_A#
Switch_A#
```

[그림 7-20] Switch A의 VTP 정보 확인

IOS Command Line Interface

```
Switch_B(config)#
Switch_B(config)#vtp password Cisco
Setting device VLAN database password to Cisco
Switch_B(config)#vtp mode client
Setting device to VTP CLIENT mode.
Switch_B(config)#
Switch_B(config)#
Switch_B(config)#
Switch_B(config)#
Switch_B(config)#
Switch_B(config)#
Switch_B(config)#
Switch_B(config)#
Switch_B(config)#
Switch_B(config)#
Switch_B(config)#
Switch_B(config)#
Switch_B(config)#
Switch_B(config)#
Switch_B(config)#
Switch_B(config)#
Switch_B(config)#
```

[그림 7-21] Switch B의 VTP 정보(VTP Client Mode) 설정

① 스위치 B에서는 VTP 패스워드와 VTP 모드만 설정하면 된다.

② VTP 도메인 이름, 프루닝 등의 정보는 스위치 A로부터 VTP를 통하여 자동으로 받아온다.

IOS Command Line Interface

```
Switch_B#
Switch_B#show vtp status
VTP Version                     : 2
Configuration Revision          : 0
Maximum VLANs supported locally : 255
Number of existing VLANs        : 5
VTP Operating Mode              : Client
VTP Domain Name                 : Mobile
VTP Pruning Mode                : Disabled
VTP V2 Mode                     : Disabled
VTP Traps Generation            : Disabled
MD5 digest                      : 0xE9 0xE1 0xCB 0xCD 0x64 0x17 0x0C 0xD1
Configuration last modified by 0.0.0.0 at 0-0-00 00:00:00
Switch_B#
Switch_B#
Switch_B#
Switch_B#
Switch_B#
Switch_B#
Switch_B#
Switch_B#
Switch_B#
```

[그림 7-22] Switch B의 VTP 정보 확인

IOS Command Line Interface

```
Switch_A#
Switch_A#show vtp counters
VTP statistics:
Summary advertisements received    : 35
Subset advertisements received     : 20
Request advertisements received    : 18
Summary advertisements transmitted : 35
Subset advertisements transmitted  : 20
Request advertisements transmitted : 0
Number of config revision errors   : 1
Number of config digest errors     : 0
Number of V1 summary errors        : 0


VTP pruning statistics:

Trunk            Join Transmitted Join Received    Summary advts received from
                                                   non-pruning-capable device
---------------- ---------------- ---------------- ---------------------------
Switch_A#
Switch_A#
Switch_A#
```

[그림 7-23] Switch A의 "show vtp counters" 명령어 Output

① 서버와 클라이언트 모드 스위치들 간에 교환된 VTP 광고(Advertisement) 메시지 수와 발견된 에러(Error) 수 확인

② 송·수신된 요약 광고 메시지, 상세 광고 메시지, 광고 요청 메시지 확인

③ 구성 수정번호 오류 1회

④ Config Digest Error는 다른 스위치가 보낸 VTP 광고 메시지의 패스워드가 일치하지 않는 경우 발생

⑤ Join Transmitted 및 Join Received는 VTP 프루닝 동작을 위해 구현되는 메시지 수

IOS Command Line Interface

```
Switch_B#
Switch_B#show vtp counters
VTP statistics:
Summary advertisements received    : 35
Subset advertisements received     : 20
Request advertisements received    : 0
Summary advertisements transmitted : 35
Subset advertisements transmitted  : 20
Request advertisements transmitted : 18
Number of config revision errors   : 2
Number of config digest errors     : 0
Number of V1 summary errors        : 0


VTP pruning statistics:

Trunk            Join Transmitted Join Received    Summary advts received from
                                                   non-pruning-capable device
---------------- ---------------- ---------------- ---------------------------
Switch_B#
Switch_B#
Switch_B#
```

[그림 7-24] Switch B의 "show vtp counters" 명령어 Output

Chapter 8

Inter-VLAN Routing

8.1 Inter-VLAN Routing

하나의 브로드캐스트 영역에 있는 호스트가 다른 브로드캐스트 영역에 있는 호스트와 통신하기를 원할 경우 라우터가 반드시 참여하여야 한다. [그림 8-1]에서 스위치의 1번 포트는 VLAN 1, 2번 포트는 VLAN 3에 속하고 있다고 가정하자. 이렇게 서로 다른 VLAN에 속한 호스트가 통신할 필요가 있을 경우에는 라우터가 반드시 참여하여야 통신이 가능하다는 것이다.

라우팅의 가장 중요한 이점은 큰 네트워크의 구축을 도와주는 것이다. 인터넷이나 거대한 캠퍼스 네트워크가 명백한 예가 될 수 있다. 라우터가 브로드캐스트의 전파를 차단하고 브리지나 스위치보다 지능적인 Forwarding 알고리즘을 사용하기 때문에 보다 효과적인 대역폭 사용을 제공할 수 있으며 동시에 유연한 최적의 경로선택이 가능하다.

라우팅 시 네트워크에서 다중 경로를 통해 Load Balancing 구현이 용이한 반면 2계층 Load Balancing은 설계, 구축 및 유지하기가 어렵다. 다중의 장치를 통해 VLAN이 구축되어 있을 경우 트렁크는 장치들을 서로 연결하기 위해 사용하며 트렁크는 다중 VLAN을 위한 트래픽을 전달한다.

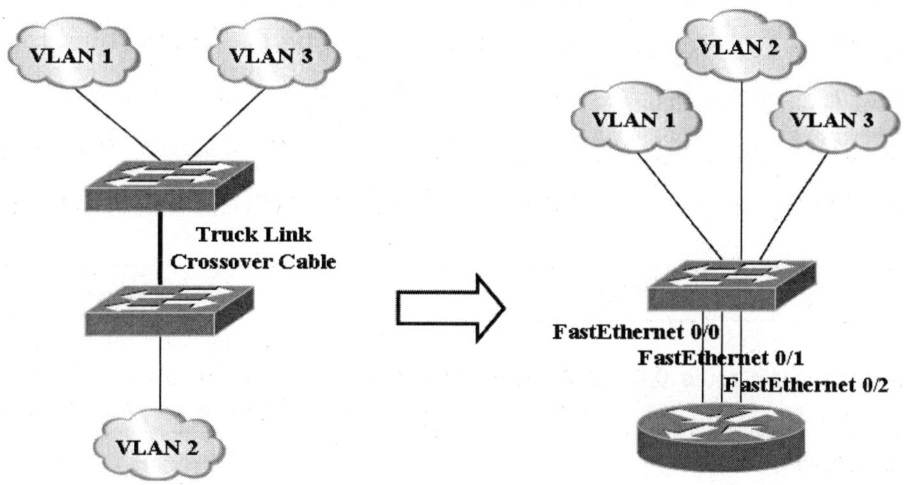

[그림 8-1] Inter-VLAN Routing

트렁크는 스위치와 스위치, 스위치와 Inter-VLAN 라우터 혹은 스위치와 트렁킹을 지원하는 특별한 NIC이 설치되어 있는 서버를 연결한다. 하나의 VLAN상에 있는 호스트는 다른 VLAN상에 있는 호스트와 통신하기를 원할 때 라우터는 반드시 참여해야 함을 기억하자.

8.2 Inter-VLAN의 문제점과 해결방안

VLAN이 서로 연결되어 있을 경우 몇 가지 기술적인 문제가 발생할 수 있다. 다중 VLAN 환경에서 발생할 수 있는 가장 일반적인 문제 두 가지는 End User 장치가 Non-local 호스트에 도달할 필요성이 있는 경우와 다른 VLAN상의 호스트가 서로 통신할 필요성이 있는 경우이다.

라우터가 원격 호스트와 연결할 필요가 있을 경우 알려진 경로가 존재하는지 결정하기 위해 라우팅 테이블을 확인하고 원격 호스트가 도달하는 방법을 알고 있는 서브넷에 있을 경우 시스템은 인터페이스를 따라 연결할 수 있는지 알아보기 위해 체크한다. 알려진 모든 경로가 장애 시 시스템은 마지막 선택인 Default 경로를 가진다. "show ip route" 명령어의 출력에서 "*"는 Default 경로를 지시한다.

LAN상의 호스트를 위한 이러한 게이트웨이는 외부와 직접 연결된 모든 기계에 설정되며 TCP/IP가 설정된 워크스테이션에 나열된 Default 게이트웨이가 그것이다. 인터넷으로 가는 게이트웨이로 동작하는 라우터를 위해 Default 경로가 구성되는 경우 Default 경로는 ISP 사이트에서는 게이트웨이 Machine을 지시한다. Default 경로는 "ip route" 명령어를 사용하여 설정하며 여기서 게이트웨이는 192.168.1.1이 된다.

명령어	Description
Router(config)#ip route 0.0.0.0 0.0.0.0 192.168.1.1	Default 경로 설정 0.0.0.0 : 모든 네트워크 192.168.1.1 : Default Gateway
Router#show ip route	라우팅테이블 Display

[그림 8-2] Default 경로설정과 라우팅 테이블 확인하는 명령어

VLAN 간 접속은 물리 혹은 논리적인 접속으로 구현이 가능한데 논리적인 접속은 스위치에서 라우터까지 단일 접속 혹은 트렁크를 포함한다. 트렁크는 다중 VLAN 지원이 가능하며 이러한 토폴로지는 라우터까지 단일 접속 때문에 Stick상의 라우터라 부른다. 이때 라우터와 스위치 사이에는 다중 논리 접속이 존재하게 된다.

물리적인 접속은 각 VLAN을 위한 물리 접속을 분리하는 것도 포함하는데 이것은 각 VLAN을 위해 물리적인 인터페이스를 분리함을 의미한다. 초기 VLAN 설계는 VLAN이 가능한 스위치와 연결된 외부 라우터에 의존했으며 라우터는 하나 이상의 링크를 경유하여 Switched 네트워크까지 연결하였다.

Router-on-a-stick 설계는 라우터를 캠퍼스 네트워크와 연결하는 단일 트렁크 링크를 채용하며 VLAN 사이의 트래픽은 VLAN 사이를 움직일 수 있는 라우터에 도달하기 위해 2계층 백본을 거쳐야 하도록 되어 있다. 트래픽은 정상적인 2계층 Forwarding을 사용하여 원하는 단말까지 되돌아가게 되는데 이와 같은 Out-to-the-router-and-back의 흐름은 Router-on-a-stick 설계의 특성이다.

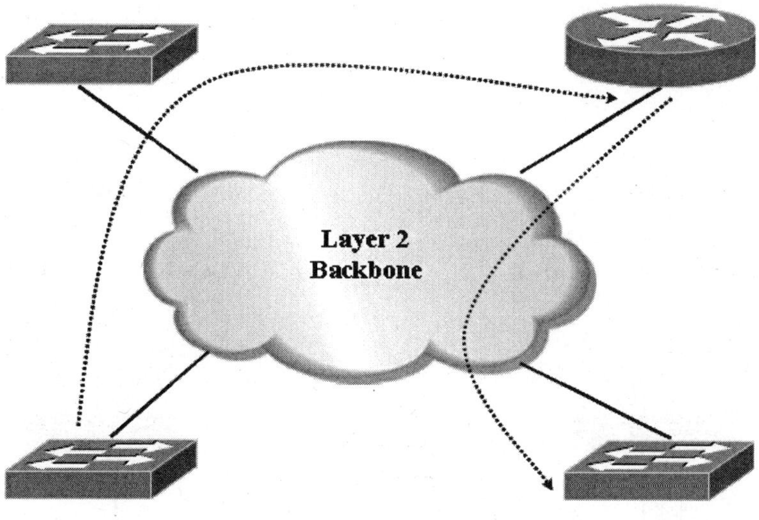

[그림 8-3] Layer 2 Backbone

8.3 물리인터페이스와 논리인터페이스

이전의 방식으로는 4개의 VLAN을 가진 네트워크는 스위치와 외부 라우터 사이에 4개의 물리적인 접속을 요구한다. 시스코사의 ISL(Inter-switch Link)과 같은 기술이 일반화됨에 따라 네트워크 설계자들은 라우터와 스위치를 연결하기 위해 트렁크 링크를 사용하기 시작하였으며 ISL, 802.1Q, 802.10 or LAN Emulation과 같은 어떤 트렁킹 기술도 사용될 수 있지만 ISL과 802.1Q와 같은 이더넷 기반의 접근이 가장 일반적이다.

IEEE Multivendor 표준인 802.1Q뿐 아니라 시스코 소유의 프로토콜인 ISL도 Fast Ethernet 링크를 통해 VLAN 트렁크로 사용이 가능하다([그림 8-4]). 네트워크상에 VLAN의 수가 증가함에 따라 VLAN당 하나의 라우터 인터페이스를 가지는 물리적인 접근은 바로 한계에 도달하게 되었으며 많은 수의 VLAN을 가지는 네트워크는 다중 VLAN을 단일 라우터 인터페이스에 할당하기 위해 VLAN 트렁킹을 사용해야 한다.

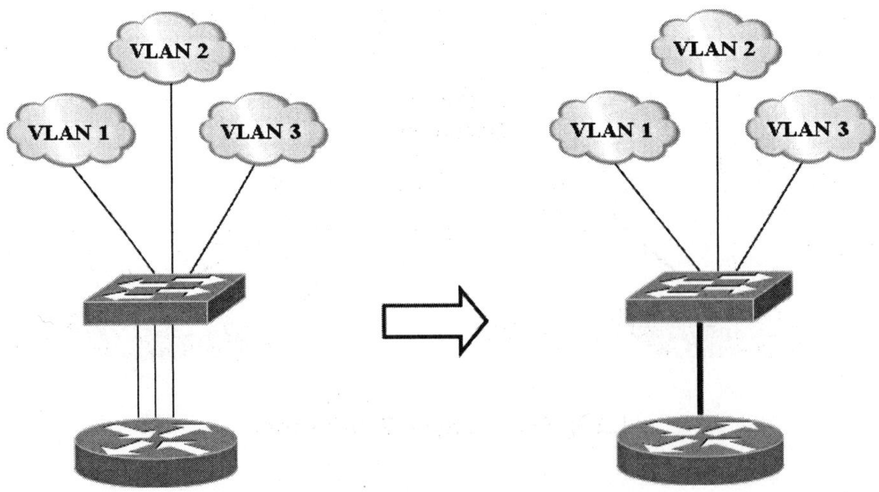

[그림 8-4] VLAN 트렁크

이러한 경우 서브인터페이스(Subinterface)를 사용하는 물리링크를 통해 동작하는 다중 논리링크를 구현하면 되는데 라우터는 개별 물리 링크상에 많은 수의 논리 인터페이스 지원이 가능하다. 예를 들어 Fast Ethernet Interface "fastethernet 1/0"는 "fastethernet1/0.1, 1/0.2, 1/0.3"으로 번호가 붙여진 3개의 가상의 인터페이스 지원이 가능하다. 트렁크 링크 사용의 기본적인 장점은 라우터와 스위치의 포트 수를 감소시키는 것이다. 이것은 비용절감뿐 아니라 구성의 복잡성도 감소시키게 된다. Trunk-connected 라우터는 One-link-per-VLAN 설계보다 더 많은 수의 VLAN을 수용할 수 있을 것이다.

8.4 논리인터페이스로 분리하기

서브인터페이스는 물리인터페이스 내의 논리인터페이스를 일컫는 말인데 단일 물리인터페이스상에 다중의 서브인터페이스의 존재가 가능하다. 각 서브인터페이스는 하나의 VLAN을 지원하고 하나의 IP 주소가 할당된다. 동일한 VLAN상에서 다중의 장치들이 통신하기 위해 모든 Meshed 서브인터페이스들의 IP 주소는 동일한 네트워크나 서브네트워크에 있어야 한다.

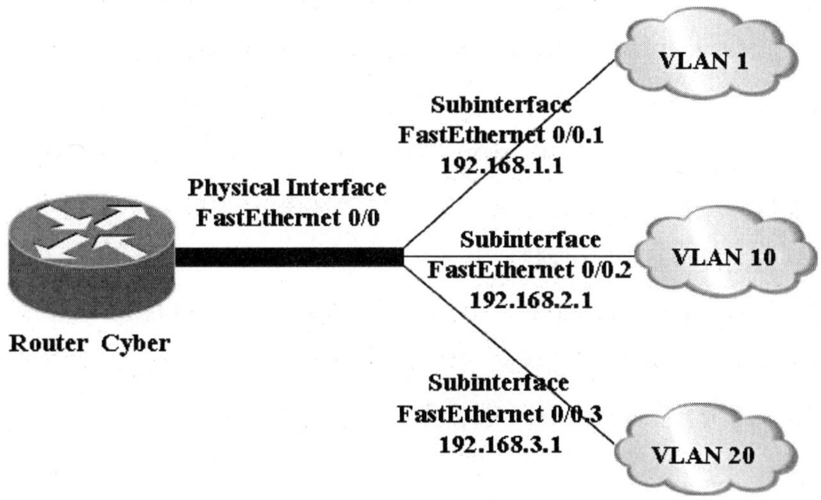

[그림 8-5] 서브인터페이스

예를 들면 서브인터페이스 "fastethernet 0/0.1"이 IP 주소 192.168.1.1을 가질 경우 192.168.1.2, 192.168.1.3 및 192.168.1.4 등이 서브인터페이스 "fastethernet 0/0.1"과 접속된 장치의 IP 주소가 된다([그림 8-5]). 서브인터페이스를 가진 VLAN 사이를 통과하기 위해서는 각 VLAN을 위한 서브인터페이스가 생성되어야 한다.

8.5 Inter-VLAN 라우팅 구성

이 섹션에서는 라우터와 스위치 사이에 Inter-VLAN 라우팅을 구성하기 위해 필요한 명령어를 보여주는데 명령어를 실행하기 전에 각 라우터와 스위치는 어떤 VLAN Encapsulation을 지원하는지 알아보기 위해 먼저 체크되어야 한다. 예를 들어 시스코사의 Catalyst 2950 스위치는 Cisco IOS Release 12.0(5.2)WC(1) 이후 802.1q 트렁킹을 지원하지만 ISL 트렁킹은 지원하지 않는다. Inter-VLAN 라우팅이 적절하게 동작하기 위해서는 참여하는 모든 라우터와 스위치가 동일한 Encapsulation을 지원해야 한다.

라우터상에서 인터페이스는 논리적인 가상의 서브인터페이스로 다중화될 수 있으며 서브인터페이스는 단일 물리인터페이스를 통해 다중의 데이터 스트림(Data Stream)을 라우팅하기 위한 유연한 솔루션을 제공한다. 물리인터페이스에 서브인터페이스를 정의하기 위해 수행해야 할 작업은 우선 인터페이스를 확인하고, VLAN Encapsulation을 정의한 후 인터페이스에 IP 주소를 할당하면 된다.

인터페이스를 식별하기 위해 전역 구성 모드에서 "interface" 명령어를 사용하고 라우터는 표준 트렁킹 프로토콜을 사용하는 스위치와 대화가 가능하다. 서로 연결된 양쪽의 장치가 서로를 이해할 수 있어야 함을 의미하며 여기서는 802.1Q가 사용되었다. VLAN Encapsulation을 정의하기 위해서는 인터페이스 구성 모드에서 "encapsulation" 명령어를 사용하고 인터페이스에 IP 주소를 할당하기 위해 인터페이스 구성 모드에서 "ip address" 명령어를 사용하면 된다.

명령어 형식과 예	Description
Router(config)#interface fastethernet *port-number. subinterface-number*	port-number는 물리인터페이스를, subinterface-number는 가상의 인터페이스를 나타냄
Router(config)#interface fastethernet 0/1.1	
Router(config-subif)#encapsulation dot1q *vlan-number*	vlan-number는 서브인터페이스가 트래픽을 운반할 VLAN을 나타냄
Router(config-subif)#encapsulation dot1q 100	
Router(config-subif)#ip address *ip-address subnet-mask*	특정 인터페이스의 32-bit 네트워크 주소와 Mask를 나타냄
Router(config-subif)#ip address 192.168.1.3 255.255.255.0	

[그림 8-6] 서브인터페이스

VLAN ID는 프레임이 Nonlocal 네트워크로 갈 때에만 프레임에 추가하며 각 VLAN 패킷은 헤더 내에 VLAN ID를 운반한다.

[그림 8-7]에서 라우터는 FastEthernet 0/0에 구성된 3개의 서브인터페이스(0/0.1, 0/0.2, 0/0.3)를 가진다. 모든 인터페이스는 802.1Q로 Encapsulation되고 서브인터페이스 0/0.1은 VLAN 1을 위한 패킷을, 서브인터페이스 0/0.2는 VLAN 10을 위한 패킷을, 서브인터페이스 0/0.3은 VLAN 20을 위한 패킷을 라우팅하고 있다.

라우터의 설정은 다음과 같다.

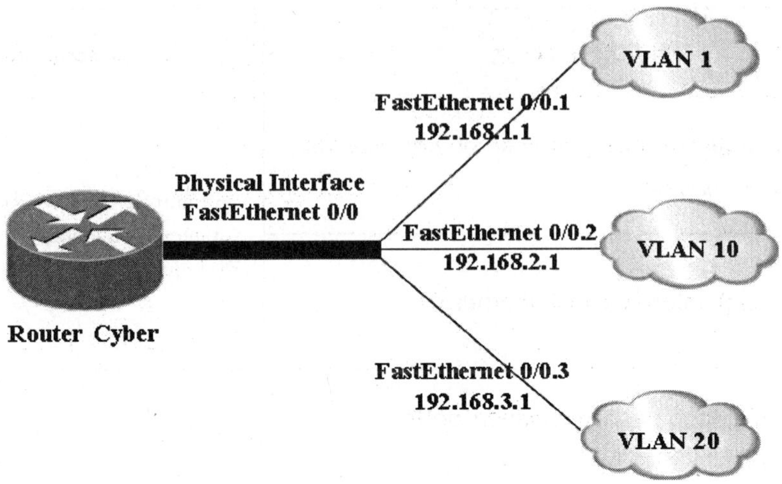

[그림 8-7] Inter-VLAN 구성의 예

라우터(Cyber) 설정

```
Cyber(config)#interface fastethernet 0/0.1
Cyber(config-subif)#description Cyber-security1 VLAN 1
Cyber(config-subif)#encapsulation dot1q 1
Cyber(config-subif)#ip address 192.168.1.1 255.255.255.0

Cyber(config)#interface fastethernet 0/0.2
Cyber(config-subif)#description Cyber-security2 VLAN 10
Cyber(config-subif)#encapsulation dot1q 10
Cyber(config-subif)#ip address 192.168.2.1 255.255.255.0

Cyber(config)#interface fastethernet 0/0.3
Cyber(config-subif)#description Cyber-security3 VLAN 20
Cyber(config-subif)#encapsulation dot1q 20
Cyber(config-subif)#ip address 192.168.3.1 255.255.255.0

Cyber(config)#interface fastethernet 0/0
Cyber(config-if)#no shutdown
```

8.6 Inter-VLAN 실습

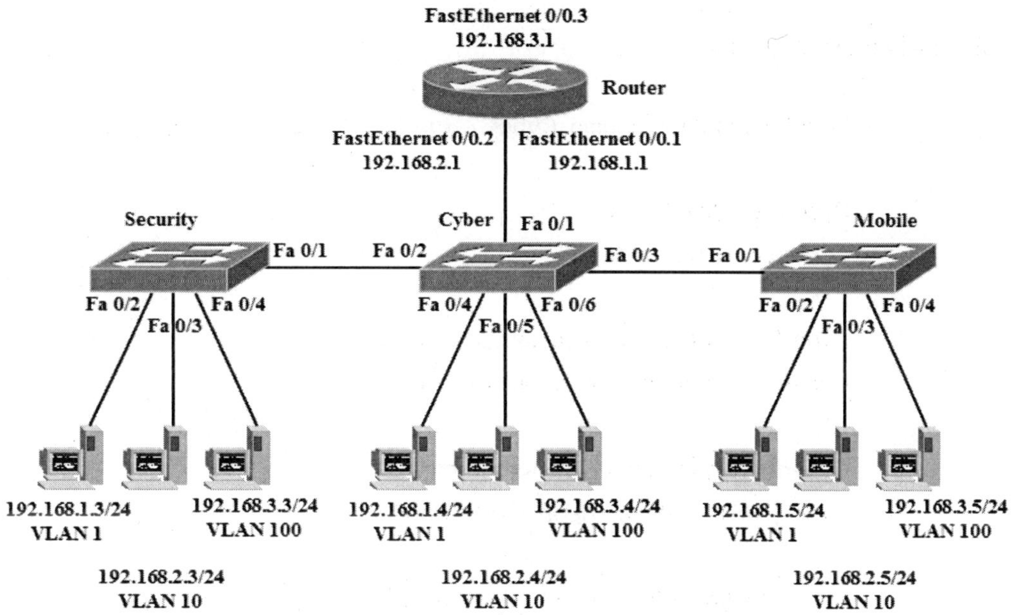

[그림 8-8] Inter-VLAN 구성의 실습 구성도

① 스위치(Security) 설정

```
Switch(config)#hostname Security

Security(config)#vlan 10
Security(config)#vlan 100

Security(config)#interface fastethernet 0/1
Security(config-if)#switchport mode trunk

Security(config)#interface fastethernet 0/3
Security(config-if)#switchport mode access
```

```
Security(config-if)#switchport access vlan 10

Security(config)#interface fastethernet 0/4
Security(config-if)#switchport mode access
Security(config-if)#switchport access vlan 100
```

② 스위치(Cyber) 설정

```
Switch(config)#hostname Cyber

Cyber(config)#vlan 10
Cyber(config)#vlan 100

Cyber(config)#interface fastethernet 0/1
Cyber(config-if)#switchport mode trunk

Cyber(config)#interface fastethernet 0/2
Cyber(config-if)#switchport mode trunk

Cyber(config)#interface fastethernet 0/3
Cyber(config-if)#switchport mode trunk

Cyber(config)#interface fastethernet 0/5
Cyber(config-if)#switchport mode access
Cyber(config-if)#switchport access vlan 10

Cyber(config)#interface fastethernet 0/6
Cyber(config-if)#switchport mode access
Cyber(config-if)#switchport access vlan 100
```

③ 스위치(Mobile) 설정

```
Switch(config)#hostname Mobile

Mobile(config)#vlan 10
```

```
Mobile(config)#vlan 100

Mobile(config)#interface fastethernet 0/1
Mobile(config-if)#switchport mode trunk

Mobile(config)#interface fastethernet 0/3
Mobile(config-if)#switchport mode access
Mobile(config-if)#switchport access vlan 10

Mobile(config)#interface fastethernet 0/4
Mobile(config-if)#switchport mode access
Mobile(config-if)#switchport access vlan 100
```

④ 라우터(Router) 설정

```
Router(config)#interface fastethernet 0/0.1
Router(config-subif)#encapsulation dot1q 1
Router(config-subif)#ip address 192.168.1.1 255.255.255.0

Router(config)#interface fastethernet 0/0.2
Router(config-subif)#encapsulation dot1q 10
Router(config-subif)#ip address 192.168.2.1 255.255.255.0

Router(config)#interface fastethernet 0/0.3
Router(config-subif)#encapsulation dot1q 20
Router(config-subif)#ip address 192.168.3.1 255.255.255.0

Router(config)#interface fastethernet 0/0
Router(config-if)#no shutdown
```

IOS Command Line Interface

```
Cyber#
Cyber#show vlan

VLAN Name                             Status    Ports
---- -------------------------------- --------- -------------------------------
1    default                          active    Fa0/4, Fa0/7, Fa0/8, Fa0/9
                                                Fa0/10, Fa0/11, Fa0/12, Fa0/13
                                                Fa0/14, Fa0/15, Fa0/16, Fa0/17
                                                Fa0/18, Fa0/19, Fa0/20, Fa0/21
                                                Fa0/22, Fa0/23, Fa0/24, Gig1/1
                                                Gig1/2
10   VLAN0010                         active    Fa0/5
100  VLAN0100                         active    Fa0/6
1002 fddi-default                     act/unsup
1003 token-ring-default               act/unsup
1004 fddinet-default                  act/unsup
1005 trnet-default                    act/unsup

VLAN Type  SAID       MTU   Parent RingNo BridgeNo Stp  BrdgMode Trans1 Trans2
---- ----- ---------- ----- ------ ------ -------- ---- -------- ------ ------
1    enet  100001     1500  -      -      -        -    -        0      0
10   enet  100010     1500  -      -      -        -    -        0      0
100  enet  100100     1500  -      -      -        -    -        0      0
1002 fddi  101002     1500  -      -      -        -    -        0      0
1003 tr    101003     1500  -      -      -        -    -        0      0
1004 fdnet 101004     1500  -      -      -        ieee -        0      0
1005 trnet 101005     1500  -      -      -        ibm  -        0      0

Remote SPAN VLANs
------------------------------------------------------------------------------


Primary Secondary Type              Ports
------- --------- ----------------- ------------------------------------------
Cyber#
Cyber#
Cyber#
```

[그림 8-9] Cyber 스위치의 "show vlan" Output

IOS Command Line Interface

```
Cyber#
Cyber#show mac-address-table
          Mac Address Table
-------------------------------------------

Vlan    Mac Address       Type        Ports
----    -----------       --------    -----

   1    0001.425c.e401    DYNAMIC     Fa0/3
   1    0002.1780.2bbd    DYNAMIC     Fa0/4
   1    000c.cfc5.b4c2    DYNAMIC     Fa0/3
   1    0060.5cd1.d001    DYNAMIC     Fa0/1
   1    0060.7079.2701    DYNAMIC     Fa0/2
   1    00e0.8faa.5db7    DYNAMIC     Fa0/2
  10    0001.425c.e401    DYNAMIC     Fa0/3
  10    0060.5cd1.d001    DYNAMIC     Fa0/1
  10    0090.21a4.78b4    DYNAMIC     Fa0/5
  10    00e0.a331.564d    DYNAMIC     Fa0/2
  10    00e0.f792.965d    DYNAMIC     Fa0/3
 100    0001.425c.e401    DYNAMIC     Fa0/3
 100    0001.9683.a3bb    DYNAMIC     Fa0/3
 100    0002.1628.d930    DYNAMIC     Fa0/6
 100    0060.5cd1.d001    DYNAMIC     Fa0/1
 100    00e0.b0e7.31aa    DYNAMIC     Fa0/2
Cyber#
Cyber#
Cyber#
```

[그림 8-10] Cyber 스위치의 MAC 주소 테이블

IOS Command Line Interface

```
Cyber#
Cyber#show interfaces trunk
Port        Mode         Encapsulation  Status        Native vlan
Fa0/1       on           802.1q         trunking      1
Fa0/2       on           802.1q         trunking      1
Fa0/3       on           802.1q         trunking      1

Port        Vlans allowed on trunk
Fa0/1       1-1005
Fa0/2       1-1005
Fa0/3       1-1005

Port        Vlans allowed and active in management domain
Fa0/1       1,10,100
Fa0/2       1,10,100
Fa0/3       1,10,100

Port        Vlans in spanning tree forwarding state and not pruned
Fa0/1       1,10,100
Fa0/2       1,10,100
Fa0/3       1,10,100
Cyber#
Cyber#
Cyber#
```

[그림 8-11] Cyber 스위치의 트렁크 보기

IOS Command Line Interface

```
Cyber#
Cyber#show interfaces fastethernet 0/1 switchport
Name: Fa0/1
Switchport: Enabled
Administrative Mode: trunk
Operational Mode: trunk
Administrative Trunking Encapsulation: dot1q
Operational Trunking Encapsulation: dot1q
Negotiation of Trunking: On
Access Mode VLAN: 1 (default)
Trunking Native Mode VLAN: 1 (default)
Voice VLAN: none
Administrative private-vlan host-association: none
Administrative private-vlan mapping: none
Administrative private-vlan trunk native VLAN: none
Administrative private-vlan trunk encapsulation: dot1q
Administrative private-vlan trunk normal VLANs: none
Administrative private-vlan trunk private VLANs: none
Operational private-vlan: none
Trunking VLANs Enabled: ALL
Pruning VLANs Enabled: 2-1001
Capture Mode Disabled
Capture VLANs Allowed: ALL
Protected: false
Appliance trust: none
Cyber#
Cyber#
Cyber#
```

[그림 8-12] Cyber 스위치의 스위치 포트(Router 트렁크, Fastethernet 0/1) 상태 확인하기

① 포트 이름은 "Fa0/1"이며 Switchport가 활성화되어 있음

② 관리 모드와 동작 모드 모두 Trunk로 설정

③ 관리 트렁킹 Encapsulation과 동작 Encapsulation 트렁킹은 모두 스위치의 Default Encapsulation인 IEEE 802.1Q로 설정되어 있다. Encapsulation 타입은 연결되는 장치 간 서로 일치해야 함

④ 트렁크에서 허용된 VLAN 범위는 모든 VLAN

⑤ 필요 없는 브로드캐스트 트래픽의 트렁크 포트를 통한 전송을 차단하는 VTP 프루닝(Pruning, 가지치기) 기능은 Ethernet VLAN인 VLAN 2~1001까지 활성화되어 있음

IOS Command Line Interface

```
Cyber#
Cyber#show interfaces fastethernet 0/2 switchport
Name: Fa0/2
Switchport: Enabled
Administrative Mode: trunk
Operational Mode: trunk
Administrative Trunking Encapsulation: dot1q
Operational Trunking Encapsulation: dot1q
Negotiation of Trunking: On
Access Mode VLAN: 1 (default)
Trunking Native Mode VLAN: 1 (default)
Voice VLAN: none
Administrative private-vlan host-association: none
Administrative private-vlan mapping: none
Administrative private-vlan trunk native VLAN: none
Administrative private-vlan trunk encapsulation: dot1q
Administrative private-vlan trunk normal VLANs: none
Administrative private-vlan trunk private VLANs: none
Operational private-vlan: none
Trunking VLANs Enabled: ALL
Pruning VLANs Enabled: 2-1001
Capture Mode Disabled
Capture VLANs Allowed: ALL
Protected: false
Appliance trust: none
Cyber#
Cyber#
```

[그림 8-13] Cyber 스위치의 스위치 포트(Security 스위치 트렁크, Fastethernet 0/2) 상태 확인하기

① 포트 이름은 "Fa0/2"이며 Switchport가 활성화되어 있음

② 관리 모드와 동작 모드 모두 Trunk로 설정

③ 관리 트렁킹 Encapsulation과 동작 Encapsulation 트렁킹은 모두 스위치의 Default Encapsulation인 IEEE 802.1Q로 설정되어 있다. Encapsulation 타입은 연결되는 장치 간 서로 일치해야 함

④ 트렁크에서 허용된 VLAN 범위는 모든 VLAN

⑤ 필요 없는 브로드캐스트 트래픽의 트렁크 포트를 통한 전송을 차단하는 VTP 프루닝(Pruning, 가지치기) 기능은 Ethernet VLAN인 VLAN 2~1001까지 활성화되어 있음

IOS Command Line Interface

```
Router#
Router#show interface fastethernet 0/0.1
FastEthernet0/0.1 is up, line protocol is up (connected)
  Hardware is PQUICC_FEC, address is 0060.5cd1.d001 (bia 0060.5cd1.d001)
  Internet address is 192.168.1.1/24
  MTU 1500 bytes, BW 100000 Kbit, DLY 100 usec,
     reliability 255/255, txload 1/255, rxload 1/255
  Encapsulation 802.1Q Virtual LAN, Vlan ID 1
  ARP type: ARPA, ARP Timeout 04:00:00,
  Last clearing of "show interface" counters never
Router#show interface fastethernet 0/0.2
FastEthernet0/0.2 is up, line protocol is up (connected)
  Hardware is PQUICC_FEC, address is 0060.5cd1.d001 (bia 0060.5cd1.d001)
  Internet address is 192.168.2.1/24
  MTU 1500 bytes, BW 100000 Kbit, DLY 100 usec,
     reliability 255/255, txload 1/255, rxload 1/255
  Encapsulation 802.1Q Virtual LAN, Vlan ID 10
  ARP type: ARPA, ARP Timeout 04:00:00,
  Last clearing of "show interface" counters never
Router#show interface fastethernet 0/0.3
FastEthernet0/0.3 is up, line protocol is up (connected)
  Hardware is PQUICC_FEC, address is 0060.5cd1.d001 (bia 0060.5cd1.d001)
  Internet address is 192.168.3.1/24
  MTU 1500 bytes, BW 100000 Kbit, DLY 100 usec,
     reliability 255/255, txload 1/255, rxload 1/255
  Encapsulation 802.1Q Virtual LAN, Vlan ID 100
  ARP type: ARPA, ARP Timeout 04:00:00,
  Last clearing of "show interface" counters never
Router#
Router#
Router#
```

[그림 8-14] 라우터의 서브인터페이스 1, 2, 3 보기

IOS Command Line Interface

```
Router#
Router#show ip route
Codes: C - connected, S - static, I - IGRP, R - RIP, M - mobile, B - BGP
       D - EIGRP, EX - EIGRP external, O - OSPF, IA - OSPF inter area
       N1 - OSPF NSSA external type 1, N2 - OSPF NSSA external type 2
       E1 - OSPF external type 1, E2 - OSPF external type 2, E - EGP
       i - IS-IS, L1 - IS-IS level-1, L2 - IS-IS level-2, ia - IS-IS inter area
       * - candidate default, U - per-user static route, o - ODR
       P - periodic downloaded static route

Gateway of last resort is not set

C    192.168.1.0/24 is directly connected, FastEthernet0/0.1
C    192.168.2.0/24 is directly connected, FastEthernet0/0.2
C    192.168.3.0/24 is directly connected, FastEthernet0/0.3
Router#
Router#
Router#
Router#
Router#
Router#
Router#
Router#
Router#
```

[그림 8-15] 라우터의 라우팅 테이블

① 직접 연결된(Code "c") 네트워크 3개

→ 192.168.1.0/24, 192.168.2.0/24, 192.168.3.0/24

② 서브 인터페이스페이스 1번 Fastethernet 0/0.1에 연결된 네트워크 :

192.168.1.0/24

서브 인터페이스페이스 2번 Fastethernet 0/0.2에 연결된 네트워크 :

192.168.2.0/24

서브 인터페이스페이스 3번 Fastethernet 0/0.3에 연결된 네트워크 :

192.168.3.0/24

Appendix

부 록

A.1 용어정리

ACL(Access Control List)

네트워크 관리자는 적절한 Network 접근은 허용하는 반면 원치 않는 접근은 차단하는 방법을 준비할 필요가 있다. 패스워드, Callback 장치 및 물리적인 보안 장비와 같은 보안 Tool이 도움이 되지만 관리자가 원하는 트래픽 필터링 및 제어에 대한 융통성이 부족한 경우가 많다.

예를 들어 내부 사용자의 인터넷 접근은 허용하지만 외부 사용자의 LAN에 대한 접근은 원치 않는 것과 같은 경우이다. 라우터는 ACL(Access Control List)을 이용하여 인터넷 Traffic 차단과 같은 기본적인 Traffic Filtering 기능을 제공한다. ACL은 주소 혹은 상위계층 프로토콜에 적용하는 허가 혹은 거절문의 순차적인 집합을 말한다.

ARCnet(Attached Resource Computer Network)

1977년 Datapoint사에서 개발한 네트워크 토폴로지(Topology)로서 Coaxial, twisted-pair, fiber-optic 케이블을 사용하여 최대 255 노드까지 연결할 수 있다. ARCnet은 Token-passing 기술을 적용하고 있으며 최대 2.5Mbps의 전송속도를 구현할 수 있다. ARCnet의 새 버전은 100Mbps까지도 구현 가능하다. 현재 많이 사용되는 토폴로지(Topology)는 아니다.

ADSL(Asymmetric Digital Subscriber Line)

교환국에서 사용자까지의 수신 대역폭이 전송 대역폭보다 크기 때문에 인터넷 접속에 적합하다. 수신 속도는 1.5~9Mbps이지만 전송 속도는 16~640Kbps에 불과하다. 인터넷 접속 외에도 리모트 LAN 접속과 VOD 서비스에도 활용 가능하다. ADSL 전송방식은 트위스트 페어 구리선을 통해 최고 18,000ft(5,488m)의 거리에서 사용할 수 있다.

Applet

애플릿. 컴파일되어 HTML 페이지에 내장된 작은 프로그램을 말하며 종종 자바(Java) 프로그램의 환경에서 사용된다.

AS(Autonomous System)

공공 라우팅 전략을 공유하는 공동관리 하의 네트워크들의 집합을 말하며 자율시스템(Autonomous System)은 영역에 의해 구분된다. 자율시스템은 IANA에 의해 유일한 16비트의 수로 할당되어야 하며 AS로 줄여 쓰이기도 한다.

ATM(Asynchronous Transfer Mode)

비동기식 전송 모드. 복수의 디지털신호를 다중화하여 하나의 고속디지털 신호로 변환하는 것을 시분할 다중화(TDM : Time Division Multiplexing)라 하는데 TDM 동기식과 비동기식으로 나누어지며, 이 중 ATM은 비동기 시분할 다중화 방식을 채택하여 전송로를 보다 효과적으로 이용할 수 있으며, 간헐적인 데이터를 단시간에 송신할 수 있다. ATM 송출정보는 48바이트의 정보와 5바이트의 헤더로 된 53바이트의 셀(Cell) 형태로 전송한다. 오류검출과 재전송 등의 제어를 하지 않아 이를 수행하는 패킷교환보다 고속전송이 가능하다.

Availability

전화시스템이나 기타 장치가 운용 상태를 유지하는 시간, 즉 전화 호출이나 기타 트랜잭션이 얼마나 오랫동안 유지되는가를 나타낸다. 가용성(Availability)이란 장치 하나가 주어진 시간 내에 운용 유지되는 총 시간과 다음 유지 시간 사이의 간격 간 비율로 표시한다. 신뢰성과 비교할 수 있다.

Availability = MTBF / (MTBF + MTTR)

MTBF : Mean Time Between Failure, MTTR : Mean Time To Repair

Bandwidth(대역폭)

네트워크 신호용으로 사용할 수 있는 가장 높은 주파수와 가장 낮은 주파수 사이의 차이를 말한다. 지정된 네트워크 매체나 프로토콜의 정격 스루풋

(Throughput) 용량을 표현하는 데도 사용된다. 주파수 범위는 Hertz(Hz)의 단위에서 측정되는 신호를 전하는 데 필요하다. 예를 들어 음성신호는 전형적으로 대략 7KHz의 대역폭을 요구한다.

Baseband 방식

베이스밴드 방식은 하나의 물리적 전송매체에 하나의 채널만 형성하여 데이터를 전송하는 방식이다. 즉, 데이터 신호를 변조 없이 직접 전송하는 방식으로 한 선로에 한 가지 서비스만을 할 수가 있다. 베이스밴드를 사용하는 경우 스테이션이 공유할 수 있는 채널은 하나로 제한되므로 상호간에 충돌을 방지하기 위해 채널을 시 구간별로 구분하여 전송 권한을 부여하는 시분할 다중화(TDM) 방식을 사용한다.

Berarer Service

베어러 서비스는 통신망에 접속되는 단말의 종류를 의식하여 이용자 통신망 인터페이스 간에서 단말이 전송한 정보를 그대로 전송하는 서비스이고 64Kbps 회선 교환 서비스와 패킷 교환 서비스 등이 여기에 속한다.

Big Data

기존 데이터베이스 관리도구의 데이터 수집 · 저장 · 관리 · 분석의 역량을 넘어서는 대량의 정형 또는 비정형 데이터 세트 및 이러한 데이터로부터 가치를 추출하고 결과를 분석하는 기술을 의미한다.

다양한 종류의 대규모 데이터의 생성 · 수집 · 분석 · 표현을 그 특징으로 하는 빅 데이터 기술의 발전은, 다변화된 현대 사회를 더욱 정확하게 예측하여 효율적으로 작동케 하고, 개인화된 현대 사회 구성원마다 맞춤형 정보를 제공 · 관리 · 분석 가능케 하며, 과거에는 불가능 했던 기술을 실현시키기도 한다. 이같이 빅 데이터는 정치 · 사회 · 경제 · 문화 · 과학 기술 등 전 영역에 걸쳐서 사회와 인류에게 가치 있는 정보를 제공하며, 그 중요성 또한 부각되고 있다.

Bot

운영체제의 취약점, 비밀번호의 취약성, 웜 바이러스의 백도어 등을 이용하여 전파되며, 해킹명령 전달 사이트와의 백도어 연결 등을 통하여 스팸메일 전송이나 DDoS 공격에 악용이 가능한 프로그램 또는 실행 가능한 코드를 말한다.

Broadband 방식

브로드 밴드방식은 하나의 물리적 전송매체에 여러 개의 전송 채널을 형성하여 동시에 복수개의 채널로 데이터를 송수신하는 방식이다. 이는 한 선로 상에서 여러 서비스를 제공하기 위해 서로 다른 주파수 영역으로 데이터, 음성 또는 영상 등과 같은 신호를 변조하여 주파수 분할 다중화(FDM) 방식을 사용하여 전송한다.

BYOD(Bring Your Own Device)

개인이 소유한 노트북, 스마트폰, 태블릿 등의 장비를 직장에서 업무용으로 사용하는 것을 말한다. 회사 입장에서는 비용 절감과 재고 관리에 도움이 되며 직원들도 자신이 다루기 익숙한 장비를 업무에 활용할 수 있다는 측면에서 장점이 있다. 물론 개인 장비의 활용 범위와 비용 부담을 어디까지 인정하느냐는 정책적인 문제, 그리고 보안 문제가 불안요소로 작용한다.

Cable Modem

가정이나 사무실에 설치되어 있는 케이블 TV 네트워크를 이용해 10Mbps의 고속 인터넷 전송이 가능한 서비스를 할 수 있는 전용 장비로 각 PC에 설치한다. 동축케이블과 광케이블을 사용함으로써 전송 대역폭이 기존의 전화회선에 비해 엄청나게 크다. 현재 10Mbps 케이블 모뎀이 판매되고 있지만, 기존 전화선에 비해 수천 배나 빠른 전송 속도를 보장하는 수십Mbps 제품이 출시될 것으로 보인다.

Catenet

서로 통신하기를 원하는 두 개체 사이에 교환망이 구성되어 있지 않을 경우 여러 네트워크를 통해 간접적으로 통신을 해야 한다. 이러한 네트워크를 캐티네트(Catenet)라 한다.

CIM(Computer Integrated Manufacturing)

정보화 시대에서는 기술혁신과 신제품 개발의 필요성, 높아 가는 인건비와 제조 분야의 인원 부족과 같은 현상이 나타나는데 이와 같은 문제점을 해결하기 위하여 제조업체에서 컴퓨터의 도입이 시작되어 관리부분의 자동화와 생산부분의 자동화 즉, 제조업체의 모든 분야를 컴퓨터로 통합 운영하는 것을 CIM이라고 한다.

Client-Server

Peer to Peer 통신 환경에서 주로 사용되는 컴퓨팅의 방식으로서 현재 대부분의 분산 응용 프로그램이 사용하는 형태이며 서버는 클라이언트로부터 요구 메시지가 도착하면 요구사항을 처리하고 그 결과를 클라이언트에게 보내며 클라이언트는 요구사항이 있으면 요구 메시지를 주도적으로 서버에게 보내고 결과를 기다리다 서버로부터 요구한 결과가 도착하면 수행을 계속한다. 클라이언트, 서버 모두 자체 처리 기능을 가지고 있으며 클라이언트와 서버의 구분은 기능에 따라 그때그때 정해진다. 동일한 시스템이 클라이언트와 서버의 기능을 동시에 수행할 수 있다.

Cloud Computing

인터넷상의 서버를 통하여 데이터 저장, 네트워크, 콘텐츠 사용 등 IT 관련 서비스를 한 번에 사용할 수 있는 컴퓨팅 환경이다. 정보가 인터넷 상의 서버에 영구적으로 저장되고, 데스크톱 · 태블릿컴퓨터 · 노트북 · 넷북 · 스마트폰 등의 IT 기기 등과 같은 클라이언트에는 일시적으로 보관되는 컴퓨터 환경을 뜻한다. 즉 이용자의 모든 정보를 인터넷 상의 서버에 저장하고, 이 정보를 각종 IT 기기를 통하여 언제 어디서든 이용할 수 있다는 개념이다.

다시 말하면 구름(cloud)과 같이 무형의 형태로 존재하는 하드웨어 · 소프트웨어 등의 컴퓨팅 자원을 자신이 필요한 만큼 빌려 쓰고 이에 대한 사용요금을 지급하는 방식의 컴퓨팅 서비스로, 서로 다른 물리적인 위치에 존재하는 컴퓨팅 자원을 가상화 기술로 통합해 제공하는 기술을 말한다.

클라우드로 표현되는 인터넷상의 서버에서 데이터 저장, 처리, 네트워크, 콘텐츠 사용 등 IT 관련 서비스를 한번에 제공하는 혁신적인 컴퓨팅 기술인 클라우드 컴퓨팅은 '인터넷을 이용한 IT 자원의 주문형 아웃소싱 서비스'라고 정의되기도 한다. 클라우드 컴퓨팅을 도입하면 기업 또는 개인은 컴퓨터 시스템을 유지·보수·관리하기 위하여 들어가는 비용과 서버의 구매 및 설치비용, 업데이트 비용, 소프트웨어 구매 비용 등 엄청난 비용과 시간·인력을 줄일 수 있고, 에너지 절감에도 기여할 수 있다.

또 PC에 자료를 보관할 경우 하드디스크 장애 등으로 인하여 자료가 손실될 수도 있지만 클라우드 컴퓨팅 환경에서는 외부 서버에 자료들이 저장되기 때문에 안전하게 자료를 보관할 수 있고, 저장 공간의 제약도 극복할 수 있으며, 언제 어디서든 자신이 작업한 문서 등을 열람·수정할 수 있다. 하지만 서버가 해킹당할 경우 개인정보가 유출될 수 있고, 서버 장애가 발생하면 자료 이용이 불가능하다는 단점도 있다.

Collapsed Backbone

분산 형태 백본의 단점을 보안하기 위해 등장한 것이 콜랩스드 백본이다. 즉, 각 층에 위치한 허브는 네트워크 센터의 스위치에 접속을 하고 스위치는 라우터에 접속하는 형태를 취함으로써 네트워크의 속도와 설치 운용의 부담을 줄인 것이 콜랩스드 백본 네트워크다. 현재 2계층 스위치가 주종을 이루나 3계층 스위치 사용도 점차 늘어나는 추세다. 또한 서버와 클라이언트간의 접속이 한 홉 이상 떨어져 있지 않기 때문에 트래픽의 레이턴 시 비율을 낮출 수 있는 장점을 제공한다.

그러나 콜랩스드 백본 역시 단점이 없는 것은 아니다. 설치된 모든 스위칭 허브는 단일 라우터에 접속되므로 라우터의 병목 현상을 제거할 방법이 없다는 것이다. 이 백본은 네트워크의 융통성과 효과적인 관리를 위해 스위치 허브를 콜랩스드 백본에 포함시킴으로써 각 층의 네트워크 세그먼트를 통합할 수 있다. 이러한 스위칭 허브의 설치는 허브와 라우터를 연결할 때 홉 수를 줄일 수 있는 기능을 제공한다. 콜랩스드 백본 네트워크 구조는 서버가 네트워크 성능에 영향을 주지 않고 관리를 할 수 있도록 하나의 서버팜을 이용할 수 있는 장점이 있다. 일반적으로 콜랩스드 백본은 빌딩에서 사용하는 것이 이상적이지만, 여러 빌딩과 빌딩을 연결한 캠퍼스 네트워크에서는 비효율적이다. 이는 백본과 백본을 단일 네트워크 형태로 케이블링하고 백본 라우터들을 상호 연동해야 하는 불편함과 시스템의 성능과 관리, 과다한 투자비용 등의 문제점들이 나타나기 때문이다.

CTI(Computer Thelephony Integration)

컴퓨터 컨트롤과 기능을 전화에 적용시킨 것. 컴퓨터의 지능을 전화기에 덧붙임으로써 사용자에게 구내로 들어오는 호출에 대해 더 많은 정보를 제공하고, 정보를 분산시켜 전화를 더욱 효과적으로 사용하게 해 준다.

DDoS(Distributed DoS)

분산 서비스 거부 공격. DoS용 에이전트를 여러 개의 시스템에 설치하고, 이 에이전트를 제어하여 DoS 공격을 함으로써 보다 강력한 공격을 시도할 수 있으며, 공격자에 대한 추적 및 공격트래픽의 차단을 어렵게 만드는 공격 형태를 말한다.

DHCP(Dynimic Host Configuration Protocol)

네트워크 구축 시 관리자가 직접 해 줘야 할 IP 어드레스 할당을 시스템이 자동으로 해주는 것을 말한다. 클라이언트의 요구에 의해 DHCP 서버가 IP 어드레스와 네트워크 환경에 대한 정보를 할당하게 되고 이 클라이언트 시스템에 더 이상의 네트워크 환경이 필요치 않으면 서버는 다른 클라이언트에 이를 할당하게 된다. 그러므로 제한된 IP 어드레스를 보다 효율적으로 사용할 수 있다.

DoS(Denial of Service)

서비스거부공격. 특정 네트워크에서 허용하는 대역폭을 모두 소모시키거나, 공격대상(Victim) 시스템의 자원(CPU, 메모리 등)을 고갈시키거나, 시스템 상에서 동작하는 응용프로그램의 오류에 대한 공격으로 서비스를 못하도록 만드는 공격 형태를 말한다.

DRAM(Dynamic Random Access Memory)

저장된 데이터를 유지하기 위하여 2~3초 간격 주기로 신호(Refresh)를 입력해야하는 메모리이다. 값이 싸고 용량이 큰 반면에 속도가 느리다.

DSL(Digital Subscriber Line)

ADSL, HDSL, SDSL 그리고 VDSL 등 여러 종류의 기술을 포함한 DSL은 구리선을 이용해 제한된 거리에서 광대역 폭을 지원하는 공중망 기술이다. 대부분의 DSL 기술은 트위스트 페어의 대역폭을 모두 사용하지 않기 때문에 음성 채널도 사용할 수 있다. 예를 들어, 사용자는 ADSL 모뎀으로 인터넷을 여행하면서 동일한 회선으로 전화를 걸고 받을 수 있다.

EDI(Electronic Data Interchange)

EDI는 일반적으로 기업 간 거래되는 통용 주문서와 서식용 등의 거래 문서를 종이 서식 대신 컴퓨터가 처리 가능한 표준 포맷(Format)으로 작성, 전기통신을 이용하여 상호 교환하는 전자 거래 정보를 말한다. 종래의 E-Mail은 사람이 판독 가능한 상태로 문서를 교환하는 데 비해 EDI 시스템은 기계가 자동으로 판독 가능하게 문서를 교환하는 것으로 CCITT 400 Series 권고안으로 채택한 MHS를 이용하여 전자 거래 문서 정보를 교환한다.

Firewall(방화벽)

방화벽의 원래 의미는 건물에서 발생한 화재가 더 이상 확대되는 것을 막기 위해 쳐놓은 벽을 의미한다. 이러한 의미를 인터넷에서는 네트워크의 보안 사고나 문제가 더 이상 확대되는 것을 막고 격리하려는 것으로 이해할 수 있다. 특히 어떤 기관 내부의 네트워크를 보호하기 위해 외부에서의 불법적인 트래픽 유입을 막고, 허가되고 인증된 트래픽만을 허용하려는 적극적인 방어 대책의 일종을 말한다. 즉 인터넷 상에서 하나의 컴퓨터 시스템과 전체 인터넷을 구분시켜 주는 프로그램으로 시스템 사용자의 외부 접속을 제한하거나 보안상의 문제로 인하여 외부인의 사용을 제한하는 데 사용된다. 방화벽 시스템의 기본목표는 네트워크 사용자에게 투명성을 보장하지 않아 약간의 제약을 주더라도 위험 지대를 줄이려는 적극적인 보안 대책을 제공하려는 것이다.

FPLMTS(Future Public Land Mobile Telecommunication Service)

FPLMTS는 주파수 부족을 해결하고 다중화 기술을 채용한 차세대 디지털 이동통신 서비스를 칭하며 지금까지 고정통신망에서 제공되던 회선교환 서비스, 패킷교환 서비스, 전용선 서비스가 범용적인 인터페이스에 의해 통합적으로 제공이 가능하게 되는 서비스를 말한다. 또한 이동통신 시스템도 상황과 용도에 따라 다른 인터페이스가 개발되어 시스템 간의 호환성이 문제가 되며 Terminal Mobility가 없게 된다. 이런 상황에서 이동통신의 디지털화 진전을 배경으로 이동체 ISDN 구축을 목적으로 하는 것이 FPLMTS 이다. 즉 범용적인 단말의 인터페이스를 정하고 이를 이용하여 지금까지 제공되던 음성, 비음성계의 서비스를 통합적으로 이용할 수 있는 것을 포인터로 하여 단말의 소형화, 저렴화 및 국제적인 Terminal Mobility의 확대를 목적으로 한다.

Frame Relay

프레임 릴레이는 회선의 이용 효율을 극대화시킨 기존의 패킷 교환 방식의 장점과 고속 디지털 전용회선에서 제공하는 고속 전송 기능을 통합시킨 발전된 방식으로서 노드에서 데이터 연결 계층의 처리 기능을 최소화시켜 전송에 필요한 핵심 기능만 수행하게 하며 기타 제어기능은 필요시 사용자 장치인 단말에서 처리하게 함으로써 고속전송이 가능하게 한 것이다. 특징은 동적 대역 할당기능이 제공되며 낮은 지연과 고속전송 기능으로 순간적으로 발생하는 대량의 트래픽을 처리할 수 있으며 단일 접속 회선을 통하여 다지점간 고정 접속 회선(PVC) 구성이 가능하다는 것이다.

Gateway

통신 네트워크에서 어떤 목적을 달성하기 위해 여러 유형의 네트워크들을 이용할 경우 일반적으로 패킷 교환 네트워크를 경유하여 호출이 행해지는데, 한 네트워크에서 다른 네트워크로 보내지는 메시지나 포맷들은 모든 패킷 교환 네트워크에서 항상 동일한 것은 아니므로, 인터페이스 기계 등을 이용해 서로 다른 네트워크들을 연결시켜 주는 것을 말한다.

Gigabit Ethernet

기가비트 이더넷은 기존의 이더넷 속도인 10Mbps, 100Mbps를 1000Mbps로 향상시켰다. 기가비트 이더넷은 백본 장비들 간의 연결 또는 데이터 트래픽이 많은 멀티미디어 서버와 연결하여 주로 사용한다. 연결매체는 광케이블을 사용하였으나 최근에는 UTP 케이블을 이용하는 장비가 출시되었다. 최근에 ATM을 대신하여 내부 백본용으로 기가비트 이더넷이 많이 채택되고 있는 이유는 기존의 이더넷과 같은 방식으로 네트워크를 관리할 수 있어 네트워크 관리자들이 쉽게 수용이 가능하다는 것이다.

H.323

ITU(International Telecommunication Union)에서 제정한 네트워크를 통해 전송되는 동화상 데이터의 전송 표준규격을 말한다. H.323 표준규격은 서로 다른 동화상회의 어플리케이션에서도 사용할 수 있도록 호환성을 보장하고 있다.

HDSL(High-bit-rate Digital Subscriber Line)

ADSL과 달리 대칭적이다. 두 개의 트위스트 페어를 이용해 1.544Mbps의 속도로 데이터를 송수신하며, 그 동안 지역 통신업체들이 T1으로 로컬 접속을 제공할 때 사용해온 기술은 전송 거리가 3.6Km 이내로 ADSL보다 짧기 때문에 서비스 거리를 확장하기 위해 신호 리피터를 설치해야 한다. 두 개의 트위스트 페어가 필요하기 때문에 주로 PBX 네트워크 연결, 디지털 루프 전송 시스템, POP 교환, 인터넷 서버 그리고 사설 데이터 네트워크에 사용 가능하다.

IEEE(Institute of Electrical and Electronics Engineers)

ANSI의 회원이며 직업적인 학회로서 IEEE 802 표준 위원회에서는 근거리 통신망(LAN)에 관한 표준화를 추진하고 있다. 근거리 통신망에서의 표준화는 ISO의 OSI 참조 모델의 하위 2계층(물리 계층, 데이터 링크 계층)만을 대상으로 한다.

IMT-2000(International Mobile Telecommunication 2000)

차세대 이동통신 서비스를 일컬으며 하나의 단말기로 전 세계 어느 누구와도 자유롭게 통신이 가능한 서비스를 추구한다. 음성서비스를 기본으로 영상전화를 비롯, 인터넷에 접속하여 데이터도 주고받을 수 있다. 조만간 표준화가 정해지고 서비스에 들어갈 전망이다.

Internet Phone

이스라엘의 보컬텍(VocalTec)이 개발한 상업용 소프트웨어로 인터넷을 이용해 마치 전화처럼 통화할 수 있다. PC to PC, PC to Phone, Phone to Phone 방식으로 분류할 수 있으며, 원리는 음성신호를 텍스트로 변환한 다음 인터넷을 통하여 전달 후 다시 음성신호로 복원하는 방식을 취한다. Phone to Phone 방식이 개발되면서 기존의 전화망의 일부를 저가로 대체하는 역할을 하면서 인기를 얻고 있다.

ITU(International Telecommunication Union)

ITU의 목적은 무선 주파수 대역 활용, 정지 궤도 위성 등록 및 사용 관리, 통신에 관련된 연구 과제 및 규정에 관한 권고안 작성, 회원국 간의 공동 연구를 추진한다. 조직은 ITU 최고의 회의로서 6년에 한 번 개최되는 전권 위원회, 추가 전권 위원회 및 연구 위원회에 관한 의장과 부의장을 선임하고 연구 위원회의 최종 보고서에 대한 권고 승인을 하는 세계 전기 통신 표준화 회의(WTSC), 전기 통신 표준화에 관한 연구 업무를 하는 ITU-T 연구반으로 구성되어 있다.

ITU-T는 1865년 창설된 유선 전신 분야의 만국 우편 연합과 무선 분야의 만국 국제 무선 전신 연합이 통합된 UN 산하의 국제 전문 기관이다(CCITT : Consultative Committee on International Telegraph and Telephone이라는 명칭으로 잘 알려져 있는 국제 전신 전화 자문 위원회이다). 우리나라는 1952년에 가입하여 활동하고 있다.

MBONE(Multicast Backbone)

인터넷상에 연결되어 있는 호스트들의 수가 크게 증가하고 Multicast 메시지를 받기를 원하는 호스트들이 늘어남에 따라 이러한 Multicast 메시지 전달을 효율적으로 하기 위한 요구도 크게 증가했다. 더구나 네트워크들을 연결하는 링크의 속도도 빨라지면서 기존의 네트워크가 전달하던 텍스트나 이미지 데이터뿐 아니라 그보다 수십 배 이상 큰 멀티미디어 데이터를 전송하려는 시도가 활발히 이루어지고 있다.

MBONE은 이러한 요구를 만족시키기 위해 만들어진 가상의 네트워크이다. 인터넷상에서 화상회의와 같이 여러 명의 회의 참가자가 있고, 이들 간에 멀티미디어 데이터를 전송하는 어플리케이션을 가동하기 위해 만들어진 가상 네트워크이다. 여기서 가상 네트워크라고 하는 것은 호스트와 호스트 간에 직접 전송회선으로 연결해 만들어진 실제 네트워크가 아니라, 기존의 인터넷에 연결되어 있는 호스트들을 소프트웨어적으로 처리해 마치 또 다른 네트워크가 독립적으로 인터넷 위에 존재하는 것처럼 보이도록 했기 때문이다.

원래 MBONE은 1992년 IETF Meeting을 전 세계로 Multicast하기 위한 실험의 산물로서 IETF Meeting에서의 Audio, Video Data를 전송하고, 그 중간 중간에 발생하는 계속적인 실험들을 지원하기 위해 반영구적으로 IP Multicast Testbed를 만들자는 것이다. 그런데 실제로는 이런 IETF 관련 Meeting이나 실험 외에 Lecture, Seminar, Concert 등을 중계하는 데도 이용되고 있다. MBONE이란 실제 Internet 상에 구현된 가상 Network로서 IP Multicast Packet을 Routing하기 위한 Testbed이다. 지금의 Internet에 연결된 Router들이 IP Multicast Packet Routing을 지원하지 못하기 때문에 만들어졌다.

MBONE은 직접적으로 Multicasting을 지원하는 LAN들이 마치 섬이 연결되듯 Tunnel이라는 가상 Connection을 이용하여 연결되어 있다. 이 Tunnel의 끝단에는 대부분 Workstation급에 해당하는 기계들이 연결되어 있으며 OS가 Multicasting을 지원하고 Mrouter가 있어서 Multicast Routing을 할 수 있다.

MHS(Message Handling System)

MHS는 컴퓨터를 이용하여 이용자가 보내고 싶은 정보를 축적, 전송하며 이용자가 요구하는 배달 지정 시간, 배달요구, 동시통신, 일시지정 등에 따라 수신자에게 보낼 수 있는 Store and Forward 방식의 시스템이다. 이는 기존의 E-Mail 사이의 통신이 불가능했던 점을 보완하여 CCITT가 정한 400 Series 권고안으로서 표준 접속 방식의 E-Mail 시스템을 말한다.

Middleware

어플리케이션과 운영체제의 중간에 위치해 있고 어플리케이션에 대해 특정 서비스를 제공하는 소프트웨어이다. RDBMS(관계형DBMS)의 접속이나 통신기능 등의 어플리케이션에 API 형태로 제공된다.

MPLS(MultiProtocol Label Switching)

IETF(Internet Engineering Task Force)에서 표준으로 제정하려는 프로토콜로서 OSI 2계층과 3계층을 연결한다. 네트워크 서비스를 통합하면서 동시에 기타 프로토콜(IP, ATM 등)의 연결 옵션에 비해 비용을 줄이고 단순화시킨 프로토콜이다. ATM과 함께 사용하면 서비스제공자들에게 전화급의 트래픽 엔지니어링 및 용량계획 기능을 제공하는 ATM 기반의 QoS를 가능하게 한다.

Multicast

Multicast는 하나의 Message를 다수의 여러 수신자에게 전송하는 것으로서, Broadcast와 다른 점은 특정한 다수의 수신자라는 것이다. 멀티캐스트는 수신자 중심의 개념으로 송신자는 수신자의 그룹 관리가 필요 없으며, 하나의 멀티캐스트 메시지가 네트워크상의 링크를 통해 각각의 라우터들로 전달되고 이 라우터들에서 메시지를 받기를 원하는 수신자에게로 전달된다. 송신자가 수신자에 대한 정보를 가지지 않으며, 이에 관여하지 않는 멀티캐스트를 수신자 기반이라 하며, 이는 네트워크 계층에서 구현되기 때문에 패킷 포맷을 가지며 IP 주소영역은 D Class를 사용한다. 그룹관리를 하기 위한 IGMP와 멀티캐스트 메시지를 라우팅하기 위한 라우팅 프로토콜이 기본적인 프로토콜로 필요하다.

P&P / Plug and Play / PnP / 플러그앤플레이

플러그 앤드 플레이(Plug and Play)는 즉시 시작이란 뜻으로 시스템이 시작하면 자동적으로 기동되는 속성을 말한다. 컴퓨터시스템에 전원이 들어와 부팅된 뒤 자동적으로 호출되어 실행되는 프로그램들은 PnP속성을 지니고 있다. PnP는 하드웨어와 소프트웨어 구조에 대한 설계명세로 자동 디바이스 식별과 환경설정을 가능하게 해주며 별도의 설정 없이 그냥 설치만 하면 동작이 가능하므로 윈도 95에서의 플러그 앤 플레이 서브시스템은 운영체제 대신 이와 같은 기능을 수행한다. 대부분의 컴퓨터에서는 Plug and Play 방식으로 운영체제가 작동된다.

Proxy

WWW 상에서 Proxy라는 것은 정보 또는 자원을 효율적으로 이용하기 위해 마치

FTP의 Mirror 사이트와 같은 기능을 제공하는 것이다. 즉, 접속이 많이 되는 WWW 호스트의 정보를 다른 호스트에 똑같이 구축해 놓은 것이다. 따라서 실제 그 정보가 있는 호스트에 접속하지 않고 Proxy에 의해 구축된 가상의 지역 호스트에 접속하여 원하는 정보를 이용할 수 있게 해준다. 마치 WWW 브라우저의 캐시 파일을 이용하는 것처럼 지역 호스트에 모든 정보를 담아 원하는 정보 검색을 할 수 있도록 해주는 것을 Proxy라고 하며 일반적으로 대용량의 저장 공간을 가지고 있는 호스트에서 운영하고 있다.

QoS(Quality of Service)

서비스 품질. 네트워크 내에서의 지연(Delay)시간, 지연시간 변이 혹은 데이터 손실률 등에 따라 통신 서비스 품질을 규정하는 것을 말하며 사용자나 어플리케이션의 중요도에 따라 서비스 수준에 차이를 두어서 한정된 WAN 대역폭에서 트래픽을 정책적으로 관리하는 기술이다. 단순히 대역폭을 늘려 네트워크 속도를 개선하는 것이 아니라 트래픽을 모니터링하고 분석하여 효율적으로 네트워크를 운영하자는 것이다. QoS를 구현하면 특정 트래픽을 우선적으로 처리할 수 있다.

RAM(Random Access Memory)

데이터를 읽거나 저장하기 위한 메모리이며 SRAM과 DRAM으로 분류된다.

RMON(Remote Network MOnitoring)

원격지에서 네트워크를 모니터링 하기 위한 MIB(Management Information Base)으로 1992년에 표준화가 되었다. 네트워크상의 트래픽(Traffic) 정보를 수집, 분석하는 기능을 하며, 정보를 수집하는 에이전트와 분석, 관리하는 매니저로 구성된다. 각종 트래픽 정보의 항목이 MIB로 정의되어 있다. 기존의 RMON(RMON 1이라 한다)은 OSI 7계층 중 물리계층과 데이터링크계층을 대상으로 하고 있지만, 새로 표준화된 RMON 2를 추가함으로써 TCP/IP 등의 프로토콜과 어플리케이션을 분리할 수 있어 네트워크를 정지시키고, 성능을 방해하는 것이 무엇인지 추적할 수 있게 되었다.

ROM(Read Only Memory)

메모리에 저장되어 있는 데이터를 읽을 수만 있고 쓸 수는 없는 메모리로서 메모리를 재사용하기 위해 기억되어 있는 데이터를 지우는 방법에 따라, ROM 사용자가 한번 프로그램을 할 수 있는 PROM(Programmable ROM), 프로그램 되어 있는 ROM을 자외선으로 지우고 다시 프로그램 할 수 있어서 여러 번 지우고 쓸 수 있는 EPROM(Erasable PROM), EPROM과 유사하며 프로그램 내용을 전기에 의해 지우는 EEPROM(Electric EPROM) 등으로 나누어진다.

RSVP(Resource Reservation Protocol)

RSVP는 특정 패킷 스트림에 우선순위를 부여함으로써 스트리밍 패킷의 최대 전송 지연을 보장하여 일관성 있는 서비스 품질(QoS)을 제공할 수 있도록 하는 것이다. 이 프로토콜은 PC의 응용 프로그램의 동적인 메모리 할당 방식과 같이 네트워크 상에서 대역폭을 동적으로 할당할 수 있도록 해준다.

SAID(Security Association Identifier)

SAID는 스위치의 VLAN 기능에서 사용자가 구성 가능한 4바이트 VLAN 식별자로서 특정 VLAN에 속하는 트래픽을 식별하는 데 사용하는 인자이다.

SDSL(Single-line Digital Subscriber Line)

전송 속도와 수신 속도가 1.544Mbps라는 점에서 HDSL과 비슷하지만, 트위스트 페어가 하나라는 점에서 구별된다. 단일 트위스트 페어를 사용하기 때문에 HDSL보다 운영 거리가 제한된다. 3Km가 SDSL을 사용할 수 있는 실제 한계 거리이다. 사내 화상회의나 리모트 LAN 접속 등에 사용할 수 있다.

Shadow Packet

네트워크의 양끝에 터미네이터(Terminator)가 없는 상태에서 패킷이 한쪽 끝에 도달하면 패킷이 방향을 틀어 다른 방향으로 오게 된다. 이렇게 한쪽 끝에 닿아 방향을 돌리는 패킷을 섀도패킷(Shadow Packet)이라고 한다. 섀도패킷은 네트워크의 속도를 떨어뜨리고 네트워크를 통과하는 데이터의 질을 저하시킨다.

Shannon's Sampling Theory

"어떤 아날로그 신호의 최대 주파수보다 두 배 이상의 속도로 시간 축에서 균일한 간격으로 나누면 원래 신호가 갖는 모든 정보를 포함하기 때문에 원래의 아날로그 신호를 그대로 재생할 수 있다" 는 이론이다.

SMDS(Switched Multimegabits Data Service)

비연결성 패킷 교환(Datagram) 서비스 표준이며 원거리 망에서의 고속 데이터 통신용이다. 1989년 MAN 구축 방안으로 Bell 통신 연구소에서 제안 및 표준화를 하였으며 교환 서비스에 의한 공중망 공유의 경제적 이익뿐만 아니라 효율적인 전송로의 이용 가능으로 광대역 서비스 확장 시에 추가가 용이함으로써 BISDN으로의 진화 초기 단계의 서비스라고도 한다.

Spectrum

스펙트럼. 햇빛이나 백열전구의 빛을 프리즘에 통과시키면 가시광선영역의 스펙트럼인 무지개색 띠를 얻을 수 있다. 이렇게 파장에 따른 굴절률 차이를 이용해 빛을 파장 또는 진동수에 따라 분해한 것을 스펙트럼이라 한다. 파장의 범위에 따라 마이크로파스펙트럼, 적외스펙트럼, 가시스펙트럼, X선스펙트럼 등이 있다. 그리고 파장에 대하여 연속적인 연속스펙트럼, 불연속적인 선스펙트럼 및 띠스펙트럼으로 나눌 수 있다. 태양광선은 연속스펙트럼을 가지고, 네온등이나 수은등에서 나온 빛은 특정 파장으로만 이루어진 선스펙트럼을 가진다. 형광등의 경우는 가시광선영역의 연속스펙트럼과 증기에 의한 선스펙트럼을 동시에 가진다.

Spoofing

스푸핑. 패킷이 자신이 실제로 송신되지 않은 주소에서 송신된 것처럼 불법적으로 주장하는 행위를 말하며 스푸핑은 필터나 액서스 리스트와 같은 네트워크 보안 메커니즘을 파괴하도록 고안된 것이다. 호스트가 인터페이스를 작동 중이고 세션을 지원하고 있는 것처럼 다루게 하는 라우터가 사용하는 기법이다. 라우터는 그 세션이 아직 실행 중인 것처럼 호스트를 믿게 하기 위해 호스트에서 보낸 Keep Alive Message에 가짜로 응답을 보낸다. 스푸핑을 통해 통화요금을 줄이기 위해 보낼 트래픽이 없으면 회선 스위치드 링크를 다운시키는 DDR과 같은 라우팅 환경에서 유리하다.

Spyware

스파이웨어. 이용자의 동의 없이 정보통신기기에 설치되어 정보시스템, 데이터 또는 프로그램 등을 훼손 · 멸실 · 변경 · 위조하거나 정상 프로그램 운용을 방해하는 기능을 수행하는 악성 프로그램. 즉, 이용자의 동의 없이, 웹 브라우저의 홈페이지 설정이나 검색 설정을 변경, 정상 프로그램의 운영을 방해 · 중지 또는 삭제, 컴퓨터 키보드 입력 내용이나 화면표시 내용을 수집 · 전송하는 등의 행위를 하는 프로그램을 말한다.

SRAM(Static Random Access Memory)

저장된 데이터를 유지하기 위하여 신호(Refresh)를 주기적으로 입력하지 않아도 지워지지 않는 메모리이다. 속도가 빠르고 안정된 반면, 값이 비싸며 용량이 적다.

STP(Spanning Tree Protocol) or STA(Spanning Tree Algorithm)

스패닝 트리는 네트워크에서 고유한 장치-대-고유한 장치의 경로이다. STP(STA)는 브리지상의 한 포트를 선택하여 전송상태에 들어가게 하고 나머지 포트들은 블로킹 상태로 만든다. 즉, 단일경로를 설정하여 활성루프를 방지한다. 고유의 경로가 어떠한 이유로 장애를 일으키면 STA에 참여하고 있는 브리지는 자동으로 특정한 블로킹된 포트를 활성 상태로 만들어 또 하나의 경로 즉, 새로운 스패닝 트리를 만든다. 그러므로 STA는 브리지 네트워크에서 어느 정도 경로의 중복을 허용할 수 있다.

Tele-service

텔레서비스는 베어러 서비스를 기본으로 통신망, 단말기, 등에서 이용되고 고도의 기능을 부가하여 제공하는 서비스로서 전화, 팩시밀리, 텔레텍스 서비스 등이 이에 해당한다.

TFTP

FTP와 마찬가지로 파일을 전송하기 위한 프로토콜이지만, FTP보다 더 단순한 방식으로 파일을 전송한다. 따라서 데이터 전송 과정에서 데이터가 손실될 수 있는 등 불안정하다는 단점을 가지고 있다. 하지만 FTP처럼 복잡한 프로토콜을 사용하지 않기 때문에 구현이 간단하다. 임베디드 시스템에서 운영 체제 업로드로 주로 사용된다.

Topology

네트워크의 논리적인 형상을 나타내는 논리 토폴로지(Topology)와 컴퓨터 네트워크의 물리적인 형태를 나타내는 물리 토폴로지(Topology)로 나뉜다. 네트워크 장치들이 서로 연결된 모양이나 통신 채널이 통신망에 연결되는 형태 등을 나타낸 것을 말한다.

TRS(Trunked Radio System)

주파수 공용 통신 시스템(TRS)은 기존의 음성 통신용 무전기를 확대 발전시킨 것으로 하나의 주파수로 다수의 가입자가 동시에 통화를 할 수 있는 새로운 무선 통신 서비스이다. 주파수 공용 통신 서비스는 음성뿐만 아니라 간단한 데이터도 전송이 가능한 이동통신 서비스로서 한정되어 있는 주파수 대역을 더욱 효율적으로 사용하기 위해 통화시간을 제한함으로써 소수의 주파수를 다수의 이용자가 공동으로 사용하게 한 것이다.

UPS(Uninterruptible Power Supply)

UPS는 서버와 네트워크 장비를 신속하면서도 무리 없이 작업을 종료하여 전원 문제로 데이터가 손실되거나 에러가 발생하지 않도록 하는 장치이다. 즉, 순간 정전, 불의의 정전, 전원 전압의 변동, 전원 잡음 등 각종 전원 이상을 방지하고, 항상 안정된 전원을 공급해 준다. 따라서 UPS는 전원에 관련된 장애로부터 네트워크 장비를 보호하기 위해 정확한 정전압과 정주파수의 정현파를 공급하는 역할을 한다. UPS 제품군은 외양은 유사하지만, 본체 내부에는 진단 소프트웨어, 모니터링 기능, 웹 브라우저 접속과 같은 기능상 여러 가지 종류가 있다.

VAN(Value Added Network)

VAN은 회선을 직접 보유하거나 통신사업자의 회선을 임차 또는 이용하여 단순한 전송 기능 이상의 정보의 축적, 가공, 변환처리 등의 부가가치를 부여한 음성 또는 데이터 정보를 제공하는 광범위하고 복잡한 서비스의 집합을 말한다.

VDSL(Very-high-data-rate Digital Subscriber Line)

비대칭적이다. 운영 거리가 3~13.7km라는 한계가 있다. 하나의 트위스트 페어에서 수신 속도가 13~52Mbps이고, 송신 속도는 1.5~2.3Mbps로 평균, 송신 속도가 무척 빠르다. 여분의 대역폭으로 HDTV 프로그램을 전송할 수 있다.

Videotex

비디오텍스(Videotex)는 전화회선을 사용해 가정이나 사업장 등에 설치되어 있는 텔레비전 수상기와 컴퓨터 정보센터를 연결하여 센터에 축적되어 있는 문자, 도형, 화상 등의 2진 디지털정보를 회화형식으로 센터와 주고받는 시스템을 말한다. 종래에는 센터 내에 있는 데이터뱅크에 액세스하여 정보를 검색하는 정보 검색형의 비디오텍스가 중심이었으나 지금은 이용자 측에서도 정보를 센터에 보낼 수가 있는 쌍방향형의 비디오텍스가 주류를 이루고 있다. 따라서 쌍방향 미디어인 PC통신과 같은 기능을 비디오텍스도 갖게 되어 비디오텍스와 PC통신의 융합이 이루어지고 있다.

비디오텍스의 이용자는 쌍방향 미디어의 수신자측 기능으로 센터에 축적되어 있는 광범위한 각종 정보의 검색은 물론 백화점이나 슈퍼마켓에 상품을 주문하는 홈쇼핑, 호텔이나 연예행사, 여행의 예약 등을 할 수 있다. 또 송신자측인 정보제공자(IP)로서는 신문기사, 백화점, 운수교통, 증권 금융, 출판, 연예 등 광범위한 정보를 주고받을 수 있다.

Virus

컴퓨터 프로그램이나 메모리에 자신 또는 자신의 변형을 복사해 넣는 악의적인 명령어들로 조합하여 불특정 다수에게 피해를 주기 위한 목적으로 제작된 모든 컴퓨터 프로그램 또는 실행 가능한 코드를 말한다.

VLAN(Virtual LAN)

가상 LAN이란 물리적인 변경이 없이 논리적인 변경만으로 하나의 물리적 세그먼트에서 다수의 논리적 네트워크 세그먼트를 운용할 수 있는 수단을 제공하는 기능이다. 특정 스테이션이 한 부서에서 다른 부서로 이동하더라도 스위치 상에서 물리적 변경을 가하지 않고, 해당 포트를 소프트웨어에 의해 다른 가상 LAN에 간단히 배치하면 된다. 브로드 캐스팅은 가상 LAN의 스테이션에서만 수신되며, 스위치의 모든 포트를 통해 전파되지는 않는다.

VOD(Video On Demand)

지역 전화 회사나 유선 TV 방송사가 가입자들에게 원하는 시간에 언제든지 보고 싶은 비디오를 볼 수 있도록 서비스를 제공하는 것을 말한다. VOD를 보통 주문형 비디오라고도 한다. 가정의 단말기를 통하여 보고 싶은 프로그램을 호출하면, 영상을 축척하고 있는 데이터베이스 센터에서 검색해 고속 광대역 전송로를 통해 각 가정의 단말기로 보내진다.

VoIP(Voice over IP)

VoIP는 전화나 컴퓨터 사용자들이 기존의 아날로그 공중전화망 대신 디지털 패킷망 중 인터넷망에서 쌍방 간의 음성신호를 실시간으로 전달하며 통신하는 디지털 전화기술이다. 즉, IP 네트워크상으로 음성을 전송하는 기술이다. VoIP를 이용한 가장 대표적인 솔루션은 인터넷 전화로, 장거리 전화나 국제 전화 등 통화요금을 절감할 수 있는 기술로 각광받고 있다. 음성 트래픽은 일반적인 전화기나 컴퓨터를 통해 전송되며, 인터넷폰 서비스회사가 운영하는 게이트웨이를 통해 전달된다.

인터넷폰 서비스방식은 PC to PC, PC to Phone, Phone to Phone 방식 등 3가지가 있다. 최근의 몇몇 회사에서 무료로 제공하는 인터넷폰 서비스는 PC to Phone 방식을 사용하고 있으며, 아직은 기존 전화에 비해 음질이 떨어지는 단점이 있으나 가까운 미래에 기술이 발달하여 보완이 될 전망이다.

VPN(Virtual Private Network)

가상사설망. VPN의 원래 개념은 자체적으로 통신망을 보유하지 않은 사용자가 공중 데이터 통신망을 이용하여 마치 자체적으로 구축한 통신망과 같이 직접 운용, 관리하는 것을 의미한다. 현재 VPN은 기업의 본사와 지사 간 또는 지사 간에 값비싼 전용회선 대신 인터넷을 이용해 연결하는 통신수단의 하나로 전용회선보다 저렴한 비용으로 원거리통신망(WAN)을 구축하는 네트워크 솔루션을 말한다. 또한 인터넷을 이용하면 세계각지에 흩어져 있는 지사까지 WAN의 범위를 확대할 수 있다. 그러나 인터넷 표준 프로토콜을 기반으로 하고 있기 때문에 보안상의 취약점이 지적되고 있다.

VSAT(Very Small Aperture Terminal)

위성통신분야의 기술 발전으로 인해 사용 주파수가 C-band에서 K-band로 상향 사용됨에 따라 직경 1m 전후의 소형 안테나를 사용할 수 있게 되었다. 이와 같은 소형 안테나(직경 0.6~2.4m)를 사용하는 지구국을 초소형 위성통신 지구국이라고 부른다.

WI-FI(Wireless Fidelity)

무선접속장치(AP, Access Point)가 설치된 곳을 중심으로 일정 거리 이내에서 PDA, 스마트 폰, 태블릿 PC, 노트북 등의 무선기기를 통해 초고속 인터넷을 이용할 수 있다. 무선주파수를 이용하기 때문에 전화선이나 전용회선이 필요 없고 PDA나 노트북 컴퓨터에는 무선 랜 카드가 장착되어 있어야 한다. 전송속도가 4~54Mbps(최근에는 100Mbps 이상)로 대용량의 멀티미디어 정보를 주고받을 수 있으며 이동성과 보안성까지 갖추고 있다.

WLL(Wireless Local Loop)

무선가입자 선로를 가리키며, 전화국에서 전화 가입자의 댁내까지(Local Loop 구간)를 연결하는 유선 선로 대신 무선 시스템을 이용해 전화선을 구성하는 것으로, 농어촌 지역과 같이 인구 밀도가 희박한 지역에 전화를 가설할 때 가설비를 줄이기 위한 대안으로 처음 개발되었다.

XModem / X모뎀

X모뎀은 주로 전화 회선을 통해 통신하고자 할 때 파일을 전송하는 데 이용되는 프로토콜 중의 하나이다. X모뎀은 정보가 전송되는 동안 손실되거나 방해를 받는지 등의 오류검사를 할 수 있고 통신 소프트웨어에서 바이너리 데이터를 전송할 수 있다. X모뎀은 오류 수정기를 사용하는 X모뎀 CRC와 1천24바이트 크기로 구성된 블록으로 데이터를 보다 빠르게 전송할 수 있는 X모뎀-1K 등이 있지만 X모뎀은 오래된 프로토콜로 속도가 느리기 때문에 점점 Y모뎀이나 Z모뎀으로 대체돼 가는 추세이다.

YModem / Y모뎀

Y모뎀은 X모뎀에 기초를 두고 X모뎀의 단점을 개선한 것으로 파일을 전송하는 데 이용되는 통신 프로토콜 중의 하나이다. Y모뎀은 1천24바이트 크기의 블록으로 데이터를 전송하기 때문에 X모뎀보다 빠르지만 Z모뎀만큼은 강력하지는 않아 전화 회선으로는 잘 전송되지 않는다. 오늘날 Y모뎀은 여러 개의 파일들을 동시에 전송할 수 있는 Y모뎀 배치나 오류수정 소프트웨어를 버리고 대신 하드웨어 기반의 오류수정을 모뎀 안에 남겨 그 처리속도를 높인 Y모뎀-G 등이 나오는 추세이다.

ZModem / Z모뎀

Z모뎀(Z Modem)은 PC통신에서 파일 전송을 위해 Chuck Forsburg사가 개발한 통신 프로토콜로 X모뎀에 기능이 추가되어 개발되었다. Z모뎀은 복수의 파일을 전송할 수 있고 전송 속도가 빠르며 통신이 잠시 끊겼을지라도 이후에 파일 전송을 다시 시작할 수 있는 이어받기 기능과 같은 장점을 갖고 있다. Z모뎀은 32비트 CRC를 사용하기 때문에 에러 검출 기능도 뛰어나고 선로 상태에 따라 패킷 크기를 자동으로 변경해 가면서 전송 효율을 높일 수도 있으며, 인터럽트 발생 시 통신이 재개되는 경우에 파일 전송을 바로 이전에 중단되었던 부분부터 다시 시작하는 기능도 가지고 있다. 오늘날 우리나라 PC 통신에서 가장 널리 사용되고 있다.

A.2 약 어 표

다음은 정보통신 혹은 네트워크를 계획하고 구현할 때 듣게 되는 네트워크 관련 약어들이다. 기억해 두도록 하자.

ACL	(Access Control List)
ALOHA	Additive Link Of Hawaiian Area
ALU	Arithmetic Logic Unit
AM	Amplitude Modulation
AMPS	Advanced Mobile Phone Service
ANSI	American National Standards Institute
API	Application Program Interface
ARCnet	Attached Resource Computer Network
ARP	Address Resolution Protocol
ARS	Automated Response System
ARPANET	Advanced Research Project Agency NETwork
ARQ	Automatic Repeat reQuest
ASCII	American Standard Code for Information Interchange
ASK	Amplitude Shift Keying
AT&T	American Telephone & Telegraph
ATM	Asynchronous Transfer Mode
AUI	Attachment Unit Interface

BBS	Bulletin Board System
BGP	Border Gateway Protocol
BIOS	Basic Input/Output System
B-ISDN	Broadband Integrated Services Digital Network
BPDU	Bridge Protocol Data Unit
BRI	Basic Rate Interface
BSC	Binary Synchronous Communications
BYOD	Bring Your Own Device

CALS	Computer Aided Acqusition and Logistic Support
CAN	Citywide Area Network
CCITT	Consultative Committee for International Telegraph and e
CCTV	Closed Circuit Television
CDDI	Copper Distributed Data Interface
CDM	Code Division Multiplexing
CDMA	Code Division Multiple Access
CEPT	the Conference of European Post and Telecommunication admin
CGA	Color Graphics Array
CIR	Committed Information Rate
CISC	Complex Instruction Set Chip
CLI	Command Line Interface
CMIP	Common Management Information Protocol
CPE	Customer Premises Equipment
CPU	Central Processing Unit
CRC	Cyclic Redundancy Check
CSMA/CD	Carrier Sense Multiple Access with Collision Detection
CSU	Channel Service Unit
CTI	Computer Telephony Integration
CTS	Clear to Send
DCE	Data Communication Equipment
DDE	Dynamic Data Exchange
DEC	Digital Equipment Corporation
DES	Data Encryption Standard
DMA	Dynamic Memory Access
DNA	Digital Network Architecture
DNS	Domain Name System
DRAM	Dynamic Random Access Memory
DQDB	Distributed Queue Dual Bus
DSP	Digital Signal Processor
DSU	Data Service Unit
DTE	Data Terminal Equipment
EBCDIC	Extend Binary Coded Decimal Interchange Code
EEPROM	Electric EPROM
EGP	Exterior Gateway Protocol

EIA	Electronic Industries Association
EPROM	Erasable Programmable ROM
ETSI	European Telecommunications Standards Institute
FCS	Frame Check Sequence
FDDI	Fiber Distributed Data Interface
FDM	Frequency Division Multiplexing
FDMA	Frequency Division Multiple Access
FM	Frequency Modulation
FSK	Frequency Shift Keying
FTP	File Transfer Protocol
FTTH	Fiber To The Home
FTTO	Fiber To The Office
GMPCS	Global Mobile Personal Communication System
GPS	Global Positioning System
HDLC	High-level Data Link Control
HDTV	High Definition Television
HSM	High Speed Modem
ICMP	Internet Control Message Protocol
IDTV	Improved Definition Television
IEEE	Institute for Electrical and Electronics Engineers
IETF	Internet Engineering Task Force
IGRP	Interior Gateway Routing Protocol
IGMP	Internet Group Management Protocol
INTELSAT	INernational TELecommunication SATellite
INMARSAT	INternational MARitime SATellite Organization
IOS	Internetwork Operating System
IPX	Internetwork Packet eXchange
ISDN	Integrated Services Digital Network
ISO	International Standards Organization
ISP	Internet Service Provider
ITU	International Telecommunication Union
IVR	Interactive Voice Response

LAN	Local Area Network
LCN	Logical Channel Number
LDM	Line Drive Modem
LEOS	Low Earth Orbiting Satellite
LLC	Logical Link Control
MAC	Medium Access Control
MAN	Metropolitan Area Network
MAU	Media Access Unit
MIB	Management Information Base
MIPS	Million Instruction Per Second
MIS	Management Information System
MNP	Microcom Networking Protocol
MPEG	Moving Picture Experts Group
MPOA	MultiProtocol Over ATM
MTSO	Mobile Telephone Switching Office
NDIS	Network Driver Interface Specification
NetBEUI	NetBIOS Extended User Interface
NetBIOS	Network Basic Input/Output System
NIC	Network Interface Card
N-ISDN	Narrowband Integrated Services Digital Network
NLM	NetWare Loadable Module
NOS	Network Operating System
NRZ	Non Return to Zero
NRZI	Non Return to Zero Inverted
NT	New Technology
NTS	Windows NT Server
NVRAM	NonVolatile RAM
ODI	Open Datalink Interface
OSI	Open Systems Interconnection
OSIRM	Open System Interconnection Reference Model
OSPF	Open Shortest Path First
PABX	Private Automatic Branch eXchange
PBX	Private Branch eXchange

PAM	Pulse Amplitude Modulation
PCM	Pulse Code Modulation
PCN	Personal Communication Network
PCS	Personal Communication Service
PDU	Protocol Data Unit
PIM	Protocol Independent Multicast
PM	Phase Modulation
POS	Point Of Sale
PPP	Point to Point Protocol
PRI	Primary Rate Interface
PROM	Programmable ROM
PSK	Phase Shift Keying
PSDN	Public Switched Data Network
PSTN	Public Switched Telephone Network
PVC	Permanent Virtual Circuit
QoS	Quality of Service
RAM	Random Access Memory
RARP	Reverse Address Resolution Protocol
RAS	Remote Access Server
RF	Radio Frequency
RIP	Routing Information Protocol
RISC	Reduced Instruction Set Chip
ROM	Read Only Memory
RP	Rendezvous Point
RZ	Return to Zero
SAA	System Application Architecture
SAID	Security Association Identifier
SDLC	Synchronous Data Link Control
SMDS	Switched Multimegabit Data Service
SMS	System Management Server
SNA	System Network Architecture
SNMP	Simple Network Management Protocol
SOHO	Small Office Home Office

SONET	Synchronous Optical Network
SPX	Sequenced Packet eXchange
SRAM	Static Random Access Memory
SSM	Source Specific Multicast
STP	Shielded Twisted Pair
STP	Spanning Tree Protocol
SVC	Switched Virtual Circuit
TCP/IP	Transmission Control Protocol / Internet Protocol
TDM	Time Division Multiplexing
TDMA	Time Division Multiple Access
TDX	Time Division eXchange
TFTP	Trivial File Transfer Protocol
TIA	Telecommunications Industries Association
TRS	Trunked Radio System
UDP	User Datagram Protocol
UPS	Uninterruptible Power Supply
UTP	Unshielded Twisted Pair
VAN	Value Added Network
VESA	Video Electronic Standards Association
VINES	VIrtual NEtwork System
VLAN	Virtual LAN(Local Area Network)
VOD	Video On Demand
VRU	Voice Response Unit
VSAT	Very Small Aperture Terminal
WAN	Wide Area Network
WI-FI	Wireless Fidelity
WLAN	Wireless Local Area Network
WLL	Wireless Local Loop

참고문헌

[1] 김용진 · 박정수 · 신명기 · 이승윤 공저, IPv6 포럼 코리아, "차세대 인터넷 프로토콜 IPv6", 다성출판사, 2002.

[2] 박기현, "데이터 통신과 컴퓨터 네트워크", 한빛미디어, 2009.

[3] 유인태 · 김정윤 공저, "패킷트레이서 완전정복", 경희대학교 출판문화원, 2012.

[4] 황봉성, "네트워크 실무", 복두출판사, 2000.

[5] Cisco Systems, Inc. "Cisco Networking Academy Program: Second-Year Companion Guide Second Edition", Cisco Press, 2001.

[6] 피터전, "LAN 스위칭", (주)네버스탑, 2004.

[7] 이중호, "시스코 랜 스위칭", (주)사이버출판사, 2005.

‖‖ 저자약력 ‖‖

■ **황 봉 성**

- 경북대학교 전자공학과 유선전자통신 전공 졸업
- 중앙대학교 대학원 전자공학과 전자통신 전공 졸업
- 대우정보시스템(주) 네트워크사업본부 기술지원팀장
- 청강문화산업대학교 창업보육센터장
- 청강문화산업대학교 전자계산소장
- 앤앤에스피(주) 자문교수
- (현) 청강문화산업대학교 모바일스쿨 모바일보안전공 교수

스위치(Switch)

2019년 2월 10일 1판 2쇄 발행

저 자 황 봉 성
발행인 남 승 우

발행처 도서출판 상尙 학學 당堂

서울시 동작구 사당로9가길 6(사당동)
TEL : 02) 595-1692～4
FAX : 02) 595-1394
E-mail : namdoo6@unitel.co.kr
신고 : 2-155호 (1968. 11. 29)

정가 22,000원

ISBN 978-89-6587-063-0 93560

〈디자인〉 편집 이선경 / 표지 나아기획